"十二五"职业教育国家规划教材
经全国职业教育教材审定委员会审定
全国高等职业院校规划教材·精品与示范系列

# 数字电子技术及应用
## （第2版）

王苹　主编

沈璐　曾贵苓　徐琬婷　梁薇　副主编

电子工业出版社
Publishing House of Electronics Industry
北京·BEIJING

## 内 容 简 介

本书在第 1 版得到广大院校师生认可和选用的基础上,结合近年来取得的本课程项目式教学改革成果以及电子行业技术发展和企业岗位需求变化进行修订编写。本书以项目为导向、以能力培养为重点,通过对学生的职业能力(**数字集成芯片识别,功能表读解,数字电路的分析设计、制作与调试能力**)及社会能力的分析,对课程教学内容重新进行优化与完善,主要内容包括集成逻辑门电路的功能分析与测试、编码、译码、LED 显示电路分析制作与调试,计数分频电路分析制作与调试,振荡电路的制作与调试,半导体存储器,数字钟的设计、制作与调试等。全书设有 11 个典型实训项目和 1 个综合训练项目,内容由简单到复杂、由部分到整体,使学生能够较好地掌握知识与技能,并顺利上岗就业。

本书为全国高等职业本专科院校数字电子技术课程的教材,也可作为开放大学、成人教育、自学考试、中职学校、培训班的教材,以及电子与电气工程技术人员的工具参考书。

本书提供免费的电子教学课件、练习题参考答案,详见前言。

未经许可,不得以任何方式复制或抄袭本书之部分或全部内容。
版权所有,侵权必究。

**图书在版编目(CIP)数据**

数字电子技术及应用/王苹主编. —2 版. —北京:电子工业出版社,2015.8
全国高等职业院校规划教材·精品与示范系列
ISBN 978-7-121-26517-4

Ⅰ. ①数… Ⅱ. ①王… Ⅲ. ①数字电路-电子技术-高等职业教育-教材 Ⅳ. ①TN79

中国版本图书馆 CIP 数据核字(2015)第 147204 号

策划编辑:陈健德(E-mail:chenjd@phei.com.cn)
责任编辑:徐 萍
印　　刷:涿州市京南印刷厂
装　　订:涿州市京南印刷厂
出版发行:电子工业出版社
　　　　　北京市海淀区万寿路 173 信箱　邮编　100036
开　　本:787×1 092　1/16　印张:13　字数:332.8 千字
版　　次:2011 年 8 月第 1 版
　　　　　2015 年 8 月第 2 版
印　　次:2019 年 7 月第 6 次印刷
定　　价:34.00 元

凡所购买电子工业出版社图书有缺损问题,请向购买书店调换。若书店售缺,请与本社发行部联系,联系及邮购电话:(010)88254888。

质量投诉请发邮件至 zlts@phei.com.cn,盗版侵权举报请发邮件至 dbqq@phei.com.cn。
服务热线:(010)88258888。

随着我国电子信息行业的快速发展，各种各类的电子产品层出不穷，而且功能越来越多，用途不断扩展，许多职业岗位对就业人员的数字电子技术与技能提出新的要求，因此，高等职业院校相关专业的学生都要认真学好这门课程，扎实掌握数字电子技术的基本原理，熟练进行电子技术相关的职业技能训练，为学好后续课程和顺利就业打好坚实基础。本书在第1版得到广大院校师生认可和选用的基础上，结合近年来取得的本课程项目式教学改革成果以及电子行业技术发展和企业岗位需求变化进行修订编写。

本书以项目为导向、以能力培养为重点，通过对学生的职业能力（数字集成芯片识别，功能表读解，数字电路的分析设计、制作与调试能力）及社会能力的分析，对课程教学内容重新进行优化与完善。全书主要内容包括集成逻辑门电路的功能分析与测试，编码、译码、LED显示电路分析制作与调试，计数分频电路分析制作与调试，振荡电路的制作与调试，半导体存储器，数字钟的设计、制作与调试等。全书设有10个典型实训项目和1个综合训练项目。建议采用任务驱动——教、学、做一体化教学模式，通过项目任务训练、教师引导、学生自主学习、重点难点师生共同讨论与讲解等形式，使学生牢固掌握数字电子技术的知识与技能。各院校可结合自身的教学环境条件选择适合的教学形式和项目任务，实训项目可通过数字电路实验箱来完成。

针对学生学习中存在的问题（如主动性不强、兴趣不高、目标不明确等），结合电子行业职业岗位实际情况及课程知识点要求，精心挑选具有代表性的11个训练项目，充分调动和激发学生自主获取相关知识的积极性、主动性，并按照实用性、趣味性和可操作性的原则分配在各学习单元中。以项目任务为引导，展开理论与实训教学，学生在完成实训项目的同时，也完成了单元知识的学习，同时基本职业能力（元器件认知、焊接、布局布线、装配、调试、检测、维修）等得到了培养，项目任务的完成需要小组成员的共同努力，相互协作，有利于培养学生的团队精神。通过本课程组开展多轮的教学实践与改革，收到很好的教学效果，明显提高学生的学习积极性以及自主学习能力，增强学生的实际动手能力，为学生就业和职业发展创造了能力优势。

本书各学习单元都设有教学导航，指出本单元的知识重点与难点、必须掌握的知识及职业技能、建议教学方法等；每小节都设有知识分布网络，介绍本节知识点的层次和相互联系；各学习单元结束后设有知识梳理与总结，并有一定数量的自我检测题和练习题，以便学生复习与巩固。

本书由芜湖职业技术学院王苹教授任主编并进行全书统稿，沈璐、曾贵苓、徐琬婷和梁薇任副主编。其中王苹编写学习单元 1、3.1 节、综合项目；沈璐编写学习单元 2 和 5；曾贵苓编写 3.2 节、3.3 节、3.4 节，徐琬婷编写学习单元 4，吴尚、胡群、余云飞、范秉峰、陈蕊参与编写。全书由张学亮教授、余鸣副教授进行主审，并对书稿的编写思路及内容设置提出许多宝贵意见和建议，在此表示衷心感谢。

由于编者水平有限，书中难免有不足之处，敬请读者批评指正。

为方便教师教学，本书还配有免费的电子教学课件、练习题参考答案，请有此需要的教师登录华信教育资源网（http://www.hxedu.com.cn）免费注册后再进行下载，在有问题时请在网站留言或与电子工业出版社联系（E-mail:hxedu@phei.com.cn）。

编者

# 目 录

**学习单元1 集成逻辑门电路的功能分析与测试** ································································· 1
  教学导航 ······················································································································· 1
  1.1 数字电路基本概念 ·································································································· 2
    1.1.1 数字信号和数字电路 ···················································································· 2
    1.1.2 数字电路的特点 ···························································································· 2
    1.1.3 数字电路的分类 ···························································································· 3
  1.2 数制和编码 ·············································································································· 3
    1.2.1 数制 ················································································································ 3
    1.2.2 数制之间的相互转换 ···················································································· 5
    1.2.3 码制 ················································································································ 8
  1.3 门电路及逻辑功能 ·································································································· 9
    1.3.1 与逻辑和与门 ································································································ 10
    1.3.2 或逻辑和或门 ································································································ 11
    1.3.3 非逻辑和非门 ································································································ 13
    1.3.4 常见的门电路 ································································································ 14
  实训项目1 74系列集成逻辑门电路的识别、功能测试 ············································· 17
  1.4 门电路结构及特性参数测试 ·················································································· 21
    1.4.1 二极管、三极管、场效应管的开关特性 ···················································· 22
    1.4.2 分立元件门电路 ···························································································· 24
    1.4.3 集成逻辑门电路 ···························································································· 26
    1.4.4 可以线与的集成逻辑门电路 ········································································ 31
    1.4.5 集成门电路的外特性与参数 ········································································ 35
    1.4.6 CMOS与TTL之间的接口电路 ···································································· 41
    1.4.7 集成逻辑门电路使用注意事项 ···································································· 43
  实训项目2 TTL与非门74LS00的参数测试 ······························································· 44
  1.5 逻辑功能描述方式及相互转换 ·············································································· 47
    1.5.1 逻辑功能的描述方式 ···················································································· 47
    1.5.2 逻辑功能描述方式之间的相互转换 ···························································· 50
  1.6 逻辑函数及化简法 ·································································································· 54
    1.6.1 逻辑代数 ········································································································ 54
    1.6.2 逻辑函数的代数化简法 ················································································ 56
    1.6.3 逻辑函数的卡诺图化简法 ············································································ 57
    1.6.4 具有无关项的逻辑函数的化简 ···································································· 60
  知识梳理与总结 ··········································································································· 61
  自我检测题1 ··············································································································· 61
  练习题1 ······················································································································· 62

## 学习单元 2　编码、译码、LED 显示电路分析制作与调试 ················· 66
### 教学导航 ·················· 66
#### 2.1　组合逻辑电路的概念与特点 ·················· 67
#### 2.2　组合逻辑电路的分析与设计 ·················· 67
##### 2.2.1　组合逻辑电路的分析方法 ·················· 67
##### 2.2.2　组合逻辑电路的设计方法 ·················· 69
### 实训项目 3　74LS00、74LS86 组合逻辑电路的设计及逻辑功能分析 ·················· 75
#### 2.3　编码器 ·················· 76
##### 2.3.1　二进制编码器 ·················· 77
##### 2.3.2　优先编码器 ·················· 77
#### 2.4　译码器 ·················· 79
##### 2.4.1　二进制译码器 ·················· 80
##### 2.4.2　二-十进制（BCD）译码器 ·················· 82
##### 2.4.3　数码显示译码器 ·················· 82
##### 2.4.4　译码器的应用 ·················· 86
### 实训项目 4　键控 0～9 数字显示电路的制作与调试 ·················· 87
#### 2.5　数值比较器 ·················· 89
#### 2.6　数据选择器 ·················· 91
#### 2.7　组合逻辑电路中的竞争冒险 ·················· 95
### 知识梳理与总结 ·················· 97
### 自我检测题 2 ·················· 97
### 练习题 2 ·················· 98

## 学习单元 3　计数分频电路分析制作与调试 ·················· 100
### 教学导航 ·················· 100
#### 3.1　集成触发器 ·················· 101
##### 3.1.1　基本 RS 触发器 ·················· 101
##### 3.1.2　钟控触发器 ·················· 104
##### 3.1.3　不同类型触发器之间的转换 ·················· 115
### 实训项目 5　同步型触发器逻辑功能的分析与测试 ·················· 117
### 实训项目 6　用 74LS74、74LS112 构成 T、T' 触发器 ·················· 120
#### 3.2　时序逻辑电路 ·················· 123
##### 3.2.1　时序逻辑电路的结构与特点 ·················· 123
##### 3.2.2　时序电路的分析步骤 ·················· 124
#### 3.3　寄存器和移位寄存器 ·················· 126
##### 3.3.1　寄存器 ·················· 126
##### 3.3.2　移位寄存器 ·················· 127
### 实训项目 7　霓虹灯控制电路的制作与调试 ·················· 129
#### 3.4　计数器 ·················· 132
##### 3.4.1　二进制计数器 ·················· 132

3.4.2　十进制计数器 ·················· 137
　　3.4.3　$N$ 进制计数器 ················· 143
实训项目 8　0～59（0～23）加法计数显示电路的制作与调试 ······· 148
知识梳理与总结 ······························· 149
自我检测题 3 ································ 150
练习题 3 ··································· 151

## 学习单元 4　振荡电路的制作与调试 ················· 153
教学导航 ··································· 153
4.1　555 定时器 ······························· 154
　　4.1.1　555 定时器的电路结构 ·············· 154
　　4.1.2　555 定时器的功能 ················ 155
4.2　555 定时器的应用电路 ···················· 156
　　4.2.1　用 555 定时器构成单稳态触发器 ········ 156
　　4.2.2　用 555 定时器构成施密特触发器 ········ 158
　　4.2.3　用 555 定时器构成多谐振荡器 ·········· 161
4.3　石英晶体多谐振荡器 ···················· 163
　　4.3.1　石英晶体的工作原理与等效电路 ········· 163
　　4.3.2　石英晶体和反相器构成的多谐振荡器 ······ 165
实训项目 9　1 Hz 秒脉冲信号发生器的分析与设计 ··········· 165
实训项目 10　50 Hz 多谐振荡器的制作与调试 ············· 167
知识梳理与总结 ······························· 169
自我检测题 4 ································ 169
练习题 4 ··································· 170

## 学习单元 5　半导体存储器 ······················· 171
教学导航 ··································· 171
5.1　只读存储器（ROM） ······················· 172
　　5.1.1　只读存储器的结构与分类 ············ 172
　　5.1.2　固定只读存储器（ROM） ············ 173
　　5.1.3　可编程只读存储器（PROM） ·········· 174
　　5.1.4　可擦写只读存储器 ················ 175
5.2　随机存取存储器（RAM） ···················· 176
　　5.2.1　RAM 的结构 ··················· 176
　　5.2.2　存储单元 ····················· 177
实训项目 11　流水灯控制电路的设计、制作与调试 ··········· 180
知识梳理与总结 ······························· 183
自我检测题 5 ································ 183
练习题 5 ··································· 183

## 综合项目　数字钟的设计、制作与调试 ················· 184
## 附录 A　电阻的色环标志法 ······················ 191

附录 B　常用数字集成电路汇编 ………………………………………………………… 193
附录 C　常用逻辑门逻辑符号对照表 …………………………………………………… 198
附录 D　实训项目工作报告 ……………………………………………………………… 199
参考文献 …………………………………………………………………………………… 200

## 职业导航

**前期知识**
- 电路基础知识
- 模拟电路基础

**课程内容**

- 集成逻辑门电路的功能分析与测试——常用集成门电路 74 系列芯片识别与参数测试
- 计数分频电路分析制作与调试——0~59（0~23）加法计数显示电路的制作与调试等
- 半导体存储器——流水灯控制电路的设计、制作与调试
- 编码、译码、LED显示电路分析制造与设计——键控（优先）0~9 数字显示电路的制作与调试等
- 振荡电路的制作与调试——50Hz多谐振荡器的制作与调试等
- 数字钟的设计、制造与调试

依据实用性、趣味性和可操作性原则，由简单到复杂、由部分到整体，形成反映工作和认知过程的12个项目任务，在完成实训项目的同时也完成了单元知识的学习

**职业岗位**：电子产品装配调试与检测　电子设备维护与技术支持　电子产品辅助设计　电子产品营销与服务

# 学习单元 1

# 集成逻辑门电路的功能分析与测试

**教学导航**

| 实训项目1 | 74系列集成逻辑门电路的识别、功能测试 |
|---|---|
| 实训项目2 | TTL与非门74LS00的参数测试 |
| 建议学时 | 4天（24学时） |
| 完成项目任务所需知识 | 1. 与门、或门、非门、与非门、或非门、与或非门、异或门、同或门的逻辑功能、功能描述方式及相互转换；<br>2. 半导体器件开关作用和开关特性；<br>3. CMOS和TTL电路结构及工作原理、外特性（对输入特性TTL结构与COMS结构的不同点）、主要参数、使用方法和注意事项；<br>4. 线与的概念，OD门、OC门、三态门、CMOS传输门的结构、功能及功能描述方式；<br>5. 逻辑函数化简 |
| 知识重点 | 集成门电路的逻辑功能及功能描述方式的转换，集成门电路的逻辑功能测试 |
| 知识难点 | TTL集成门电路与COMS集成门电路结构特点及不同点 |
| 职业技能训练 | 能读、识常用74系列、4000系列等集成芯片并能进行功能测试及好坏判断<br>1. 能正确辨识TTL及CMOS集成芯片的种类；<br>2. 能利用计算机网络等媒介，查找74系列、4000系列等集成芯片的资料，能读懂功能表，能根据引脚排列图知道引脚含义；<br>3. 能使用万用表、示波器进行IC芯片的好坏判别与参数测试；<br>4. 能阅读简单的英文技术资料；<br>5. 培养团队合作精神 |
| 推荐教学方法 | 从项目任务出发，通过课堂听讲、教师引导、小组学习讨论、实际芯片功能查找、功能测试，即"教、学、做"一体，掌握完成项目任务所需知识点和相应的技能 |

## 1.1 数字电路基本概念

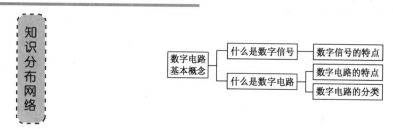

### 1.1.1 数字信号和数字电路

在自然界中有许多物理量，它们的性质各不相同，就其变化的规律而言，可以分为数字量和模拟量。相应的电信号就称为数字信号和模拟信号。

模拟信号是指在时间上和数值上都是连续变化的信号，其电压（或电流）值可以在一定范围内任意取值。例如，工业控制系统中常见的几大参数：温度、压力、流量、速度等，电视的图像和伴音信号等。

传输、处理模拟信号的电路称为模拟电路。

数字信号是指在时间上和数值上都是断续变化的离散信号，例如，在生产中自动记录零件个数的计数信号。

传输、处理数字信号的电路称为数字电路。

### 1.1.2 数字电路的特点

数字信号采用二值信息"0"和"1"来表示两个相对的状态，如脉冲的有、无或电平的高、低。例如：若用"1"表示高电平，则"0"就表示低电平；若用"0"表示有脉冲，则"1"就表示无脉冲。"0"和"1"在这里只表示两种相对立的状态，没有数值上的大小概念，这两个相对的状态可用电子器件的开关特性来实现，就是利用二极管、三极管、场效应管等元器件的开关特性，如完全导通表示一种状态，完全截止表示相对立的另一种状态。所以传输、处理数字信号的数字电路无论在电路结构还是研究内容、分析方法等诸多方面都与模拟电路不同。它具有如下几个特点：

（1）数字电路在稳态时，电子器件（如二极管、晶体管、场效应管）工作在饱和或截止状态，即开关状态，这两种对立的状态，分别用"0"和"1"来表示。

（2）数字电路工作可靠，抗干扰能力强。数字电路对元件的参数要求不太严格，只要能工作于饱和或截止状态，能可靠地区分出高、低电平即可。高、低电平都有一个允许的变化范围，只有当干扰信号相当强烈时，超出了允许的高、低电平范围，才有可能改变元件的工作状态，所以数字电路的抗干扰能力较强。

（3）数字电路结构简单，便于集成化。无论多么复杂的数字电路都是由几种最基本的单元电路组成的，这些最基本的单元电路，其结构比较简单。因此，数字电路便于集成化和系列化生产。

（4）在数字电路中，人们研究的主要问题是电路的输入信号的状态（0或1）和输出状

## 学习单元 1　集成逻辑门电路的功能分析与测试

态（0或1）之间的逻辑关系，从而分析电路的逻辑功能。

数字电路的研究内容可以分为两大类：一类是逻辑分析（对现有的电路分析其逻辑功能）；另一类是逻辑设计（根据实际需求，通过分析，设计出满足要求的逻辑电路）。

（5）数字电路的分析工具为布尔代数和卡诺图。

（6）数字电路不仅能完成数值运算，还能进行逻辑推理和逻辑判断。因此利用它可以制造数控装置、智能仪表、数字通信设备及电子计算机等现代化的高科技产品。

### 1.1.3　数字电路的分类

按照不同的分类方法，数字电路有不同的类别，常见的有以下几种分类方式。

1）按电路的组成结构分

按电路的组成结构分，有分立元件和集成电路两类。分立元件电路基本上已被数字集成电路所取代，根据集成度不同，数字集成电路又可分为小规模（SSI）、中规模（MSI）、大规模（LSI）和超大规模（VLSI）等。

2）按电路所用开关器件的种类分

按电路所用开关器件的种类分，可以把数字电路分为双极型和单极型电路。双极型电路有DTL、TTL、ECL、IIL和HTL等。单极型电路有NMOS、PMOS和CMOS等。

3）按电路的逻辑功能分

按电路的逻辑功能分，数字电路可分为组合逻辑电路和时序逻辑电路。组合逻辑电路的输出状态只取决于当前各输入状态的组合，与先前的状态无关，即无记忆性；时序逻辑电路的输出不仅和当前的输入状态有关，而且还与以前的状态有关，即具有记忆性。

> 小组学习讨论：采取问题引导法，根据知识分布网络，结合课后练习题，组织学生分小组开展学习讨论。本课程的后续内容可根据教学单元组织学生开展学习讨论，不再提示。

## 1.2　数制和编码

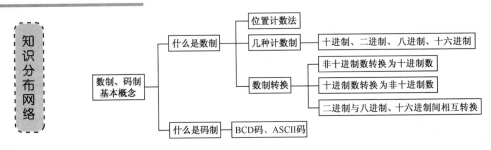

### 1.2.1　数制

数制就是计数方法，一般采用位置计数法，即将表示数字的数码从左往右排列起来，不同位置的数码有不同的位权。在日常生活和工作中最习惯用十进制数，而在数字电路中常采用二进制数，此外还有八进制和十六进制数。

### 1. 十进制

十进制数是以 10 为基数的计数体制，即十进制数共有 0、1、2、3、4、5、6、7、8、9 十个不同的数码，通常把这些数码的个数称为基数。它的进位规则为"逢十进一"、"借一当十"。

任意一个十进制数都可以按权展开，写成以 10 为底的幂的和形式。相同的数码处于不同的位置，具有不同的值，称为权值。十进制数百位、十位、个位、十分位、百分位的权值分别为 $10^2$、$10^1$、$10^0$、$10^{-1}$、$10^{-2}$。它们都是基数 10 的幂。

依次类推，一个具有 $n$ 位整数和 $m$ 位小数的十进制数 $D$ 可用下式表示：

$$(D)_{10} = a_{n-1} \times 10^{n-1} + a_{n-2} \times 10^{n-2} + \cdots + a_1 \times 10^1 + a_0 \times 10^0 +$$
$$a_{-1} \times 10^{-1} + a_{-2} \times 10^{-2} + \cdots + a_{-m} \times 10^{-m} \tag{1-1}$$
$$= \sum_{i=-m}^{n-1} a_i \times 10^i$$

式中，$a_i$ 为第 $i$ 位的系数，可以是 0~9 基本数码中的任何一个。例如：$323.56 = 3 \times 10^2 + 2 \times 10^1 + 3 \times 10^0 + 5 \times 10^{-1} + 6 \times 10^{-2}$。

若用 $R$ 代替式（1-1）中的 10，类推可以得到 $R$ 进制数展开式的一般形式：

$$(D)_R = \sum a_i \times R^i \tag{1-2}$$

$R$ 称为计数的基数；$a_i$ 为第 $i$ 位的系数；$R^i$ 称为第 $i$ 位的权。

### 2. 二进制

二进制数是以 2 为基数的计数体制，每一位仅有 0 和 1 两个数码；低位和相邻高位之间的进位规则是"逢二进一"、"借一当二"。

按照式（1-2），任何一个二进制数都可以展开为：

$$(D)_2 = \sum a_i \times 2^i \tag{1-3}$$

例如：$(110.01)_2 = 1 \times 2^2 + 1 \times 2^1 + 0 \times 2^0 + 0 \times 2^{-1} + 1 \times 2^{-2}$。

由于二进制数的每个数位上只有 0 和 1 两个数码，它的算术运算规则相对于十进制数来说要简单得多，相应的运算控制电路也简单。

二进制加法规则：

    0+0=0；1+0=0+1=1；1+1=10（逢二向高位进 1）

二进制减法规则：

    0−0=0；1−0=1；1−1=0；10−1=1（向高位借 1，本位成为 2）

二进制乘法规则：

    0×0=0；0×1=1×0=0；1×1=1

二进制除法规则：

    0÷1=0；1÷1=1

二进制数虽然有其自身的优点，但也有缺点。用二进制表示一个数时，往往由于位数过多，不便于读写与记忆，人们使用起来很不方便。所以，为了便于读写，在数字系统中，特别是在计算机领域常采用八进制和十六进制。

### 3. 八进制

八进制数是以 8 为基数的计数体制，八进制数每一位可以有 0、1、2、3、4、5、6、7 八个不同的数码，它的进位规则是"逢八进一"、"借一当八"。

任何一个八进制数，可以按式（1-2）展开为：

$$(D)_8 = \sum a_i \times 8^i \tag{1-4}$$

例如：$(63.74)_8 = 6 \times 8^1 + 3 \times 8^0 + 7 \times 8^{-1} + 4 \times 8^{-2}$。

### 4. 十六进制数

十六进制数是以 16 为基数的计数体制，每一位可以有 0、1、2、3、4、5、6、7、8、9、A、B、C、D、E、F 十六个不同的数码，其中符号 $A \sim F$ 分别相当于十进制中的 10~15；它的进位规则是"逢十六进一"、"借一当十六"。

按照式（1-2），任意一个十六进制数可以按权展开为：

$$(D)_{16} = \sum a_i \times 16^i \tag{1-5}$$

例如：$(7DE.F9)_{16} = 7 \times 16^2 + D \times 16^1 + E \times 16^0 + F \times 16^{-1} + 9 \times 16^{-2}$

$$= 7 \times 16^2 + 13 \times 16^1 + 14 \times 16^0 + 15 \times 16^{-1} + 9 \times 16^{-2}。$$

各种不同的数制各有其优缺点，应用的场合也各不相同。由于二进制数中的 0 和 1 与数字电路中的两个相对的状态相对应，因此，二进制数在数字电路中应用十分广泛。

## 1.2.2 数制之间的相互转换

### 1. 非十进制转换为十进制

将非十进制数（二进制、八进制、十六进制数）写成按权展开的形式，相加的结果就是与之对应的十进制数。

**实例 1-1** 把二进制数 11011.011 转换为十进制数。

**解** $(11011.011)_2 = 1 \times 2^4 + 1 \times 2^3 + 0 \times 2^2 + 1 \times 2^1 + 1 \times 2^0 + 0 \times 2^{-1} + 1 \times 2^{-2} + 1 \times 2^{-3}$

$$= (27.375)_{10}$$

**实例 1-2** 把八进制数 147.34 转换为十进制数。

**解** $(147.34)_8 = 1 \times 8^2 + 4 \times 8^1 + 7 \times 8^0 + 3 \times 8^{-1} + 4 \times 8^{-2}$

$$= (103.4375)_{10}$$

**实例 1-3** 把十六进制数 4E7.C7 转换为十进制数。

**解** $(4E7.C7)_{16} = 4 \times 16^2 + 14 \times 16^1 + 7 \times 16^0 + 12 \times 16^{-1} + 7 \times 16^{-2}$

$$= (1255.7773)_{10}$$

### 2. 十进制数转换为非十进制

十进制数转换为二进制、八进制和十六进制数的方法是：

（1）整数部分采用"除基取余"法，即"除以基数、取其余数、作为系数、由低到高"。就是用原十进制数连续除以要转换的计数制的基数，如 2、8、16，每次所得的余数作为要转换的系数（数码），第一个余数为转换数码的最低位数码，最后一个余数为转换数码的最高位数码,直到商为0为止。

(2) 小数部分采用"乘基取整"法,即"乘基数,取整数,作系数,由高到低"。就是将原十进制纯小数部分乘以要转换的计数制的基数,如2、8、16,取其积的整数部分作为系数(数码),剩余的纯小数部分再乘基数,先得到的整数作为转换数码小数部分的高位数码,后得到的作为低位码,直至其纯小数部分为0或到一定的精度为止。

**实例1-4** 将十进制数157.375转换二进制数。

**解** (1) 整数部分转换,采用"除基取余"法,其基数为2。

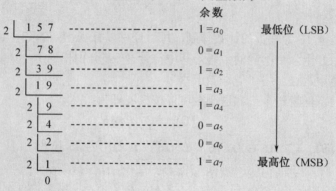

所以$(157)_{10}=(10011101)_2$。

(2) 小数部分转换,采用"乘基取整"法。

    $0.375 \times 2 = 0.75$    整数部分 $= 0 = a_{-1}$    最高位(MSB)

    $0.75 \times 2 = 1.5$    整数部分 $= 1 = a_{-2}$    ↑

    $0.5 \times 2 = 1.0$    整数部分 $= 1 = a_{-3}$    最低位(LSB)

所以$(0.375)_{10}=(0.011)_2$。

则$(157.375)_{10}=(10011101.011)_2$。

需要指出,在十进制小数转换成二进制小数时,有可能会出现无限位,即用"乘基取整"法时纯小数部分不能为0。在这种情况下,一般可以根据精度要求,取有限位即可。

十进制数转换为八进制数和十六进制数的方法与十进制数转换为二进制数的方法是相同的,所不同的是八进制数的基数是8,十六进制数的基数是16。

**实例1-5** 把十进制157.375转换为八进制数和十六进制数。

**解** (1) 整数部分转换,采用"除基取余"法,其基数分别为8和16。

```
        余数                              余数
8 │ 157  ────── 5 = a₀ (LSB)    16 │ 157  ────── 13即D = a₀
8 │ 19   ────── 3 = a₁           16 │ 9    ────── 9 = a₁
8 │ 2    ────── 2 = a₂ (MSB)          0
    0
```

所以$(157)_{10}=(235)_8=(9D)_{16}$。

(2) 小数部分转换,采用"乘基取整"法,基数分别是8和16。

    $0.375 \times 8 = 3.0$    整数部分 $= 3 = a_{-1}$

    $0.375 \times 16 = 6.0$    整数部分 $= 6 = a_{-1}$

所以$(0.375)_{10}=(0.3)_8=(0.6)_{16}$。
则$(157.375)_{10}=(235.3)_8=(9D.6)_{16}$。

### 3．二进制与八进制、十六进制之间的相互转换

1）二进制与八进制之间的相互转换

由于八进制数有$8=2^3$个数码，而三位二进制数有八种不同组合，可以表示8种不同状态。所以每位八进制数可由三位二进制数构成。

| 二进制 | 000 | 001 | 010 | 011 | 100 | 101 | 110 | 111 |
|---|---|---|---|---|---|---|---|---|
| 八进制 | 0 | 1 | 2 | 3 | 4 | 5 | 6 | 7 |

二进制数转换为八进制数的方法为：以小数点为界，分别向左、向右每三位分为一组，不足三位的，分别在前面、后面补0，然后写出每组对应的八进制数，再按原顺序排列写出完整二进制数对应的八进制数。

八进制数转换为二进制数的方法为：将每位八进制数分别用对应的三位二进制数表示，再按原来的顺序排列起来，便得到对应的二进制数。

**实例1-6** 将$(1010011.00100011)_2$转换成八进制数。

**解**　　　　　　　　$(1010011.00100011)_2$
　　　　　=$(001\ \ 010\ \ 011.001\ \ 000\ \ 110)_2$
　　　　　=$(\ 1\ \ \ \ \ 2\ \ \ \ \ 3\ .\ 1\ \ \ \ \ 0\ \ \ \ \ 6\ )_8$

所以$(1010011.00100011)_2=(123.106)_8$。

**实例1-7** 将八进制数175.023转换成相应的二进制数。

**解**　八进制数：1　7　5　．0　2　3
　　　二进制数：001　111　101　．000　010　011

所以$(175.023)_8=(1111101.000010011)_2$。

2）二进制与十六进制之间的相互转换

由于十六进制数有$16=2^4$个不同的数码，而四位二进制数有16种不同的组态。因此，可用四位二进制数表示一位十六进制数，一位十六进制数也可以用四位二进制数来表示。对应关系如表1-1所示。

表1-1　一位十六进制数和四位二进制数之间的对应关系

| 十六进制数 | 二进制数 | 十六进制数 | 二进制数 |
|---|---|---|---|
| 0 | 0000 | 8 | 1000 |
| 1 | 0001 | 9 | 1001 |
| 2 | 0010 | A→10 | 1010 |
| 3 | 0011 | B→11 | 1011 |
| 4 | 0100 | C→12 | 1100 |
| 5 | 0101 | D→13 | 1101 |
| 6 | 0110 | E→14 | 1110 |
| 7 | 0111 | F→15 | 1111 |

二进制数与十六进制数的转换方法与二进制数和八进制数之间的转换方法相类似。二进制数转换为十六进制数时是以小数点为界,分别向左、向右每四位分为一组,不足四位的,分别在前面、后面补 0,然后写出每组对应的十六进制数,再按原顺序排列写出完整二进制数对应的十六进制数。十六进制数转换为二进制数时,将每位十六进制数分别写出对应的 4 位二进制数,再按原来的顺序排列起来,便得到对应的二进制数。

**实例 1-8**　将十六进制数 A0E7.62D 转换为二进制数。

**解**　十六进制数：A　　0　　E　　7　.　6　　2　　D
　　二进制数：1010　0000　1110　0111　.　0110　0010　1101

所以 $(A0E7.62D)_{16}=(1010000011100111.011000101101)_2$。

**实例 1-9**　将二进制数 1011001001 转换成十六进制数。

**解**　二进制数：0010　　1100　　1001
　　十六进制数：2　　　C　　　9

所以 $(1011001001)_2=(2C9)_{16}$。

### 1.2.3　码制

码制即编码方法,是指用二进制数码表示数字或符号的编码方法。数码不仅可以表示数量的不同大小,而且还能表示不同的事物。当用数码表示不同的事物时,这些数码不再有数量大小的含义,而只是不同事物的代号,称为代码。将若干个二进制数码 0 和 1 按一定规则排列起来表示某种特定含义的代码,称为二进制代码或称二进码。

用四位二进制码表示十进制数的编码方法,叫做二-十进制编码,简称 BCD(Binary Coded Decimal)编码。

四位二进制数一共有 $2^4=16$ 种状态,十进制数只需用到其中的 10 种组合,因而,BCD 码有多种编码方式,常分为有权 BCD 码和无权 BCD 码。

**1. 有权 BCD 码**

有权 BCD 码是按位权值来命名的,其中 8421BCD 码是一种最简单、最常用的 BCD 码,它的位权值与二进制正好一致,常称为自然权码。2421(A)码和 2421(B)码的编码方式不完全相同,2421(B)码具有互补性,0 与 9、1 与 8、2 与 7、3 与 6、4 与 5 之间的关系是自身按位取反,即这五对代码互为反码。表 1-2 给出了有权 BCD 码的常见几种形式。

**2. 无权 BCD 码**

无权码没有确定的位权值,如表 1-2 中的余 3 码和格雷码。但都有一定的规律可循,例如余 3 码比 8421BCD 码多余 3(0011),由表 1-2 可看出 0 与 9、1 与 8、2 与 7、3 与 6、4 与 5 这五对代码互为反码。格雷码的特点是相邻的两个数之间(包括 0 和 9)仅有一位不同。计数电路按格雷码计数时,每次状态转换时仅有一位代码变化,因此减少了出错的可能性,译码时不会发生竞争冒险现象(详见学习单元 2)。格雷码的这个特点使它在代码形成与传输时引起的误差较小,可靠性提高。

## 学习单元 1　集成逻辑门电路的功能分析与测试

表 1-2　常见 BCD 码与十进制数的对应关系

| 十进制数 | 有权码 | | | | 无权码 | |
|---|---|---|---|---|---|---|
| | 8421BCD 码 | 2421（A）码 | 2421（B）码 | 5421 码 | 余 3 码 | 格雷码 |
| 0 | 0000 | 0000 | 0000 | 0000 | 0011 | 0000 |
| 1 | 0001 | 0001 | 0001 | 0001 | 0100 | 0001 |
| 2 | 0010 | 0010 | 0010 | 0010 | 0101 | 0011 |
| 3 | 0011 | 0011 | 0011 | 0011 | 0110 | 0010 |
| 4 | 0100 | 0100 | 0100 | 0100 | 0111 | 0110 |
| 5 | 0101 | 0101 | 1011 | 1000 | 1000 | 0111 |
| 6 | 0110 | 0110 | 1100 | 1001 | 1001 | 0101 |
| 7 | 0111 | 0111 | 1101 | 1010 | 1010 | 0100 |
| 8 | 1000 | 1110 | 1110 | 1011 | 1011 | 1100 |
| 9 | 1001 | 1111 | 1111 | 1100 | 1100 | 1000 |
| 权 | 8421 | 2421 | 2421 | 5421 | 无权 | 无权 |

### 3．用 BCD 码表示十进制数

任何一个十进制数要写成 BCD 码表示时，只要把它按位转换成相应的 BCD 码即可。注意首位码为 0 的，这个 0 不能省略，同理，小数点最后面的 0 也不能省略，每位十进制数必须是 4 位二进制码。

例如，$(760.4)_{10} = (0111\ 0110\ 0000.0100)_{8421BCD}$。

### 4．ASCII 码

国际上还规定了一些专门用于字母、专用符号的二进制代码，ASCII 码就是其中一种。ASCII 码是美国信息交换标准码（American Standard Code for Information Interchange）。ASCII 码由 7 位二进制数码构成，可以为 128 个字符编码。其中 0～9 的 ASCII 码是 30H～39H，26 个大写英文字母 A～Z 的 ASCII 码是 41H～5AH，小写英文字母 a～z 的 ASCII 码是 61H～7AH，完整的 ASCII 码表可参考其他资料。

## 1.3　门电路及逻辑功能

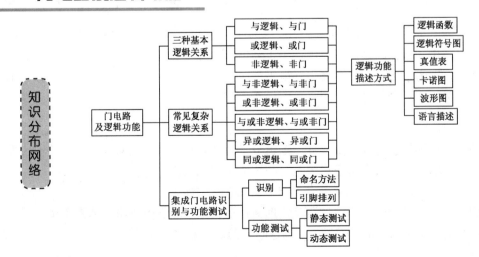

能够实现各种基本逻辑关系的电路统称为门电路。最基本的逻辑关系是与逻辑、或逻辑和非逻辑这三种。任何复杂的逻辑关系都是由这三种基本逻辑关系组成的。

### 1.3.1 与逻辑和与门

**1．逻辑与及与门电路的概念**

逻辑与（逻辑乘、与运算）表示这样的逻辑关系，即只有决定某一事情的全部条件都满足时，该事情才会发生。如图 1-1 所示的电路中，只有当开关 A 和 B 都闭合时，灯才会亮，如表 1-3 所示。

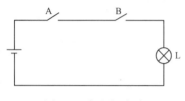

图 1-1　与逻辑电路

表 1-3　与逻辑电路功能表

| A 开关 | B 开关 | 灯 L |
|---|---|---|
| 断开 | 断开 | 灭 |
| 断开 | 闭合 | 灭 |
| 闭合 | 断开 | 灭 |
| 闭合 | 闭合 | 亮 |

实现与逻辑的电路称为与门（AND gate）电路，简称与门。

**2．与门电路的功能描述方法**

1）真值表

如图 1-1 所示的电路，假设开关闭合用 1 表示，断开用 0 表示，灯亮用 1 表示，灯灭用 0 表示，则表 1-3 就可表示成表 1-4 的形式。

表 1-4 这种表格称为真值表，真值表是将输入变量（开关）A、B 和输出变量（灯）L 的所有相互对应取值关系列在一张表格内，它是对输入、输出变量之间逻辑关系的最完整、最准确的描述方式。对于 $n$ 个输入变量函数，输入变量的取值组合有 $2^n$ 个。

> **注意**：我们这里所说的输入、输出变量是指逻辑变量，把逻辑条件或原因称为逻辑自变量（输入变量），把结果称为逻辑因变量（输出变量）。逻辑变量通常用字母 $A$、$B$、$C$、……、$X$、$Y$、$Z$ 等来表示，逻辑变量的取值只有两个：1 和 0。这里的 1 和 0 只表示两种对立的状态，如 1 表示灯亮，则 0 就表示灯灭。

在逻辑电路中，电位的高和低可用逻辑 1 和逻辑 0 分别表示，如果高电平用 1 表示，低电平用 0 表示，即为正逻辑。负逻辑中低电平用 1 表示，高电用 0 表示。对于一个数字电路或系统，可以采用正逻辑，也可采用负逻辑。在本书中如不加特殊说明，一律采用正逻辑。

2）逻辑函数

逻辑函数是描述输入逻辑变量和输出逻辑变量之间逻辑关系的函数式。与门的输出变量和输入变量之间的逻辑关系是与逻辑关系，与逻辑函数式为：

$$L = A \cdot B = AB \tag{1-6}$$

式中的小圆点"·"表示 $A$、$B$ 的与运算，也称作逻辑乘，通常被省略。从表 1-4 中可以清楚地看出：只有当 $A$ 和 $B$ 同时为 1 时，$L$ 才为 1，与运算规律如下：

$0 \cdot 0=0 \quad 0 \cdot 1=0 \quad 1 \cdot 0=0 \quad 1 \cdot 1=1$

3）逻辑符号图

与门的逻辑符号如图 1-2 所示。

表 1-4　与逻辑真值表

| $A$ | $B$ | $L=A \cdot B$ |
|---|---|---|
| 0 | 0 | 0 |
| 0 | 1 | 0 |
| 1 | 0 | 0 |
| 1 | 1 | 1 |

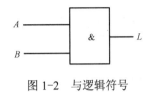

图 1-2　与逻辑符号

4）波形图

波形图是用输入信号波形和输出信号波形的对应关系来描述门电路逻辑功能的描述方式。例如，在两输入与门电路（见图 1-2）的输入端 $A$、$B$ 两端分别输入如下电信号（0 表示低电平，1 表示高电平），则输出端 $L$ 端输出的电信号如图 1-3 所示。

5）语言描述

就是用语言描述门电路输入与输出之间的逻辑规律，从而总结出其逻辑功能。

与门的逻辑规律为：有 0 出 0，全 1 出 1。

6）卡诺图

卡诺图是用图形的方式来形象表达电路逻辑功能的一种方法，详见 1.5 节。

### 1.3.2　或逻辑和或门

**1. 或逻辑及或门电路的概念**

或逻辑（逻辑加、或运算）表示这样的逻辑关系，即当决定一件事情的各个条件中，只要有一个或一个以上条件具备时，这件事情就会发生。

如图 1-4 所示的电路中，当开关 $A$ 和 $B$ 中只要有一个闭合时，灯就会亮，如表 1-5 所示。实现或逻辑的电路称为或门（OR gate）电路，简称或门。

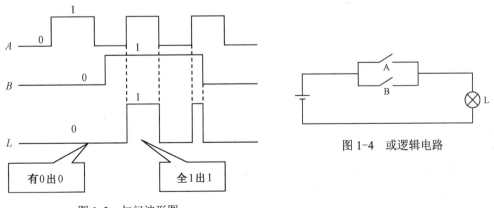

图 1-3　与门波形图

图 1-4　或逻辑电路

## 2. 或门电路的功能描述方法

1）真值表

图 1-4 中，假设开关闭合用 1 表示，断开用 0 表示，灯亮用 1 表示，灯灭用 0 表示。则或逻辑关系真值表如表 1-6 所示。

表 1-5　或逻辑电路功能表

| A 开关 | B 开关 | 灯 L |
|---|---|---|
| 断开 | 断开 | 灭 |
| 断开 | 闭合 | 亮 |
| 闭合 | 断开 | 亮 |
| 闭合 | 闭合 | 亮 |

表 1-6　或逻辑真值表

| $A$ | $B$ | $L=A+B$ |
|---|---|---|
| 0 | 0 | 0 |
| 0 | 1 | 1 |
| 1 | 0 | 1 |
| 1 | 1 | 1 |

2）逻辑函数

或逻辑的函数表达式为：

$$L=A+B \tag{1-7}$$

式中的"+"表示 A、B 的或运算，即逻辑加法运算。或运算规则如下：

$$0+0=0 \quad 0+1=1 \quad 1+0=1 \quad 1+1=1$$

3）逻辑符号图

或门的逻辑符号如图 1-5 所示。

4）波形图

在图 1-5 所示的或门输入端 $A$、$B$ 两端分别输入如下电信号（0 表示低电平，1 表示高电平），则输出端 $L$ 端输出的电信号如图 1-6 所示。

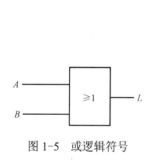

图 1-5　或逻辑符号

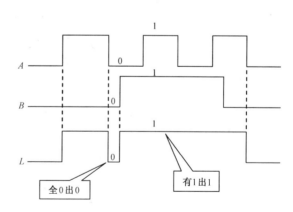

图 1-6　或门波形图

5）语言描述

或门的逻辑规律为：有 1 出 1，全 0 出 0。

6）卡诺图

表示或门电路逻辑功能的卡诺图详见 1.5 节。

## 1.3.3 非逻辑和非门

### 1. 非逻辑及非门电路的概念

非逻辑（非运算）表示这样的逻辑关系，即只要某一条件具备了，事件便不发生，而当此条件不具备时，事件一定发生。

如图 1-7 所示的电路中，当开关 A 闭合时，灯就会灭，开关 A 断开时，灯就会亮。

实现非逻辑的电路称为非门（NOT gate）电路，简称非门，也称为反相器。

### 2. 非门电路的功能描述方法

1）真值表

在图 1-7 中，假设开关闭合用 1 表示，断开用 0 表示，灯亮用 1 表示，灯灭用 0 表示。则非逻辑关系真值表如表 1-7 所示。

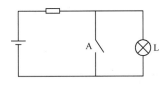

图 1-7 非逻辑电路

表 1-7 非逻辑真值表

| A | L |
|---|---|
| 0 | 1 |
| 1 | 0 |

2）逻辑函数

非逻辑的函数表达式为：

$$L = \overline{A} \qquad (1-8)$$

式中变量 A 上边的"—"号表示逻辑非，即逻辑求反运算。

非逻辑运算规则如下：

$$\overline{0} = 1 \qquad \overline{1} = 0$$

3）逻辑符号图

非门的逻辑符号如图 1-8 所示。逻辑符号中的"○"表示非运算。

4）波形图

在图 1-8 所示的非门输入端 A 端输入如下电信号（0 表示低电平，1 表示高电平），则输出端 L 端输出的电信号如图 1-9 所示。

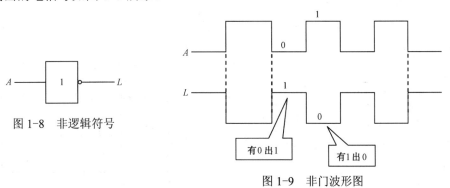

图 1-8 非逻辑符号

图 1-9 非门波形图

5）语言描述

非门的逻辑规律为：有 0 出 1，有 1 出 0。

6）卡诺图

表示非门电路逻辑功能的卡诺图详见 1.5 节。

### 1.3.4 常见的门电路

常见的门电路有与非门、或非门、与或非门、异或门和同或门（异或非门），它们分别实现了与非、或非、与或非、异或和同或（异或非）逻辑关系。

#### 1. 与非门

与非门（NAND gate）是实现与非逻辑的门电路，逻辑符号如图 1-10 所示。与非逻辑是由与运算和非运算构成的，运算顺序是先与后非，与非门可看作是一个与门后接一个非门构成的（见图 1-11）。

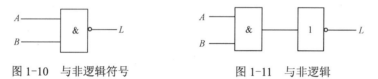

图 1-10　与非逻辑符号　　　　　图 1-11　与非逻辑

与非门的真值表如表 1-8 所示，其逻辑函数式为：$L = \overline{AB}$，它的逻辑规律是：有 0 出 1，全 1 出 0。

#### 2. 或非门

或非门（NOR gate）是实现或非逻辑的门电路，逻辑符号如图 1-12 所示。或非逻辑是由或运算和非运算构成的，运算顺序是先或后非，或非门可看作是一个或门后接一个非门构成的（见图 1-13）。

表 1-8　与非逻辑真值表

| $A$ | $B$ | $L = \overline{AB}$ |
| --- | --- | --- |
| 0 | 0 | 1 |
| 0 | 1 | 1 |
| 1 | 0 | 1 |
| 1 | 1 | 0 |

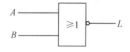

图 1-12　或非逻辑符号

或非门的真值表如表 1-9 所示，其逻辑函数式为：$L = \overline{A+B}$。它的逻辑规律是：有 1 出 0，全 0 出 1。

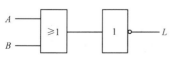

图 1-13　或非逻辑

表 1-9　或非逻辑真值表

| $A$ | $B$ | $L = \overline{A+B}$ |
| --- | --- | --- |
| 0 | 0 | 1 |
| 0 | 1 | 0 |
| 1 | 0 | 0 |
| 1 | 1 | 0 |

### 3. 与或非门

与或非门（AOI gate）是实现与或非逻辑的门电路，逻辑符号如图 1-14 所示。与或非逻辑是由与运算、或运算和非运算构成的，运算顺序是先与后或再非。与或非门的等效逻辑电路图如图 1-15 所示，可看作是两个与门后接一个或门再接一个非门构成的。

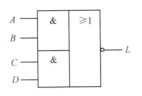

图 1-14　与或非逻辑符号

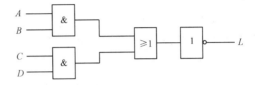

图 1-15　与或非逻辑

与或非门的真值表如表 1-10 所示，它的逻辑函数式为：$L = \overline{AB + CD}$。与或非门的逻辑规律是：各组均有 0 出 1，某组全 1 出 0。

表 1-10　与或非逻辑真值表

| A | B | C | D | $L = \overline{AB+CD}$ | A | B | C | D | $L = \overline{AB+CD}$ |
|---|---|---|---|---|---|---|---|---|---|
| 0 | 0 | 0 | 0 | 1 | 1 | 0 | 0 | 0 | 1 |
| 0 | 0 | 0 | 1 | 1 | 1 | 0 | 0 | 1 | 1 |
| 0 | 0 | 1 | 0 | 1 | 1 | 0 | 1 | 0 | 1 |
| 0 | 0 | 1 | 1 | 0 | 1 | 0 | 1 | 1 | 0 |
| 0 | 1 | 0 | 0 | 1 | 1 | 1 | 0 | 0 | 0 |
| 0 | 1 | 0 | 1 | 1 | 1 | 1 | 0 | 1 | 0 |
| 0 | 1 | 1 | 0 | 1 | 1 | 1 | 1 | 0 | 0 |
| 0 | 1 | 1 | 1 | 0 | 1 | 1 | 1 | 1 | 0 |

### 4. 异或门

异或门（exclusive-OR gate）是对两个输入信号进行比较，判断它们是否不同，当两个输入信号状态相反时，输出信号为 1，而当两个输入信号状态相同时，输出信号为 0。异或门的真值表如表 1-11 所示。

异或逻辑是一种复杂逻辑关系，其逻辑电路如图 1-16 所示。

表 1-11　异或门真值表

| A | B | $L = A \oplus B$ |
|---|---|---|
| 0 | 0 | 0 |
| 0 | 1 | 1 |
| 1 | 0 | 1 |
| 1 | 1 | 0 |

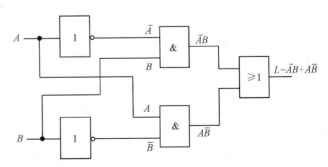

图 1-16　异或门逻辑电路

根据图中的逻辑功能，可写出异或门的逻辑函数式为：

$$L = \overline{A}B + A\overline{B}$$
$$= A \oplus B \tag{1-9}$$

式中的"⊕"为异或运算符。由于异或门是常用的门电路，其逻辑符号如图1-17所示。

异或逻辑的逻辑规律是：相反出1，相同出0。

### 5．同或门（异或非门）

同或门（exclusive-NOR gate）是对两个输入信号进行比较，判断它们是否相同，当两个输入信号状态相同（即同为1或同为0）时，输出信号为1，而当两个输入信号状态相反时，输出信号为0。同或门的真值表如表1-12所示。

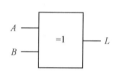

图1-17 异或门逻辑符号

表1-12 同或门真值表

| A | B | $L=A\odot B$ |
|---|---|---|
| 0 | 0 | 1 |
| 0 | 1 | 0 |
| 1 | 0 | 0 |
| 1 | 1 | 1 |

同或逻辑是一种复杂逻辑关系，其逻辑电路如图1-18所示。

根据图1-18中的逻辑功能，可写出同或门的逻辑函数式为：

$$L = \overline{A}\overline{B} + AB = A \odot B \tag{1-10}$$

式中的"⊙"为同或运算符。同或门的逻辑符号如图1-19所示，其中常用的为（a）图。

同或逻辑的逻辑规律是：相反出0，相同出1。

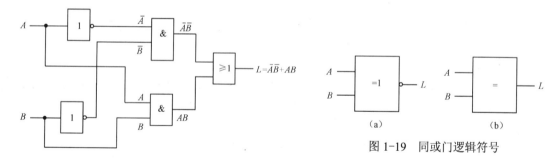

图1-18 同或门逻辑电路

图1-19 同或门逻辑符号

由表1-11和1-12可知，异或和同或是互为相反的函数，即同或逻辑是异或逻辑的非，而异或逻辑也是同或逻辑的非。

$$\overline{A \oplus B} = A \odot B \qquad \overline{A \odot B} = A \oplus B \tag{1-11}$$

可以证明，具有偶数个变量的异或和同或关系也互为反函数，而奇数个变量的异或和同或关系相等，即 $A \oplus B \oplus C = A \odot B \odot C$。

异或门和同或门是只具有两个输入端、一个输出端的逻辑电路。同或门无独立产品，通常用异或门加反相器构成。

**实例1-10** 如图1-20所示，已知各门电路的输入信号波形如图1-21所示，试画出图1-20中列出的各门电路的输出波形。

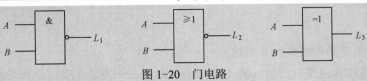

图 1-20 门电路

**解**（1）根据各门电路的逻辑符号，得出该门电路的逻辑功能，$L_1$是与非门，$L_2$是或非门，$L_3$是异或门。

（2）根据各门电路的逻辑规律，画出各输出信号波形如图 1-21 所示。

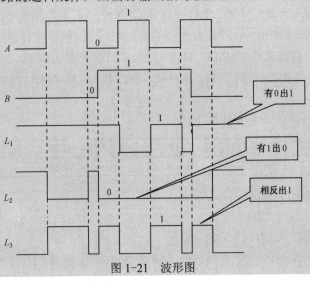

图 1-21 波形图

## 实训项目 1　74 系列集成逻辑门电路的识别、功能测试

### 1. 目标

1）知识目标

（1）掌握与门、或门、非门、与非门、或非门、与或非门、异或门、同或门的逻辑功能；

（2）掌握门电路功能描述方法。

2）能力目标

（1）掌握集成逻辑门电路的识别、引脚功能的查询、真值表的读解方法；

（2）掌握集成逻辑门电路的功能测试方法；

（3）锻炼学习资料的查询能力。

3）素质目标

（1）养成严肃、认真的科学态度和良好的自主学习方法；

（2）培养严谨的科学思维习惯和规范的操作意识；

（3）养成独立分析问题和解决问题的能力，以及相互协作的团队精神；

（4）能综合运用所学知识和技能独立解决实训中遇到的实际问题；具有一定的归纳、总结能力；

（5）具有一定的创新意识；具有一定的自学、表达、获取信息等方面的能力。

## 2. 资讯

### 1）集成门电路的种类及命名方法

集成门电路按其内部有源器件的不同可分为两类，一类是双极型晶体管集成门电路 TTL（晶体管-晶体管逻辑电路，Transistor-Transistor Logic）电路，另一类是单极型 CMOS 器件构成的逻辑电路。CMOS 工艺是目前集成电路的主流工艺。

CMOS 器件的系列产品有：4000 系列、HC、HCT、AHC、AHCT、LVC、ALVC、HCU 等。其中 4000 系列为普通 CMOS；HC 为高速 CMOS；HCT 为能够与 TTL 兼容的 CMOS；AHC 为改进的高速 CMOS；AHCT 为改进的能够与 TTL 兼容的高速 CMOS；LVC 为低压 CMOS；ALVC 为改进的低压 COMS；HCU 为无输出缓冲器的高速 CMOS。

国产 TTL 电路有 54/74、54/74H、54/74S、54/74LS、54/74AS、54/74ALS、54/74F 等七大系列。

CMOS、TTL 器件的命名方法如下：

| 第一部分 | 第二部分 | 第三部分 | 第四部分 | 第五部分 |
| --- | --- | --- | --- | --- |
| 国标 | 器件类型 | 器件系列品种 | 工作温度范围 | 封装形式 |

例如，CC54/74HC04MD 的含义如下。

第一部分 C：国标，中国；

第二部分 C：器件类型，CMOS；

第三部分 54/74HC04：器件系列品种，54 为国际通用 54 系列，军用产品；74 为国际通用 74 系列，民用产品；HC 为高速 CMOS，04 为六反相器；

第四部分 M：工作温度范围，M 为−55～+125℃（只出现在 54 系列），C 为 0～70℃（只出现在 74 系列）；

第五部分 D：封装形式，D 为多层陶瓷双列直插封装，J 为黑瓷低熔玻璃双列直插封装，P 为塑料双列直插封装，F 为多层陶瓷扁平封装。

又例如，CT74LS04CJ 的含义如下。

第一部分 C：国标，中国；

第二部分 T：器件类型，TTL；

第三部分 74LS04：器件系列品种，74 为国际通用 74 系列，民用产品；04 为六反相器；

LS：低功耗肖特基系列；

空白：标准系列；

H：高速系列；

S：肖特基系列；

AS：先进的肖特基系列；

ALS：先进的低功耗肖特基系列；

F：快速系列，速度和功耗都处于 AS 和 ALS 之间；

第四部分 C：工作温度范围，C 为 0～70℃（只出现在 74 系列）；

第五部分 J：封装形式，J 为黑瓷低熔玻璃双列直插封装。

2）集成门电路的引脚排列

集成门电路（IC 芯片）外引脚的序号确定方法是：将引脚朝下，由顶部俯视，由缺口或标记下面的引脚开始逆时针方向计数，依次为 1，2，3，…，n。74LS86 集成芯片的引脚如图 1-22 所示，引脚朝下，缺口下面的引脚为 1 脚，逆时针方向计数，分别为 2，3，…，7，8，…，14。共 14 个引脚，一般情况下，74 系列芯片，缺口下面的最后一个引脚（如图 1-22 中的 7 脚）为接地脚，缺口上面的引脚（如图 1-22 中的 14 脚）为连接电源的引脚。

集成门电路的引脚排列图可查找集成电路手册等技术资料，或通过上网查询。结合所查集成电路芯片的真值表，搞清楚每个引脚的作用，即它是输入引脚还是输出引脚，是电源端还是接地端，是信号输入端还是信号输出端，是输入控制端（使能端），还是输出使能端，是低电平有效还是高电平有效。

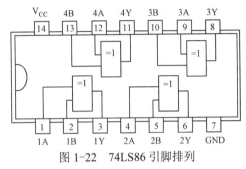

图 1-22　74LS86 引脚排列

从图 1-22 可知，该芯片中有 4 个异或门，其中 1、2、3 脚是一个异或门，4、5、6 脚是一个异或门，8、9、10 脚是一个异或门，11、12、13 脚是一个异或门，1、2、4、5、9、10、12、13 分别是输入信号端，3、6、8、11 分别为输出信号端，7 脚为接地端，14 脚为电源端，接+5V 电源。

3）集成逻辑门电路的功能测试方法

集成门电路的功能测试，就是要测试其输出与输入信号之间的逻辑关系是否正确，也就是验证其输出与输入信号的关系是否与其真值表相符。功能测试方法一般有以下两种。

（1）静态测试

静态测试就是在集成门电路输入端加静态电平（高电平和低电平），测试输出端的逻辑电平值，与真值表相比较，借以判断此集成门电路静态工作是否正常。

（2）动态测试

动态测试就是在集成门电路输入端加动态信号（如在输入端加上周期性信号）测量集成门电路的输出信号。用示波器观察输入信号、输出信号波形。看输出与输入信号之间的逻辑关系是否与真值表相符，来判断此集成门电路动态工作是否正常。

4）查找下列集成门电路的引脚排列图及真值表

查找下列集成门电路的引脚排列图及真值表，记录在工作报告中（格式见附录 C）。

（1）集成门电路（74LS00、74LS08、74LS20、74LS27、74LS86）的引脚排列图。

（2）集成门电路（74LS00、74LS08、74LS20、74LS27、74LS86）的真值表读解，掌握其逻辑功能。

### 3．决策

（1）用静态测试法测试 74LS00、74LS08、74LS20、74LS27、74LS86 的逻辑功能，测量出其实际真值表。

（2）用动态测试法测试与非门 74LS00 的逻辑功能，理解其控制作用。

### 4．计划

（1）所需仪器仪表：万用表，示波器，数字电路实验箱。

（2）所需元器件：74LS00、74LS08、74LS20、74LS27、74LS86 芯片各 1 片。

### 5．实施

1）用静态测试法测试

用静态测试法测试 74LS00、74LS08、74LS20、74LS27、74LS86 的逻辑功能，测量出其实际真值表，并将测量值分别填入表 1-13 中。

表 1-13

| 输入 | | $Y_1$ | 电压(V) | $Y_2$ | 电压(V) | $Y_3$ | 电压(V) | $Y_4$ | 电压(V) | $Y_5$ | 电压(V) |
|---|---|---|---|---|---|---|---|---|---|---|---|
| A | B | | | | | | | | | | |
| 0 | 0 | | | | | | | | | | |
| 0 | 1 | | | | | | | | | | |
| 1 | 0 | | | | | | | | | | |
| 1 | 1 | | | | | | | | | | |

测试电路如图 1-23 所示，画出实际接线图（或在逻辑符号的输入、输出端标注引脚号），分别在输入端输入低电平（如 0.3 V）和高电平（如 3.6 V），用万用表测量输出电压，将测量值填入表格中得出其真值表。

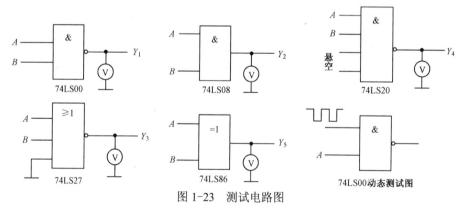

图 1-23　测试电路图

2）用动态测试法测试

用动态测试法测试与非门 74LS00 的逻辑功能，理解其控制作用。

取 74LS00 中的一个门电路，一个输入端输入频率为 1 kHz、幅度为 4 V 的方波信号，另一个输入端分别接地（或低电平）、接+5 V 电源（或高电平），用双踪示波器观察输入、输出波形，并记录在表 1-14 中。分析波形，理解与非门的控制作用。

## 6. 检查

检查测试电路和测试结果的正确性，判断门电路逻辑功能是否正常，分析出现问题的原因并记录解决方案。

表 1-14

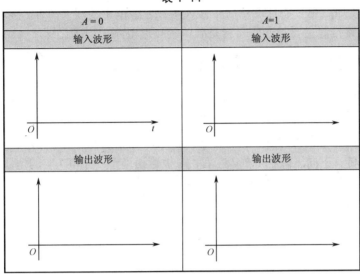

## 7. 评价

在认真完成上述集成逻辑门电路功能测试后，撰写实训报告（可参考附录 C），并在小组内进行自我评价、组员评价，最后由教师给出评价，三个评价相结合作为本次工作任务完成情况的综合评价。

# 1.4 门电路结构及特性参数测试

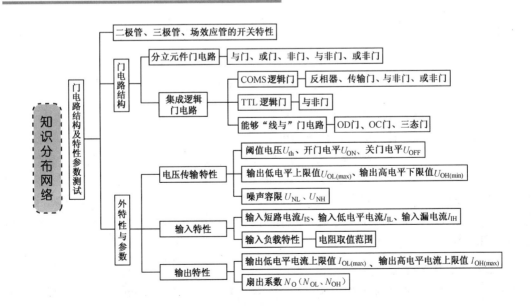

门电路按组成的结构可分为分立元件门电路和集成门电路两大类,分立元件门电路是集成门电路的基础,已基本上不再使用,目前使用较多的是集成逻辑门电路。按照集成逻辑门电路按所用的器件不同,又可分为双极型(TTL)和单极型(CMOS)两大类。

门电路中的电子器件(二极管、晶体管、场效应管)都工作在开关状态,即逻辑变量的1和0在电路中是通过电子器件的导通(开关闭合)和截止(开关断开)来控制和实现的。

数字集成电路目前主要的制作材料是硅,超高速电路采用砷化镓。

### 1.4.1 二极管、三极管、场效应管的开关特性

#### 1. 二极管的开关特性

二极管的伏安特性曲线如图 1-24 所示,实线部分为硅二极管,虚线部分为锗二极管。由硅二极管的伏安特性曲线可知,当硅二极管两端所加正向电压大于 0.6 V 时,二极管导通,伏安特性曲线很陡,正向压降在 0.7 V 左右,二极管相当于一个 0.7 V 的恒压源,当硅二极管两端所加正向电压小于 0.5 V 时,硅二极管截止,电流很小,二极管相当于一个断开的开关,有时把硅二极管看作理想开关,即导通时短路,相当于开关闭合,截止时认为开路,相当于开关断开。

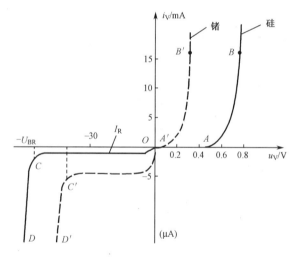

图 1-24 二极管的伏安特性曲线

硅二极管开关电路及等效电路如图 1-25 所示。当输入信号 $u_i$ 为高电平($u_i=U_{OH}=V_{CC}$)时,二极管截止,相当于开关断开,输出高电平 $U_{OH}$,$u_o=U_{OH}=V_{CC}$,当输入信号 $u_i$ 为低电平 0 V($u_i=U_{OL}=0$ V)时,二极管导通,相当于开关闭合,输出低电平 $U_{OL}$,$u_o=U_{OL}\approx 0$ V。

二极管由导通变为截止,或由截止变为导通需要时间,由导通状态进入截止状态所需的转换时间称为反向恢复时间,由截止进入导通的转换时间称为开通时间。开通时间远小于反向恢复时间。在低速开关电路中,导通和截止间的转换时间可忽略不计,但在高速开关电路中必须考虑转换时间。

#### 2. 晶体管的开关特性

晶体管(三极管)有三种工作状态:截止、放大和饱和状态。在数字电路中晶体管只能

## 学习单元1 集成逻辑门电路的功能分析与测试

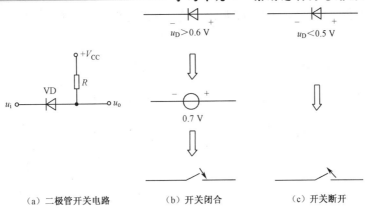

（a）二极管开关电路　　（b）开关闭合　　（c）开关断开

图 1-25　硅二极管开关电路及等效电路

工作在截止和饱和导通状态，不允许工作在放大状态。

1）截止条件及等效电路

在图 1-26（a）电路中，当 $u_{BE} < 0.5\,\text{V}$，晶体管开始截止，它的可靠截止条件为：$u_{BE} \leqslant 0\,\text{V}$，此时，$i_B \approx 0$，$i_C \approx 0$，$u_o = V_{CC}$。截止状态下晶体管可等效为如图 1-26（b）所示电路。

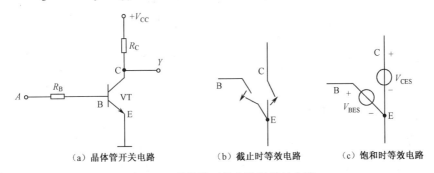

（a）晶体管开关电路　　（b）截止时等效电路　　（c）饱和时等效电路

图 1-26　晶体管开关电路及等效电路

2）饱和条件及等效电路

当基极电流足够大，大于等于临界饱和基极电流 $I_{BS}$ 时，进入饱和状态，即饱和条件为：

$$i_B \geqslant I_{BS} = \frac{I_{CS}}{\beta} \approx \frac{V_{CC}}{\beta R_C} \tag{1-12}$$

临界饱和状态时的集电极电流称为临界饱和集电极电流 $I_{CS}$，基极与发射极间的电压称为临界饱和基极电压 $V_{BES}$，其值约为 0.7 V，集电极与发射极间的电压称为临界饱和集电极电压 $V_{CES}$，其值很小，约为 0.3 V。饱和状态下晶体管等效电路如图 1-26（c）所示。

晶体管由截止到导通，或由导通到截止，即晶体管内部电荷的建立和消散都需要一定的时间，输出电压的变化滞后于输入电压的变化。

**3．MOS 管的开关特性**

1）截止条件

$U_{GSN(th)}$ 为 NMOS 的开启电压，$U_{GSN(th)} = 2\,\text{V}$，当 $u_{GS} < U_{GSN(th)}$ 时，NMOS 管截止，漏源极之间可等效为一个电阻 $R_{OFF}$，称为关断电阻，阻值为 $10^8 \sim 10^9\,\Omega$。漏极电流 $i_D$ 约为 0，输出

$u_o = U_{OH} = V_{DD}$。NMOS 管相当于开关断开,其等效电路见图 1-27(b)。

2)导通条件

当 $u_{GS} > U_{GSN(th)}$ 时,NMOS 管导通,漏源极之间可等效为一个电阻 $R_{ON}$,称为导通电阻,阻值约为几百欧姆。当 $R_D \gg R_{ON}$ 时,输出 $u_o = \dfrac{R_{ON}}{R_D + R_{ON}} V_{DD} \approx 0\,\text{V}$。NMOS 管相当于开关闭合(有导通电阻),其等效电路见图 1-27(c)。

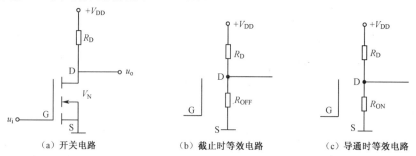

图 1-27 NMOS 开关电路及等效电路

PMOS 管的开关特性与 NMOS 管相似,只是 PMOS 管的开启电压为负值,$U_{GSP(th)} = -2\text{V}$,当 $u_{GS} < U_{GSP(th)}$ 时,PMOS 管导通,导通电阻为 $R_{ON}$,阻值约为几百欧姆。当 $u_{GS} > U_{GSP(th)}$ 时,PMOS 管截止,关断电阻为 $R_{OFF}$,阻值为 $10^8 \sim 10^9\,\Omega$。

由于器件内部、线间和负载电容的存在,电流和电压的变化都需要时间,输出电压的变化将滞后于输入电压的变化。

### 1.4.2 分立元件门电路

**1. 二极管与门电路**

二极管与门电路及逻辑符号如图 1-28 所示。假定二极管工作在理想开关状态,即二极管的导通电压和内阻均忽略不计。

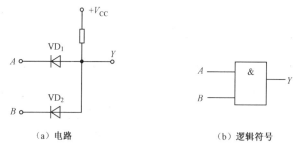

图 1-28 二极管与门电路及逻辑符号

高电平用逻辑"1"表示,低电平用逻辑"0"表示,电源电压 $V_{CC}$ 为+5 V 时,图 1-28 电路的二极管工作情况如表 1-15 所示,由表 1-15 中的逻辑关系可得出该电路是与门电路。

**2. 二极管或门电路**

二极管或门电路及逻辑符号如图 1-29 所示。

表 1-15 二极管工作状态及输入、输出对应逻辑关系

| A | | B | | VD₁ | VD₂ | Y | |
|---|---|---|---|---|---|---|---|
| 0 V | 0 | 0 V | 0 | 导通 | 导通 | 0 V | 0 |
| 0 V | 0 | 3 V | 1 | 导通 | 截止 | 0 V | 0 |
| 3 V | 1 | 0 V | 0 | 截止 | 导通 | 0 V | 0 |
| 3 V | 1 | 3 V | 1 | 导通 | 导通 | 3 V | 1 |

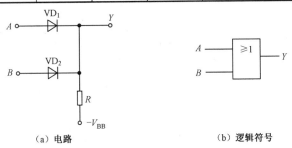

(a) 电路　　　　　　　　　　　(b) 逻辑符号

图 1-29　二极管或门电路及逻辑符号

按照上述二极管与门电路的分析方法，同样可得表 1-16。由表 1-16 中的逻辑关系可得出图 1-29 为或门电路。

表 1-16　二极管工作状态及输入、输出对应逻辑关系

| A | | B | | VD₁ | VD₂ | Y | |
|---|---|---|---|---|---|---|---|
| 0 V | 0 | 0 V | 0 | 导通 | 导通 | 0 V | 0 |
| 0 V | 0 | 3 V | 1 | 截止 | 导通 | 3 V | 1 |
| 3 V | 1 | 0 V | 0 | 导通 | 截止 | 3 V | 1 |
| 3 V | 1 | 3 V | 1 | 导通 | 导通 | 3 V | 1 |

## 3. 三极管非门电路

图 1-30 所示为三极管非门电路及逻辑符号。通过对图中电路的参数选择，可使三极管 VT 可靠地工作在饱和区或截止区。

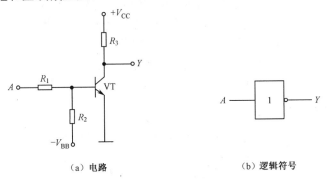

(a) 电路　　　　　　　　　　　(b) 逻辑符号

图 1-30　三极管非门电路及逻辑符号

由表 1-17 可知，该电路实现了非运算，其输入输出之间的逻辑关系为 $Y = \overline{A}$。

## 4. 与非门电路

将二极管与门电路和三极管非门电路串联便可以得到与非门电路及逻辑符号，如图 1-31

表 1-17  晶体管工作状态及输入、输出对应逻辑关系

| A | | VT | | Y |
|---|---|---|---|---|
| 0 V | 0 | 截止 | $V_{CC}=5\ V$ | 1 |
| 5 V | 1 | 饱和导通 | $V_{CES}=0.3\ V$ | 0 |

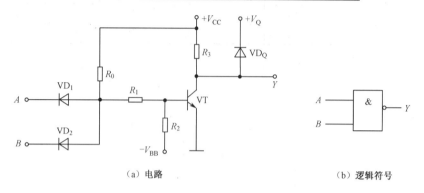

（a）电路　　　　　　　　　　（b）逻辑符号

图 1-31　与非门电路与逻辑符号

所示。

$A$、$B$ 为输入变量，$Y$ 为输出变量，与门输出同时作为非门输入。根据与门和非门的逻辑功能，可得与非门的逻辑功能：$Y = \overline{AB}$。

### 5. 或非门电路

将二极管或门电路和三极管非门电路串联便可以得到或非门电路及逻辑符号，如图 1-32 所示。$A$、$B$ 为输入变量，$Y$ 为输出变量，或门输出同时作为非门输入。根据或门和非门的逻辑功能，可得或非门的逻辑功能：$Y = \overline{A+B}$。

### 1.4.3　集成逻辑门电路

集成逻辑门电路按其内部有源器件的不同可分为两类，一类是双极型晶体管集成门电路 TTL（晶体管-晶体管逻辑电路，Transistor-Transistor Logic）电路，另一类是单极型 CMOS 器件构成的逻辑电路。两类电路相比较，TTL 集成电路的工作速度高，驱动能力强，但功耗大、集成度低；CMOS 集成电路具有功耗低、抗干扰能力强、电源电压范围宽及扇出系数大等优点，同时还具有结构相对简单、便于大规模集成、制造费用较低等特点，使得它在大规模数字集成电路中应用广泛，其缺点是其工作速度略低。

### 1. CMOS 集成逻辑门电路

CMOS 反相器和 CMOS 传输门是 CMOS 电路的基本单元结构。

1）CMOS 反相器（非门）

（1）电路结构

CMOS 反相器的基本电路如图 1-33 所示，$V_N$ 为驱动管，$V_P$ 为负载管，两管的栅极连在一起作为 $A$ 输入端，漏极连在一起作为 $Y$ 输出端。

（2）工作原理

当输入 $A=0\ V$ 时，$V_N$ 管截止，等效为关断电阻 $R_{OFF}$，$V_P$ 管导通，等效为导通电阻 $R_{ON}$，

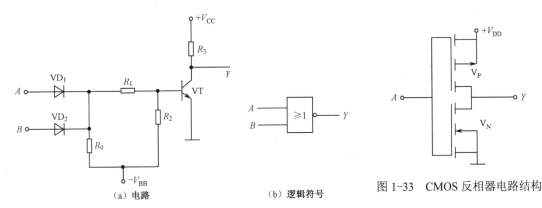

(a) 电路  (b) 逻辑符号

图 1-32 或非门电路与逻辑符号

图 1-33 CMOS 反相器电路结构

输出为 $Y \approx V_{DD}$，即 $Y = \dfrac{R_{OFF}}{R_{ON}+R_{OFF}} V_{DD} \approx V_{DD}$；当输入 $A=V_{DD}$ 时，$V_N$ 管导通，等效为导通电阻 $R_{ON}$，$V_P$ 管截止，等效为关断电阻 $R_{OFF}$，输出 $Y = \dfrac{R_{ON}}{R_{ON}+R_{OFF}} V_{DD} \approx 0 \text{ V}$。

$V_N$、$V_P$ 管的工作状态如表 1-18 表示。可以看出，图 1-33 所示电路具有逻辑非的功能。

表 1-18  $V_N$、$V_P$ 工作状态及输入、输出对应逻辑关系

| 输入 $A$ | $V_{GSN}$ | $V_{GSP}$ | $V_N$ 管 | $V_P$ 管 | $V_N$ 漏源电阻 $R_{DSN}$ | $V_P$ 漏源电阻 $R_{DSP}$ | 输出 $Y$ |
|---|---|---|---|---|---|---|---|
| 0 | 0 | $-V_{DD}$ | 截止 | 导通 | $10^8 \sim 10^9 \Omega$ | 几百 $\Omega$ | 1 |
| 1 | $V_{DD}$ | 0 | 导通 | 截止 | 几百 $\Omega$ | $10^8 \sim 10^9 \Omega$ | 0 |

注：高电平为 1，低电平为 0

2）CMOS 传输门

(1) 电路结构

CMOS 传输门也是构成各种 CMOS 逻辑电路的一种基本单元电路。CMOS 传输门电路如图 1-34（a）所示，图 1-34（b）为逻辑符号。PMOS 管、NMOS 管的源极和漏极相并联，构成传输门的输入端和输出端。两管的栅极是一对控制端，分别加上控制信号 $C$ 和 $\overline{C}$。$\overline{C}$ 上的小横杆，以及逻辑符号上的小圆圈均表示该控制端的有效电平是低电平，$C$ 表示该控制端高电平有效。$U_I$ 为输入端，$U_O$ 为输出端。

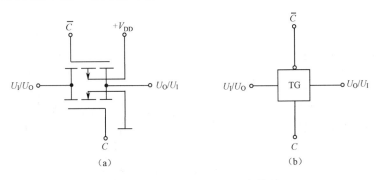

图 1-34 CMOS 传输门及逻辑符号

（2）工作原理

当 $C$ 接高电平（$V_{DD}$），$\bar{C}$ 接低电平（0 V）时，$U_I$ 在 0 V 到 $V_{DD}$ 之间变化时，两管中至少有一个导通，相当于开关闭合，$U_O=U_I$；当 $C$ 接低电平，$\bar{C}$ 接高电平时，两管均截止，输入和输出之间是断开的。据此可知，传输门是一种传输信号的可控开关电路，由控制信号 $C$ 和 $\bar{C}$ 来控制开关的闭合和断开。由于 MOS 管的结构对称，其源极与漏极可对调使用，因此传输门具有双向性，即输入端和输出端可以互换使用，也称为双向开关。

利用 CMOS 传输门和 CMOS 反相器可组成双向模拟开关，双向模拟开关既可传递数字信号，也可传递模拟信号。双向模拟开关的逻辑符号和等效电路如图 1-35 所示，$C$ 端高电平有效。

4066 为四双向模拟开关，其引脚符号如图 1-36 所示，功能表如表 1-19 所示。

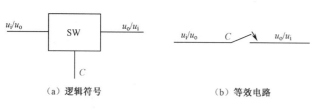

图 1-35 双向模拟开关的逻辑符号及等效电路

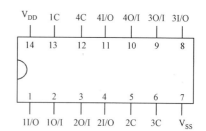

图 1-36 四双向模拟开关 4066 的引脚

当模拟开关的电源电压采用双电源时，例如 $V_{DD}=+5$ V，$V_{SS}=-5$ V，控制信号 $C=$ "1" 为 +5 V（$\bar{C}=0$，为 -5 V），则输入电压对称于 0 V 的正、负信号（+5 V～-5 V）均能传输。

利用 CMOS 传输门和 CMOS 反相器的各种组合可以构成多种复杂的逻辑电路，如触发器、计数器等。

3）CMOS 与非门

（1）电路结构

CMOS 与非门电路如图 1-37 所示。NMOS 管 $V_{N1}$ 和 PMOS 管 $V_{P1}$ 是一个 CMOS 反相器，$V_{N2}$ 和 $V_{P2}$ 是一个 CMOS 反相器，$V_{N1}$ 和 $V_{N2}$ 串联，两个的 $V_{P1}$ 和 $V_{P2}$ 并联。$V_{N1}$ 和 $V_{P1}$ 的栅极相连作为输入端 $B$，$V_{N2}$ 和 $V_{P2}$ 的栅极相连作为输入端 $A$，$V_{P1}$、$V_{P2}$、$V_{N2}$ 的漏极相连作为输出端 $Y$。

表 1-19 4066 功能表

| 输入控制信号 $C$ | 开关状态 |
|---|---|
| 1（高电平） | 导通（$U_O=U_I$） |
| 0（低电平） | Z（高阻抗） |

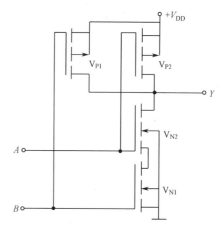

图 1-37 CMOS 与非门电路结构

（2）工作原理

当 $A$、$B$ 端有一端或两端为低电平 0 V 时，$V_{N1}$、$V_{N2}$ 总有一个或两个管子截止，$V_{P1}$、$V_{P2}$ 总有一个或两个管子导通，输出 $Y≈V_{DD}$。

当 $A$、$B$ 端全为高电平输入时，$V_{N1}$、$V_{N2}$ 均导通，$V_{P1}$、$V_{P2}$ 均截止，输出 $Y≈0$ V。各管的工作状态如表 1-20 所示，可以看出，图 1-37 所示电路具有与非逻辑功能。

表 1-20　各 MOS 管工作状态及输入、输出对应逻辑关系

| 输入 $A$ | 输入 $B$ | $V_{N1}$ 管 | $V_{P1}$ 管 | $V_{N2}$ 管 | $V_{P2}$ 管 | 输出 $Y$ |
| --- | --- | --- | --- | --- | --- | --- |
| 0 | 0 | 截止 | 导通 | 截止 | 导通 | 1 |
| 0 | 1 | 导通 | 截止 | 截止 | 导通 | 1 |
| 1 | 0 | 截止 | 导通 | 导通 | 截止 | 1 |
| 1 | 1 | 导通 | 截止 | 导通 | 截止 | 0 |

4）CMOS 或非门

（1）电路结构

CMOS 或非门电路如图 1-38 所示。NMOS 管 $V_{N1}$、$V_{N2}$ 并联，PMOS 管 $V_{P1}$、$V_{P2}$ 串联。$V_{N1}$ 和 $V_{P1}$ 的栅极相连作为输入端 $A$，$V_{N2}$ 和 $V_{P2}$ 的栅极相连作为输入端 $B$，$V_{P2}$、$V_{N2}$、$V_{N1}$ 的漏极相连作为输出端 $Y$。

（2）工作原理

当 $A$、$B$ 端有一端或两端为高电平时，$V_{N1}$、$V_{N2}$ 总有一个或两个管子导通，而 $V_{P1}$、$V_{P2}$ 总有一个或两个管子截止，输出 $Y≈0$ V。

当 $A$、$B$ 端全为低电平输入时，$V_{N1}$、$V_{N2}$ 均截止，而 $V_{P1}$、$V_{P2}$ 均导通，输出 $Y≈V_{DD}$。各管工作状态如表 1-21 所示，可以看出，图 1-38 所示电路具有或非逻辑功能。

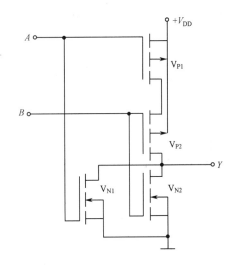

图 1-38　CMOS 或非门电路结构

表 1-21　各 MOS 管工作状态及输入、输出对应逻辑关系

| 输入 $A$ | 输入 $B$ | $V_{N1}$ 管 | $V_{P1}$ 管 | $V_{N2}$ 管 | $V_{P2}$ 管 | 输出 $Y$ |
| --- | --- | --- | --- | --- | --- | --- |
| 0 | 0 | 截止 | 导通 | 截止 | 导通 | 1 |
| 0 | 1 | 截止 | 导通 | 导通 | 截止 | 0 |
| 1 | 0 | 导通 | 截止 | 截止 | 导通 | 0 |
| 1 | 1 | 导通 | 截止 | 导通 | 截止 | 0 |

**2．TTL 集成逻辑门电路**

TTL 集成逻辑门电路主要由双极型三极管组成。由于门电路的输入级和输出级都为晶体三极管，所以称为晶体管-晶体管逻辑门电路。TTL 集成门电路的电路结构与 TTL 与非门相似，输入、输出端的电路结构与 TTL 与非门基本相同。下面以 TTL 与非门为例，介绍 TTL

集成门电路的电路结构。

1）TTL 与非门的电路组成

图 1-39 为 74H 系列 TTL 与非门的电路结构，电路由以下三个部分组成。

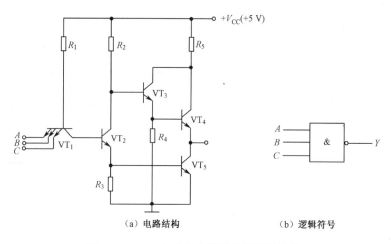

图 1-39　TTL 与非门电路结构及逻辑符号

（1）输入级

它是由多发射极晶体管 $VT_1$ 和电阻 $R_1$ 组成的。多发射极晶体管 $VT_1$ 相当于发射极独立，而基极和集电极分别并联在一起的三极管，它实现了与逻辑关系。利用多发射极晶体管代替二极管构成与门有利于提高门电路的工作速度。

（2）中间级（倒相级）

它是由晶体管 $VT_2$ 和电阻 $R_2$、$R_3$ 组成的。分别在 $VT_2$ 的集电极和发射极获得两个相位相反的信号，驱动下一级电路。

（3）输出级（推拉式输出级）

采用推拉式（推挽）结构，它是由晶体管 $VT_3$、$VT_4$、$VT_5$ 和电阻 $R_4$、$R_5$ 组成的。复合管 $VT_3$、$VT_4$ 和 $VT_5$ 分别由倒相级 $VT_2$ 的集电极电压和发射极电压来控制，因此 $VT_3$、$VT_4$ 和 $VT_5$ 的工作状态必然相反，即当 $VT_3$、$VT_4$ 饱和导通时，$VT_5$ 截止；当 $VT_3$、$VT_4$ 截止时，$VT_5$ 饱和导通。这种结构可以减小电路的输出电阻，提高电路的带负载能力。

2）TTL 与非门的工作原理

（1）当输入端 A、B、C 中有一个或数个为低电平 $U_{IL}=0.3\text{ V}$ 时，对应的发射结处于正偏导通状态。此时，$VT_1$ 的基极电位被固定在 1 V（$U_{B1}=U_{BE1}+U_{IL}=0.7+0.3=1\text{ V}$）上。要使 $VT_1$ 集电结和 $VT_2$、$VT_5$ 发射结均导通，$U_B$ 需为 2.1 V。故 $VT_2$ 截止，$VT_5$ 截止，$VT_3$ 和 $VT_4$ 导通，输出为高电平。其值为：

$$U_{OH} = V_{CC} - i_{B3}R_2 - U_{BE3} - U_{BE4} \approx 3.6 \text{ V}$$

（2）当输入端 A、B、C 全部为高电平 3.6 V 时，电源经过 $R_1$ 和 $VT_1$ 的集电结向 $VT_2$ 提供较大的基极电流，使 $VT_2$ 和 $VT_5$ 工作在饱和导通状态，基极电压 $U_{B1}$ 被固定在 2.1 V。由于 $VT_2$ 饱和导通，则 $U_{C2}=U_{BE5}+U_{CES2}=0.7+0.3=1\text{ V}$，使 $VT_3$、$VT_4$ 截止，$VT_5$ 饱和导通，输出为低电平。其值为：

$$U_{OL} = U_{CES5} \approx 0.3 \text{ V}$$

各管工作状态及输入、输出对应逻辑关系如表 1-22 所示。由此得出输出与输入之间的逻辑关系为 $Y = \overline{ABC}$。

表 1-22　各管工作状态及输入、输出对应逻辑关系

| 输入 A、B、C | VT$_1$ 管 | VT$_2$ 管 | VT$_3$、VT$_4$ 管 | VT$_5$ 管 | 输出 Y |
|---|---|---|---|---|---|
| 有一个或多个 0 | 深饱和 | 截止 | 导通 | 截止 | 1 |
| 全部为 1 | 发射结反偏 集电结正偏 | 导通 | 截止 | 导通 | 0 |

注：高电平为 1，低电平为 0

**注意**：当 TTL 逻辑电路的输入端悬空时，相当于在该端输入 1 状态。因为电源通过 $R_1$ 和 VT$_1$ 的集电结可使 VT$_2$、VT$_5$ 饱和导通，输出低电平。

### 1.4.4 可以线与的集成逻辑门电路

"线与逻辑"是由于门电路的输出端直接并联，而在连接点处所形成的附加"与"逻辑关系。这种与逻辑不是由与门来完成的，而是由连线构成的，所以称为"线与"。通常两个 CMOS 门电路或两个 TTL 门电路的输出端是不能并联使用的。这是由于 CMOS 门电路和 TTL 门电路的输出级是推拉输出结构，如果将它们的输出端直接连接在一起，例如将两个 CMOS 反相器输出端并联，当两个门中的一个输出高电平，另一个输出低电平，则必然有很大的电流流过导通的输出管，造成输出管的损坏。下面介绍三种可以"线与"的集成门电路。

**1. 漏极开路的 CMOS 门（OD 门）**

这种门是基于"线与逻辑"的实际需要而产生的。漏极开路的门电路（OD 门）就是将 CMOS 门电路输出级上半部分的 PMOS 管去掉，输出级 NMOS 管的漏极开路。OD 与非门的逻辑符号如图 1-40 所示，"◇"为 OD 门的限定符号。

OD 门在使用时，需要将各个 OD 门输出端（NMOS 管的漏极）通过外接的公共电阻 $R_P$（称为上拉电阻）接到电源 $V_{DD}$ 上，才能实现其逻辑功能，如图 1-41 所示，输出 Y 与两个 OD 门的输出端之间是"线与"逻辑，$Y = Z_1 \cdot Z_2 = \overline{AB} \cdot \overline{CD} = \overline{AB + CD}$。上拉电阻 $R_P$ 的选择要确保在驱动特定负载时，输出的高、低电平符合逻辑要求，同时使输出电流限定在允许的范围内。

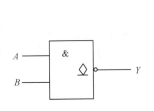

图 1-40　OD 与非门的逻辑符号

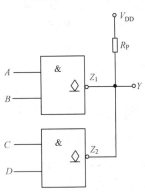

图 1-41　OD 门的"线与"逻辑

OD 门不但可以解决"线与"问题,而且因为其电源电压可以单独设置,能够满足负载较高驱动电压和较大负载电流的需要,具有一定的灵活性。

### 2. 集电极开路的 TTL 门(OC 门)

集电极开路 TTL 门又称 OC 门。图 1-42(a)所示是集电极开路与非门的电路结构,(b)图为逻辑符号,图中的"◇"为 OC 门的限定符号。

它与普通 TTL 与非门的区别在于没有 $VT_3$ 管和 $VT_4$ 管,并且取消了 $R_5$,$VT_5$ 集电极开路,所以使用该电路时,其输出端需要外接一个上拉电阻 $R_P$ 与电源相连。可以利用 OC 门实现"线与"逻辑,进行电平转换,即通过选用不同的电源电压 $V_{CC}$,使输出高电平满足下一级电路对高电平的要求,从而实现电平转换。它可以直接驱动 LED 发光二极管,这个功能是普通 TTL 与非门所不能实现的。

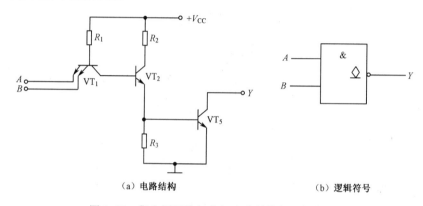

(a)电路结构　　　　　　　　(b)逻辑符号

图 1-42　集电极开路与非门电路结构与逻辑符号

### 3. 三态门

普通的门电路的输出状态只有两种:高电平和低电平,这两种状态都是低阻输出。

三态门与普通门电路的区别在于,其输出端有高电平、低电平、高阻态(禁止态)三种状态,高阻抗状态输出时,输出端相当于悬空。

1) CMOS 三态门

以三态 CMOS 反相器为例,其电路如图 1-43(a)所示,该电路是在普通门电路的基础上附加控制电路,图 1-25(b)为逻辑符号,图中的"▽"为三态输出门的限定符号,输入端的图形"—○"表示低电平有效。$A$ 是信号输入端,$Y$ 是信号输出端,$\overline{EN}$ 是控制信号端,也叫做使能端,低电平有效。

当 $\overline{EN}$ 为高电平时,$V_{P2}$ 和 $V_{N2}$ 均截止,$Y$ 与地和电源都断开了,输出端呈现高阻抗状态,用 $Y=Z$ 表示;当 $\overline{EN}$ 为低电平时,$V_{P2}$ 和 $V_{N2}$ 均导通,$V_{P1}$、$V_{N1}$ 构成反相器,正常工作,即 $Y=\overline{A}$。三态 CMOS 反相器的真值表如表 1-23 所示。

2) TTL 三态门(TSL 门)

如图 1-44 所示为 TTL 三态输出与非门,其中(b)图为高电平有效的逻辑符号,(c)图为低电平有效的逻辑符号。

表 1-23 三态 CMOS 反相器的真值表

| $\overline{EN}$ | $A$ | $Y$ | 功能说明 |
|---|---|---|---|
| 0 | 0 | 1 | 工作态 |
| 0 | 1 | 0 | |
| 1 | × | Z | 禁止态 |

注：×表示任意状态，Z 为高阻抗状态

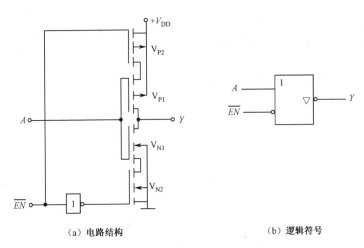

（a）电路结构　　　　　　　　　（b）逻辑符号

图 1-43　CMOS 三态门电路结构与逻辑符号

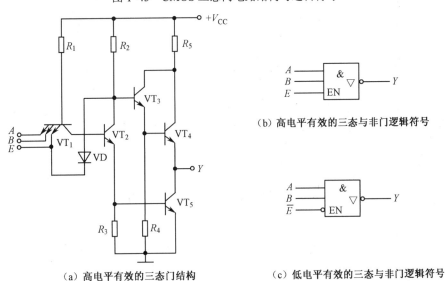

（a）高电平有效的三态门结构　　　（c）低电平有效的三态与非门逻辑符号

图 1-44　TTL 三态输出与非门

对于高电平有效的三态门，当控制端 $E=1$ 时，二极管 VD 截止，电路实现正常与非功能，即 $Y=\overline{AB}$；当 $E=0$ 时，$VT_2$、$VT_5$ 截止，由于 VD 导通，使 $VT_4$ 截止，输出呈现高阻抗状态。其真值表如表 1-24 所示。

对于低电平有效的三态门，$\overline{E}$ 端的控制方式相反，$\overline{E}=0$ 时，三态门正常工作，$Y=\overline{AB}$；当 $\overline{E}=1$ 时，三态门处于禁止状态，输出呈现高阻抗状态。其真值表如表 1-25 所示。

表 1-24　高电平有效三态输出与非门真值表

| $E$ | $A$ | $B$ | $Y=\overline{AB}$ | 功能说明 |
|---|---|---|---|---|
| 0 | × | × | Z | 禁止 |
| 1 | 0 | 0 | 1 | 正常工作 |
| 1 | 0 | 1 | 1 | |
| 1 | 1 | 0 | 1 | |
| 1 | 1 | 1 | 0 | |

注：×为任意状态，Z 为高阻抗状态

表 1-25　低电平有效三态输出与非门真值表

| $\overline{E}$ | $A$ | $B$ | $Y=\overline{AB}$ | 功能说明 |
|---|---|---|---|---|
| 0 | 0 | 0 | 1 | 正常工作 |
| 0 | 0 | 1 | 1 | |
| 0 | 1 | 0 | 1 | |
| 0 | 1 | 1 | 0 | |
| 1 | × | × | Z | 禁止 |

注：×为任意状态，Z 为高阻抗状态

逻辑符号中的"▽"为三态输出门的限定符号，$\overline{E}$ 和输入端的图形"—○"表示低电平有效，高电平禁止。

3）三态门的应用

（1）用三态门构成总线结构

在计算机系统中数据传输采用总线传输，即在同一根导线上采用分时传送多路不同的信息。利用三态门就可以实现总线传输，如图 1-45 所示。只要使每个三态门的控制端 EN 依次有效，且任意时刻仅有一个三态门处于工作状态，其余三态门都处于高阻抗状态，就可把每个三态门的输出信号轮流送到总线上而又不互相干扰。

（2）用三态门构成双向总线结构

用三态门构成的双向总线结构如图 1-46 所示，当 $E=0$ 时，$G_1$ 工作，$G_2$ 处于高阻抗状态，数据 $D_0$ 经 $G_1$ 反相后送到总线上传输，当 $E=1$ 时，$G_1$ 处于高阻抗状态，$G_2$ 工作，总线上的数据 $D_1$ 经 $G_2$ 反相后送出。

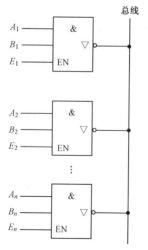

图 1-45　用三态门构成总线结构

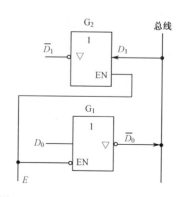

图 1-46　用三态门构成双向总线结构

## 1.4.5 集成门电路的外特性与参数

要正确地选择和使用集成电路器件,就必须了解它的外特性和参数。下面以 TTL 集成与非门为例,介绍集成门电路的外特性与参数。

### 1. 电压传输特性

电压传输特性是指输出电压 $U_O$ 随输入电压 $U_I$ 变化的关系曲线。图 1-47 给出了 TTL 与非门的电压传输特性曲线及其实验测量电路。

图 1-47(b) 显示了与非门的逻辑功能,即当输入为低电平($U_I \leq 0.6$ V)时,输出为高电平 3.6 V,如图 $AB$ 段,输入高电平($U_I > 1.4$ V)时,输出为低电平,如图 $DE$ 段,输入由低电平向高电平过渡,则输出也由高电平向低电平过渡,如 $BC$ 段(为线性区)、$CD$ 段(为转折区),$BC$ 和 $CD$ 段统称为过渡区。

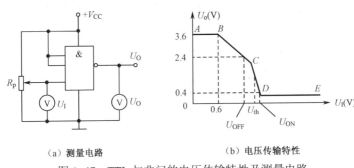

(a)测量电路　　　　　　　　(b)电压传输特性

图 1-47　TTL 与非门的电压传输特性及测量电路

### 2. 由传输特性定义的参数

1)阈值电压(门限电压)$U_{th}$

电压传输特性曲线转折区中点所对应的输入电压值,称为阈值电压或门限电压,用 $U_{th}$ 表示。一般 TTL 与非门的 $U_{th}$ 约为 1.4 V。而 CMOS 集成逻辑门的 $U_{th}$ 约为 $0.5V_{DD}$。

2)开门电平 $U_{ON}$

开门电平 $U_{ON}$ 是指输出端带额定负载,输出为额定低电平(如 0.4 V)时所允许的输入高电平的最小值 $U_{IH(min)}$,典型值为 1.8 V。

3)关门电平 $U_{OFF}$

关门电平 $U_{OFF}$ 是指使电路输出为高电平时所允许的输入低电平的最大值 $U_{IL(max)}$,典型值为 0.8 V。

4)输出高电平的下限值 $U_{OH(min)}$(标准输出高电平 $U_{OH}$)

输出高电平的下限值 $U_{OH(min)}$ 是指在一个输入端接地,其余输入端悬空,输出端空载时所测得的输出电压。

5)输出低电平的上限值 $U_{OL(max)}$(标准输出低电平 $U_{OL}$)

输出低电平的上限值 $U_{OL(max)}$ 是指输出端接额定灌电流负载(380 Ω),输入端全接开门电平时所测得的输出电压。

6）噪声容限

噪声容限是指在保证逻辑功能的前提下，对于输入信号（前级的输出信号）来说，在此输入信号电平基础上允许叠加的最大噪声（或干扰）电压的值。用 $U_N$ 表示，它标志着电路的抗干扰能力，$U_N$ 越大，抗干扰能力越强。

（1）输入低电平噪声容限 $U_{NL}$

输入低电平噪声容限 $U_{NL}$ 是指保证输出为高电平 $U_{OH}$ 时，允许在输入低电平（前级输出的低电平 $U_{OL(max)}$）上叠加的最大正向干扰电压值，如图1-48所示，有：

$$U_{NL} = U_{IL(max)} - U_{OL(max)} = U_{OFF} - U_{OL(max)}$$

（2）输入高电平噪声容限 $U_{NH}$

输入高电平噪声容限 $U_{NH}$ 是指保证输出为低电平 $U_{OL}$ 时，允许在输入高电平（前级输出的高电平 $U_{OH(min)}$）上所叠加的最大负向干扰电压值，如图1-48所示，有：

$$U_{NH} = U_{OH(min)} - U_{IH(min)} = U_{OH(min)} - U_{ON}$$

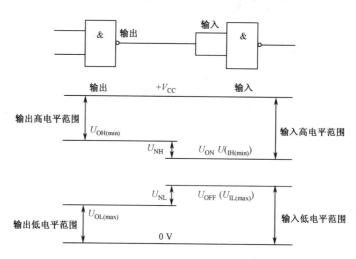

图1-48　输入低电平噪声容限和输入高电平噪声容限

CMOS 电路的逻辑摆幅（高、低电平之差）较大，几乎等于电源电压 $V_{DD}$，而且 $V_{DD}$ 的值可取范围较大，所以其抗干扰能力较强。TTL 电路的电源电压 $V_{CC}$ 为 5 V，其输出的逻辑摆幅较小，其抗干扰能力稍差。

**3. 输入伏安特性**

输入伏安特性是指输入电压 $U_I$ 与输入电流 $I_I$ 之间的关系曲线。图1-49给出了TTL与非门的输入伏安特性曲线及实验测量电路，图中电流的方向以流进输入端为正方向。

当输入低电平时，$VT_1$ 管发射结导通，电流流出输入端，图中电流为负值；当输入高电平（大于阈值电压）时，电流流进输入端，为正值，因 $VT_1$ 发射结反偏，所以输入漏电流 $I_{IH}$ 很小，一般为 20～40 μA。

CMOS 电路由于栅极作为输入端，当输入端加正常工作范围内（$0 \leqslant u_I \leqslant V_{DD}$）信号时，由于输入电阻高，栅极输入电流很小，约为零。由于 CMOS 电路输入电阻高，极易接受静电

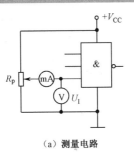
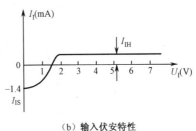

(a) 测量电路　　　　　　　　　　(b) 输入伏安特性

图 1-49　TTL 与非门的输入伏安特性及测量电路

电荷，为防止静电击穿，CMOS 电路的输入端都加了标准保护电路，但并不能保证绝对安全，所以 CMOS 电路在使用中，输入端绝对不能悬空，否则会因干扰而破坏逻辑关系，也易使 CMOS 被静电击穿。但 TTL 电路输入端悬空时，相当于在该端输入 1 状态。

### 4．由输入伏安特性定义的参数

1）输入短路电流 $I_{IS}$

$I_{IS}$ 是指一个输入端接地，其余输入端悬空，负载开路时，流出该接地输入端的电流。$I_{IS}$ 约为 1.4 mA。

2）输入低电平电流 $I_{IL}$

输入低电平电流 $I_{IL}$ 是指输入端接低电平时流出该输入端的电流。

3）输入漏电流 $I_{IH}$

$I_{IH}$ 是指一个输入端接高电平，其他输入端接地，从高电平输入端流进门电路的电流。$I_{IH}$ 很小，一般为 20～40 μA。

$I_{IS}$ 和 $I_{IH}$ 是前级门电路的负载电流，它们是估算前级门电路带负载能力的依据之一。

### 5．输入负载特性

TTL 门电路在实际应用中，经常会有输入端经过一个电阻 $R_I$ 接地的情况，$R_I$ 的大小变化时，往往会影响门电路的工作状态。$R_I$ 两端电压 $U_I$ 随 $R_I$ 的变化关系称为输入负载特性，其实验测量电路和特性曲线如图 1-50 所示。

当 $R_I=0$ 时，$U_I=0$，输出高电平；当 $R_I$ 增大时，$U_I$ 也增大，并与 $R_I$ 的增大呈线性关系；

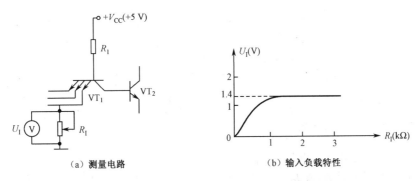

(a) 测量电路　　　　　　　　　　(b) 输入负载特性

图 1-50　TTL 与非门的输入负载特性及测量电路

当 $R_I$ 增大到使 $U_I$=1.4 V 时，$VT_2$、$VT_5$ 均导通，输出低电平，此后 $U_I$ 不再随 $R_I$ 的增大而增大，保持不变。

在保证输出为高电平的条件下，所允许的 $R_I$ 的最大值称为关门电阻，用 $R_{OFF}$ 表示。在保证输出为低电平（约 0.3 V）的条件下，所允许的 $R_I$ 的最小值称为开门电阻，用 $R_{ON}$ 表示。一般 TTL 与非门的典型值为：$R_{OFF}$=0.9 kΩ，$R_{ON}$=2.5 kΩ。

由以上分析可知，当 $R_I \leq R_{OFF}$（0.9 kΩ）时，输入端相当于接低电平，与非门关闭；当 $R_I \geq R_{ON}$（2.5 kΩ）时，输入端相当于接高电平，与非门开启。$R_I$ 不能取 0.9~2.5 kΩ 之间的值。

CMOS 门电路由于输入端栅极电流很小，约为零，故输入端所接电阻 $R_I$ 上的电流约为 0，$R_I$ 两端的电压 $U_I$=0。

#### 6. 输出特性

输出特性是指与非门输出电压与输出电流之间的关系曲线，有高电平输出特性和低电平输出特性两种情况。

1）高电平输出特性

输出为高电平时，$VT_4$ 导通、$VT_5$ 截止，门电路带拉电流负载（负载电流从门电路输出端流进外接负载门的负载，称为拉电流负载）。如图 1-51 所示，随着外接负载门的数量增多时，被拉出的电流增大，$R_5$ 上的压降随着增大，输出高电平 $U_{OH}$ 下降。与非门输出高电平时的输出电阻约为 100 Ω。

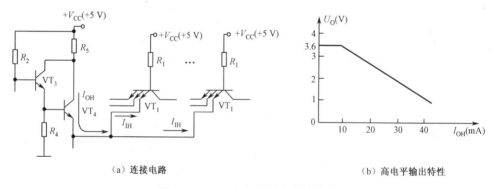

（a）连接电路　　　　　　　　　　　　（b）高电平输出特性

图 1-51　TTL 与非门接拉电流负载

2）低电平输出特性

与非门输出低电平时，$VT_4$ 截止、$VT_5$ 饱和，门电路带灌电流负载（外接负载电流流入门电路输出端的负载，称为灌电流负载）。如图 1-52 所示，随着灌电流负载的增多，流入 $VT_5$ 的电流 $I_{OL}$ 增大，$VT_5$ 饱和深度变浅，输出低电平 $U_{OL}$ 略有上升。但若 $I_{OL}$ 过大，则可能使 $VT_5$ 脱离饱和而使 $U_{OL}$ 迅速上升，破坏门电路的正常逻辑功能。与非门输出低电平时的输出电阻只有 10~20 Ω。

#### 7. 由输出特性定义的参数

1）输出低电平电流的上限值 $I_{OL(max)}$

输出低电平电流的上限值 $I_{OL(max)}$ 是指保证输出为低电平时所允许的最大灌电流的大小。

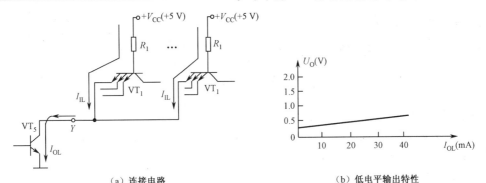

(a) 连接电路  (b) 低电平输出特性

图 1-52 TTL 与非门接灌电流负载

2）输出高电平电流的上限值 $I_{OH(max)}$

输出高电平电流的上限值 $I_{OH(max)}$ 是指保证输出为高电平时所允许的最大拉电流的大小。

3）扇出系数 $N_O$

扇出系数 $N_O$ 指与非门正常工作时能驱动的同类门电路的个数，它反映了门电路的最大带负载能力。

（1）输出低电平扇出系数 $N_{OL}$

输出低电平时，输出端外接灌电流负载门的个数称为输出低电平扇出系数 $N_{OL}$。

$$N_{OL} = \frac{I_{OL(max)}}{I_{IL}} \qquad (1-13)$$

式中，$I_{IL}$ 为每个负载门输入低电平电流，$I_{OL(max)}$ 为输出低电平的最大允许灌电流。

（2）输出高电平扇出系数 $N_{OH}$

输出高电平时，输出端外接拉电流负载门的个数称为输出高电平扇出系数 $N_{OH}$。

$$N_{OH} = \frac{I_{OH(max)}}{I_{IH}} \qquad (1-14)$$

式中，$I_{IH}$ 为每个负载门输入高电平电流（输入漏电流），$I_{OH(max)}$ 为输出高电平的最大允许拉电流。

#### 8. TTL 与非门的其他参数

1）空载导通电源电流 $I_{CCL}$ 和空载导通功耗 $P_{ON}$

空载导通电源电流 $I_{CCL}$ 是指输入端全部悬空（相当于输入全 1），负载开路，与非门导通，输出低电平时，电源提供的电流。

空载导通功耗 $P_{ON}$ 是指输入端全部悬空（相当于输入全 1），负载开路，与非门导通，输出低电平时，与非门电路所消耗的电源功率：

$$P_{ON} = I_{CCL} \times V_{CC}$$

2）空载截止电源电流 $I_{CCH}$ 和空载截止功耗 $P_{OFF}$

空载截止电源电流 $I_{CCH}$ 是指输入端接低电平，负载开路，输出高电平时，电源提供的电流。

空载截止功耗 $P_{OFF}$ 指输入端接低电平，负载开路，输出高电平时，与非门电路所消耗的电源功率：

$$P_{OFF} = I_{CCH} \times V_{CC}$$

### 3）电源平均功耗 $P_{AV}$

电源平均功耗 $P_{AV}$ 为电路空载导通功耗和空载截止功耗的平均值：

$$P_{AV} = \frac{P_{ON} + P_{OFF}}{2}$$

### 4）平均传输延迟时间 $t_{pd}$

一般定义输入波形上升沿中点与输出波形下降沿中点之间的时间间隔为导通延迟时间 $t_{pHL}$，而输入波形下降沿中点与输出波形上升沿中点之间的时间间隔为截止延迟时间 $t_{pLH}$，两者的平均值即为平均传输延迟时间 $t_{pd}$。典型的 TTL 与非门的 $t_{pd}$ 约为 40 ns。

### 5）速度-功耗积（dp 积）

速度-功耗积（dp 积）即延迟时间与空载功耗的乘积。dp 积用来衡量门电路的总体质量，其值越小越好。

### 9. 各种系列门电路及性能比较

#### 1）各种 CMOS 系列的数字集成电路

目前已经标准化、系列化的 CMOS 电路有：4000 系列、HC、HCT、AHC、AHCT、LVC、ALVC 等。4000 系列为普通 CMOS，其电源电压为 3～18 V；HC 系列为高速 CMOS，电源电压为 2～6 V；HCT、AHCT 等与 TTL 系列相同，电源电压为 5 V，与 TTL 系列兼容，两者可混用。AHC、AHCT 系列（改进的高速 CMOS）带载能力较强，比 HC 系列提高一倍，且与 HC/HCT 系列兼容，是目前应用最广的 CMOS 器件；LVC（低压 CMOS）、ALVC（改进的低压 CMOS）系列的工作电压很低，为 1.65～3.6 V，且 $t_{pd}$ 较小，能提供较大的负载电流，输出电流达 24 mA（$V_{DD}$=3 V 时），输入输出还可与 5 V 信号连接使用，是目前 CMOS 中性能最好的系列产品，多应用于笔记本电脑、移动电话、数码照相机等便携式电子设备中。表 1-26 为各种 CMOS 系列门电路的性能参数，以反相器为例给出性能参数的比较表。

表 1-26 各种 CMOS 系列门电路性能参数比较

| 系列 参数 | 4069B | 74HC04 | 74HCT04 | 74AHC04 | 74AHCT04 | 74LVC04 | 74ALVC04 |
|---|---|---|---|---|---|---|---|
| $V_{DD}$/V | 3～18 | 2～6 | 4.5～5.5 | 2～5.5 | 4.5～5.5 | 1.65～3.6 | 1.65～3.6 |
| $U_{IH(min)}$/V | 3.5 | 3.15 | 2 | 3.15 | 2 | 2 | 2 |
| $U_{IL(max)}$/V | 1.5 | 1.35 | 0.8 | 1.35 | 0.8 | 0.8 | 0.8 |
| $U_{OH(min)}$/V | 4.6 | 4.4 | 4.4 | 4.4 | 4.4 | 2.2 | 2.0 |
| $U_{OL(max)}$/V | 0.05 | 0.33 | 0.33 | 0.44 | 0.44 | 0.55 | 0.55 |
| $I_{IH(max)}$/μA | 0.1 | 0.1 | 0.1 | 0.1 | 0.1 | 5 | 5 |
| $I_{IL(max)}$/μA | −0.1 | −0.1 | −0.1 | −0.1 | −0.1 | −5 | −5 |
| $I_{OH(max)}$/mA | −0.51 | −4 | −4 | −8 | −8 | −24 | −24 |
| $I_{OL(max)}$/mA | 0.51 | 4 | 4 | 8 | 8 | 24 | 24 |
| $t_{pd}$/ns | 45 | 9 | 14 | 5.3 | 5.5 | 3.8 | 2 |
| $C_I$/pF | 15 | 10 | 10 | 10 | 10 | 5 | 3.5 |

注：1. 表中给出的参数（除电源电压范围以外）中，74HC/HCT 和 74AHC/AHCT 是 $V_{DD}$=4.5 V 下的参数，74LVC/ALVC 是 $V_{DD}$=3 V 下的参数，4069B 是 $V_{DD}$=5 V 时的参数。

2. $U_{OL(max)}$ 和 $U_{OH(min)}$ 是最大负载电流下的输出电压。

2）各种系列的 TTL 门电路及其性能比较

随着计算机和自动化技术的发展，对集成电路的速度、负载能力、功耗等指标提出了更高的要求，为了提高工作速度和降低功耗，人们研制出了 54/74S（肖特基系列）、54/74LS（低功耗肖特基系列）、54/74AS、54/74ALS、54/74F 等系列的 TTL 集成门电路。54/74S、54/74LS 系列在电路结构上与 54/74H 系列相比，做了两点改进：一是采用了抗饱和三极管（如图 1-53 所示），提高了三极管的开关速度，可以使平均传输延迟时间缩短为 3 ns；二是引入了有源泄放电路（如图 1-54 所示），它改善了电压传输特性，使过渡区变窄，此外缩短电路的平均传输延迟时间，提高了工作速度。

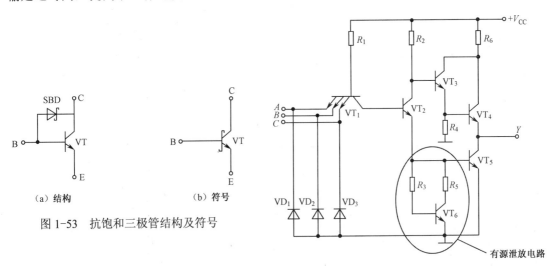

（a）结构　　　　（b）符号

图 1-53　抗饱和三极管结构及符号

图 1-54　有源泄放 TTL 与非门电路

54/74AS 系列的电路结构与 54/74S 系列相似，不同之处是采用了很低阻值的电阻，从而提高了工作速度，但在功耗指标上比 54/74S 系列还略大一些。54/74ALS 系列是 54/74LS 系列的改进型，是 TTL 电路中 dp 积最小的一种。74F（改进的快速肖特基系列）在速度和功耗方面都处于 74AS 和 74ALS 之间。

表 1-27 列出了 CMOS 系列门电路和 TTL 各种系列门电路的主要参数。

### 1.4.6　CMOS 与 TTL 之间的接口电路

在数字系统中经常有 CMOS 电路和 TTL 电路混合使用的问题，这就需要处理好它们之间的连接，无论是 TTL 电路驱动 CMOS 电路，还是 CMOS 电路驱动 TTL 电路，驱动门和负载门之间必须同时满足下列各式：

驱动门　负载门

$$U_{\text{OH(min)}} \geqslant U_{\text{IH(min)}} \tag{1-15}$$

$$U_{\text{OL(max)}} \leqslant U_{\text{IL(max)}} \tag{1-16}$$

$$I_{\text{OH(max)}} \geqslant n I_{\text{IH(max)}} \tag{1-17}$$

$$I_{\text{OL(max)}} \geqslant m I_{\text{IL(max)}} \tag{1-18}$$

表 1-27 CMOS 系列门电路和 TTL 各种系列门电路的主要参数

| 系列<br>参数 | CMOS | | | | TTL | | | | | |
|---|---|---|---|---|---|---|---|---|---|---|
| | 4000B | 74HC | 74HCT | 74AHCT | 74H | 74S | 74LS | 74AS | 74ALS | 74F |
| $V_{CC}$/V | 5 | 5 | 5 | 5 | 5 | 5 | 5 | 5 | 5 | 5 |
| $U_{IH(min)}$/V | 3.5 | 3.5 | 2 | 2 | 2.0 | 2.0 | 2.0 | 2.0 | 2.0 | 2.0 |
| $U_{IL(max)}$/V | 1.5 | 1.0 | 0.8 | 0.8 | 0.8 | 0.8 | 0.8 | 0.8 | 0.8 | 0.8 |
| $U_{OH(min)}$/V | 4.6 | 4.4 | 4.4 | 4.4 | 2.4 | 2.7 | 2.7 | 2.7 | 2.7 | 2.7 |
| $U_{OL(max)}$/V | 0.05 | 0.1 | 0.1 | 0.4 | 0.4 | 0.5 | 0.5 | 0.5 | 0.5 | 0.5 |
| $I_{IH(max)}$/μA | 0.1 | 0.1 | 0.1 | 0.1 | 40 | 50 | 20 | 20 | 20 | 20 |
| $I_{IL(max)}$/mA | $-0.1\times 10^{-3}$ | $-0.1\times 10^{-3}$ | $-0.1\times 10^{-3}$ | $-0.1\times 10^{-3}$ | $-1$ | $-2$ | $-0.4$ | $-0.5$ | $-0.2$ | $-0.6$ |
| $I_{OH(max)}$/mA | $-0.51$ | $-4$ | $-4$ | $-8$ | $-0.4$ | $-1$ | $-0.4$ | $-2$ | $-0.4$ | $-1.0$ |
| $I_{OL(max)}$/mA | 0.51 | 4 | 4 | 8 | 16 | 20 | 8 | 20 | 8 | 20 |
| $t_{pd}$/ns | 45 | 10 | 10 | 5.5 | 6 | 3 | 10 | 1.5 | 4 | 3 |
| P(功耗/门)/mW | $5\times 10^{-3}$ | $1\times 10^{-3}$ | $1\times 10^{-3}$ | $1\times 10^{-3}$ | 22 | 19 | 2 | 20 | 1 | 4 |
| pd 积/mW·ns | 0.3 | 0.01 | 0.01 | 0.006 | 132 | 57 | 20 | 30 | 4 | 12 |

### 1. TTL 电路驱动 CMOS 电路

由表 1-27 可知，用 TTL 电路驱动 CMOS 电路（4000 系列和 74HC 系列）时，主要是 TTL 电路输出的高电平不能符合 CMOS 电路对输入高电平的要求。解决的方法有两个：一个是在 TTL 电路的输出端和电源之间接上一个上拉电阻 R，如图 1-55 所示；另一个方法是 TTL 电路和 CMOS 电路之间接入一个 CMOS 电平转换器，如图 1-56 所示。

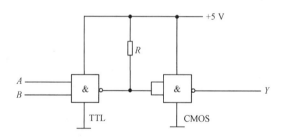

图 1-55 接入上拉电阻提升 TTL 输出高电平

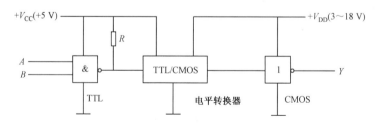

图 1-56 采用电平转换器

### 2. CMOS 电路驱动 TTL 电路

由表 1-27 可知，用 CMOS 4000 系列驱动 TTL 电路时，主要是式（1-18）不能满足要求，即 CMOS 电路输出低电平时的驱动电流较小，不能向 TTL 电路提供较大的低电平电流。解决这个问题的方法有两个：一是将同一芯片上的多个 CMOS 电路并联使用，从而增大 CMOS 电路的输出驱动电流，如图 1-57 所示；二是在 CMOS 电路的输出端和 TTL 电路的输入端之间加一个 CMOS 驱动器，如图 1-58 所示。

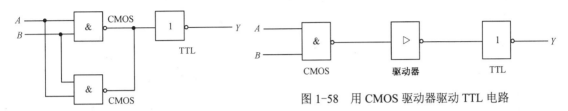

图 1-57 并联使用提高灌电流

图 1-58 用 CMOS 驱动器驱动 TTL 电路

74HC、74HCT 系列 CMOS 电路可直接驱动 TTL 电路。

### 1.4.7 集成逻辑门电路使用注意事项

**1. TTL 集成逻辑门电路**

1）闲置输入端的处理

为防止干扰信号从悬空端引入电路，闲置输入端一般不悬空（悬空相当于"1"），与门和与非门的闲置输入端直接接电源电压 $V_{CC}$ 或接固定的高电平；或门和或非门的闲置输入端可直接接地或接低电平。

2）输出端的连接

输出端不允许直接连接电源或地，除三态门和集电极开路的 OC 门外，输出端不允许直接并联使用，OC 门使用时必须外接合适的上拉电阻。

3）电源电压

54 系列的电源电压范围为 4.5～5.5 V，74 系列的电源电压范围为 4.75～5.25 V。电源和地线不可接反，否则将会因电流过大而损坏器件。

4）电路安装接线和焊接

电路连线要尽量短，最好用绞合线；整体接地要好，地线要粗短；焊接用的电烙铁功率不要大于 25 W，焊接时间要短，使用中性焊剂，不可用焊油；严禁带电操作，要在电路电源切断后拔插器件和焊接，否则会使集成电路损坏。

**2. CMOS 集成逻辑门**

1）闲置输入端的处理

闲置输入端不允许悬空，必须按逻辑要求接电源或接地。与门和与非门闲置输入端接正电源或高电平，对于或门和或非门，闲置输入端应接地或接低电平。

2）输出端的连接

输出端不允许直接接电源或接地，除三态门和漏极开路的 OD 门外，输出端不允许直接并联使用，OD 门使用时必须外接合适的上拉电阻。

3）输入信号

输入信号不允许超出电源的电压范围（$V_{DD} \sim V_{SS}$），输入端的电流不能超过 ±10 mA，最好在输入端串联限流电阻起保护作用。CMOS 电路应先接电源再输入信号，先去掉输入信号再切断电源。

4）电源电压

CMOS 电路的电源电压极性不可接反，CMOS 4000 系列的电源电压在 3～15 V 范围内选择，最高电压不能超过极限值 18 V，高速 CMOS 电路中 HC 系列的电源电压在 2～6 V 范围内选择，HCT 系列的电源电压在 4.5～5.5 V 范围内选择，最大值不能超过极限值 7 V。

5）保护和焊接

输入电路中需要设静电保护和过流保护电路。在存放和运输时最好使用金属屏蔽层作为包装材料，如金属纸、铝箔等，以防止静电影响。焊接用的电烙铁功率不要大于 25 W，且烙铁外壳必须接地良好，通常采用 20 W 内热式电烙铁，焊接时间要短，不可用焊油。所有测试仪器的外壳必须良好接地。

## 实训项目 2　TTL 与非门 74LS00 的参数测试

### 1．目标

1）知识目标

了解 TTL 电路的结构及工作原理、外特性（对输入特性 TTL 结构与 CMOS 结构的不同点）、主要参数、使用方法和注意事项。

2）能力目标

（1）掌握集成逻辑门电路的参数测试方法；

（2）掌握集成门电路的识别、引脚功能的查询、真值表的读解方法；

（3）锻炼学习资料的查询能力。

3）素质目标

（1）养成严肃、认真的科学态度和良好的自主学习方法；

（2）培养严谨的科学思维习惯和规范的操作意识；

（3）养成独立分析问题和解决问题的能力，以及相互协作的团队精神；

（4）能综合运用所学知识和技能，独立解决实训中遇到的实际问题；具有一定的归纳、总结能力；

（5）具有一定的创新意识；具有一定的自学、表达、获取信息等方面的能力。

### 2．资讯

1）了解集成门电路主要参数的含义

（1）空载导通电源电流 $I_{CCL}$ 和空载导通功耗 $P_{ON}$。

（2）空载截止电源电流 $I_{CCH}$ 和空载截止功耗 $P_{OFF}$。

(3)电源平均功耗 $P_{AV}$。
(4)输入短路电流 $I_{IS}$、输入漏电流 $I_{IH}$。
(5)输出高、低电平 $U_{OH}$ 和 $U_{OL}$,扇出系数 $N_O$。

2)查询集成门电路(TTL LS 系列)的主要参数

3)集成逻辑门电路的参数测试方法
掌握集成逻辑门电路的参数测试方法,测试 74LS00 与非门的主要参数。

### 3. 决策

测试 TTL 与非门 74LS00 的主要参数:
(1)空载导通电源电流 $I_{CCL}$ 和空载导通功耗 $P_{ON}$;
(2)空载截止电源电流 $I_{CCH}$ 和空载截止功耗 $P_{OFF}$;
(3)电源平均功耗 $P_{AV}$;
(4)输入短路电流 $I_{IS}$、输入漏电流 $I_{IH}$;
(5)输出高、低电平 $U_{OH}$ 和 $U_{OL}$;
(6)扇出系数 $N_O$;
(7)电压传输特性。

### 4. 计划

(1)所需仪器仪表:万用表,数字电路实验箱。
(2)所需元器件:74LS00 芯片 1 片,200 Ω 电阻、380 Ω 电阻各 1 个,1 kΩ 电位器、10 kΩ 电位器各 1 个。

### 5. 实施

1)测试 74LS00 的空载导通电源电流 $I_{CCL}$ 和空载导通功耗 $P_{ON}$

测试空载导通电流的电路如图 1-59(a)所示,按图连接好线路,用万用表测 $I_{CCL}$,记录在表 1-28 中,由 $I_{CCL}$ 算出 $P_{ON}$:

$$P_{ON} = I_{CCL} \times V_{CC}$$

2)测试 74LS00 的空载截止电源电流 $I_{CCH}$ 和空载截止功耗 $P_{OFF}$

测试空载截止电流的电路如图 1-59(b)所示,按图连接好线路,用万用表测 $I_{CCH}$,记录在表 1-28 中,由 $I_{CCH}$ 算出 $P_{OFF}$:

$$P_{OFF} = I_{CCH} \times V_{CC}$$

3)测试 74LS00 的电源平均功耗 $P_{AV}$

根据所测得的 $P_{ON}$ 和 $P_{OFF}$,计算出电源平均功率 $P_{AV}$:

$$P_{AV} = \frac{P_{ON} + P_{OFF}}{2}$$

4)测试 74LS00 的输入短路电流 $I_{IS}$、输入漏电流 $I_{IH}$

测试电路如图 1-60 所示,$I_{IS}$ 是指当一个输入端接地,而其余输入端悬空时,流向接地端的电流。$I_{IH}$ 是指当一个输入端接高电平,而其余输入端接地时的输入电流。

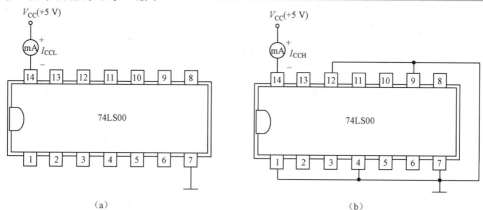

图 1-59 $I_{CCL}$ 和 $I_{CCH}$ 测试电路

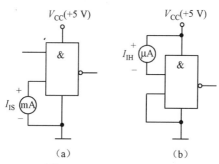

图 1-60 $I_{IS}$、$I_{IH}$ 测试电路

按图连接好线路，用万用表测 $I_{IS}$、$I_{IH}$，记录在表 1-28 中。

表 1-28

| $I_{CCL}$(mA) | $I_{CCH}$(mA) | $\overline{P}$ (mW) | $I_{IS}$(mA) | $I_{IH}$(μA) | $U_{OH}$(V) | $U_{OL}$(V) | $I_{OL}$ | $N_O$ |
|---|---|---|---|---|---|---|---|---|
|  |  |  |  |  |  |  |  |  |

5）测试 74LS00 的输出高、低电平 $U_{OH}$ 和 $U_{OL}$

测试电路如图 1-61（a）和（b）所示，输出高电平 $U_{OH}$ 是在输入端接地、输出端空载条件下测试的。输出低电平 $U_{OL}$ 是指输出端接额定灌电流负载（380 Ω），输入端全接开门电平时所测得的输出电压。按图连接好线路，用万用表测 $U_{OH}$ 和 $U_{OL}$，记录在表 1-28 中。

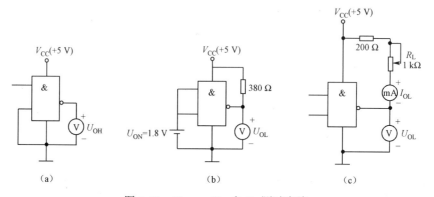

图 1-61 $U_{OH}$、$U_{OL}$ 和 $N_O$ 测试电路

6)测试74LS00的扇出系数 $N_O$

$N_O$ 是指门电路带动同类门的个数。它是衡量门电路负载能力的一个参数。TTL与非门有两种不同性质的负载,即灌电流负载和拉电流负载,因此,有两种扇出系数,即低电平扇出系数 $N_{OL}$ 和高电平扇出系数 $N_{OH}$。通常 $I_{IH}<I_{IL}$,则 $N_{OH}>N_{OL}$,故常以 $N_{OL}$ 作为门电路的扇出系数。

$N_{OL}$ 的测试电路如图1-61(c)所示,门电路的输入端全部悬空,输出端接灌电流负载 $R_L$,调节 $R_L$ 使 $I_{OL}$ 增大, $U_{OL}$ 随之增大,当 $U_{OL}$ 达到0.5 V时的 $I_{OL}$ 就是允许灌入的最大负载电流。用万用表测出最大允许灌电流,计算出扇出系数 $N_O$:

$$N_{OL}=I_{OL}/I_{IL}$$

7)测试74LS00的电压传输特性

测试电路如图1-62所示,采用逐点测试法,即缓慢地调节 $R_W$,逐点测得 $u_i$ 及 $u_o$,将测量值记录在表1-29中,然后绘成曲线。

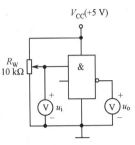

图1-62 TTL与非门电压传输特性测试电路

表1-29

| $u_i$(V) | 0 | 0.2 | 0.4 | 0.6 | 0.8 | 1 | 1.5 | 2 | 2.5 | 3 | 3.5 | 4 | … |
|---|---|---|---|---|---|---|---|---|---|---|---|---|---|
| $u_o$(V) | | | | | | | | | | | | | |

### 6. 检查

检查测试电路和测试结果的准确性,分析出现问题的原因并记录解决方案。

### 7. 评价

在完成上述测试工作的基础上,撰写实训报告,并在小组内进行自我评价、组员评价,最后由教师给出评价,三个评价相结合作为本次工作任务完成情况的综合评价。

## 1.5 逻辑功能描述方式及相互转换

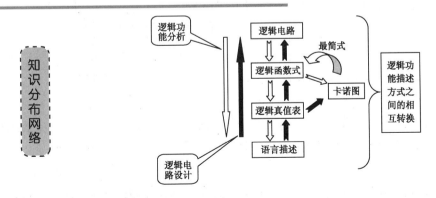

### 1.5.1 逻辑功能的描述方式

逻辑功能的描述方式很多,有语言描述法、逻辑表达式、真值表、逻辑符号图、卡诺图和波形图等。逻辑功能描述方式之间的转换是逻辑功能分析和逻辑电路设计的基础。进行逻辑电路功能分析时已知逻辑电路符号图,写出它的逻辑函数式,再得出其真值表,最后用语言描述它的逻辑功能。而进行逻辑电路设计时已知用语言描述的逻辑功能,要写出它的真值表,求出其逻辑函数式,再画出逻辑电路图。而在分析设计电路时逻辑函数式往往比较复杂,需要化简,这就涉及逻辑功能的卡诺图描述与逻辑函数及真值表之间的相互转换。逻辑功能的描述方式如语言描述法、逻辑函数式、真值表、逻辑符号图和波形图法前面已经介绍,下面重点介绍卡诺图。

### 1. 逻辑函数式

逻辑函数式是描述逻辑输出变量和逻辑输入变量之间逻辑关系的表达式,例如,函数式 $L = A\bar{B} + \bar{A}B$ 描述的是异或逻辑关系。

### 2. 逻辑真值表

逻辑真值表是将输入逻辑变量的各种可能取值组合和相应逻辑函数的输出值排列在一起而形成的表格。$n$ 个输入变量有 $2^n$ 个取值组合,$L = A\bar{B} + \bar{A}B$ 的真值表描述如表 1-30 所示。

### 3. 语言描述

根据逻辑真值表,可以找出其中输入与输出之间的规律,从而用语言总结出其逻辑功能。对于表 1-30 中的异或逻辑功能可描述为:当 $A$、$B$ 状态相同,输出为 0;当 $A$、$B$ 状态相反,输出就为 1。

### 4. 逻辑电路符号图(逻辑电路图)

逻辑电路图是用逻辑符号表示逻辑函数的一种方法。只要将逻辑函数中的逻辑运算按先后顺序用相应的逻辑符号代替即可得到逻辑电路图。根据异或逻辑函数可画出异或逻辑电路如图 1-63 所示。

表 1-30 逻辑函数的真值表

| 输入 | | 输出 |
| --- | --- | --- |
| A | B | L |
| 0 | 0 | 0 |
| 0 | 1 | 1 |
| 1 | 0 | 1 |
| 1 | 1 | 0 |

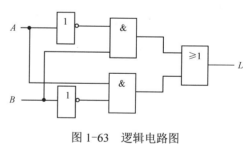

图 1-63 逻辑电路图

### 5. 卡诺图

卡诺图是用图形方式来形象表达逻辑功能的一种方法。卡诺图是美国贝尔实验室的工程师 karnaugh 在 20 世纪 50 年代提出的,它是按一定规律排列起来的最小项方块图。

1)最小项的定义

设有 $n$ 个输入变量,如果乘积项(与项:逻辑变量之间只进行逻辑乘的表达式)包含这 $n$ 个变量,且每个以原变量或反变量的形式在该乘积项中出现且仅出现一次,则称该乘积项为最小项。对于 $n$ 个变量来说,有 $2^n$ 个最小项。例如,三个输入变量 $A$、$B$、$C$,其最小项有

## 学习单元1 集成逻辑门电路的功能分析与测试

表1-31 三变量（A、B、C）函数最小项

| 输入变量取值 | | | 最小项的值 | | | | | | | |
|---|---|---|---|---|---|---|---|---|---|---|
| A | B | C | $\overline{A}\overline{B}\overline{C}$ | $\overline{A}\overline{B}C$ | $\overline{A}B\overline{C}$ | $\overline{A}BC$ | $A\overline{B}\overline{C}$ | $A\overline{B}C$ | $AB\overline{C}$ | $ABC$ |
| 0 | 0 | 0 | 1 | 0 | 0 | 0 | 0 | 0 | 0 | 0 |
| 0 | 0 | 1 | 0 | 1 | 0 | 0 | 0 | 0 | 0 | 0 |
| 0 | 1 | 0 | 0 | 0 | 1 | 0 | 0 | 0 | 0 | 0 |
| 0 | 1 | 1 | 0 | 0 | 0 | 1 | 0 | 0 | 0 | 0 |
| 1 | 0 | 0 | 0 | 0 | 0 | 0 | 1 | 0 | 0 | 0 |
| 1 | 0 | 1 | 0 | 0 | 0 | 0 | 0 | 1 | 0 | 0 |
| 1 | 1 | 0 | 0 | 0 | 0 | 0 | 0 | 0 | 1 | 0 |
| 1 | 1 | 1 | 0 | 0 | 0 | 0 | 0 | 0 | 0 | 1 |

$\overline{A}\overline{B}\overline{C}$、$\overline{A}\overline{B}C$、$\overline{A}B\overline{C}$、$\overline{A}BC$、$A\overline{B}\overline{C}$、$A\overline{B}C$、$AB\overline{C}$、$ABC$，共$2^3=8$个，见表1-31。

2）最小项的编号

由表1-31可以得出，对于任意一个最小项，只有一组变量取值使它的值为1，而变量的其他各种取值都使该最小项为0，例如，只有 A=0、B=0、C=0，$\overline{A}\overline{B}\overline{C}$ 才等于1。将最小项的值为1时的各输入变量取值组合看作二进制数，其对应的十进制数 $i$ 作为最小项的编号，用 m 表示最小项，该最小项记作 $m_i$。例如，$AB\overline{C}$ 记为 $m_4$，$\overline{A}\overline{B}C$ 记为 $m_1$。也可将最小项中原变量当作1，反变量当作0，则其组成的二进制数所对应的十进制数 $i$ 作为最小项的编号，例如，当 $A\overline{B}CD$ 对应的二进制数为1011时，相应的十进制数为11，则 $A\overline{B}CD$ 记为 $m_{11}$。

3）最小项的性质

由表1-31，可以总结出最小项具有以下性质：

（1）对于输入变量任何一组取值，有且只有一个最小项的值为1。

（2）对于变量的同一组取值，任意两个最小项的逻辑乘的值为0。

（3）对于变量的同一组取值，所有最小项逻辑或的值为1。

在最小项中，如果两个最小项仅有一个因子不同且互反，而其他因子都相同，则称这两个最小项具有逻辑相邻性。具有逻辑相邻性的最小项称为逻辑相邻项。在含有三个变量 A、B、C 的逻辑函数中，以 $\overline{A}BC$ 为例，和它相邻的项有 $ABC$、$\overline{A}B\overline{C}$ 和 $\overline{A}\overline{B}C$ 这三个最小项。

4）逻辑函数的最小项表达式

与-或逻辑函数式中每个与项（乘积项）都是最小项，这样的与-或式称为最小项表达式，也称为标准的与-或式。

5）卡诺图

将 n 个变量的全部最小项分别用一个小方格表示，使具有逻辑相邻性的最小项在图中位置相邻，即逻辑相邻和几何相邻一致，这样组织起来的图形称为 n 个变量的卡诺图。图1-64给出了二、三、四个变量卡诺图的画法。由图1-64可以看出，左上角第一个小方格是 $m_0$ 这个最小项，卡诺图中行、列的标记按格雷码顺序填写，图中上下、左右、相对边界、四角等最小项都为相邻项。

对于逻辑函数的卡诺图，逻辑函数包含哪个最小项，就把那个最小项对应的小方格用"1"

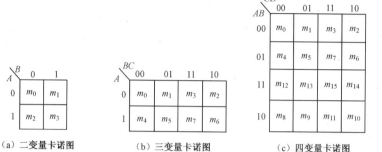

(a) 二变量卡诺图　　　　(b) 三变量卡诺图　　　　(c) 四变量卡诺图

图 1-64　变量卡诺图的画法

标示出来，其余小方格填入 0 或空着。

### 1.5.2　逻辑功能描述方式之间的相互转换

对于同一个逻辑功能，不同表示方法是可以相互转换的，已知其中的一种表示方法可以推出其他几种表示方法。逻辑功能表示方法之间的相互转换是逻辑功能分析和逻辑电路设计的基础。

**1. 已知真值表求逻辑函数式、卡诺图和逻辑电路图**

下面以多数（三人）表决电路为例，两人及两人以上赞同，提案通过，否则不通过。设用 $A$、$B$、$C$ 表示这三人，赞同为 1，不赞同为 0；$L$ 表示结果，提案通过为 1，不通过为 0。则可列出该多数（三人）表决电路的真值表如表 1-32 所示。

表 1-32　多数（三人）表决电路的真值表

| 输入变量 | | | 乘积项（最小项） | 输出变量 |
| --- | --- | --- | --- | --- |
| $A$ | $B$ | $C$ | | $L$ |
| 0 | 0 | 0 | | 0 |
| 0 | 0 | 1 | | 0 |
| 0 | 1 | 0 | | 0 |
| 0 | 1 | 1 | $\overline{A}BC$ | 1 |
| 1 | 0 | 0 | | 0 |
| 1 | 0 | 1 | $A\overline{B}C$ | 1 |
| 1 | 1 | 0 | $AB\overline{C}$ | 1 |
| 1 | 1 | 1 | $ABC$ | 1 |

1）由真值表求逻辑函数式

由真值表可求出标准与-或式（或最小项表达式），方法如下：

（1）观察真值表，找出输出函数值等于 1 的各项。

（2）在输出函数值等于 1 所对应的各输入取值组合中，输入变量为 1 的，取其原变量，输入变量为 0 的，取其反变量，然后进行逻辑乘，即写出对应状态取值组合所对应的最小项。

（3）将以上各乘积项（最小项）进行逻辑加，就可得所求逻辑函数式（最小项表达式）。

则该多数（三人）表决电路的逻辑函数为：

$$L = \overline{A}BC + A\overline{B}C + AB\overline{C} + ABC = m_3 + m_5 + m_6 + m_7$$

> 注意：在表1-32中，将使 $L$ 等于0的最小项进行逻辑加，得到的与-或式，是 $L$ 的反函数 $\bar{L}$，即 $\bar{L} = \bar{A}\bar{B}\bar{C} + \bar{A}BC + A\bar{B}C + AB\bar{C}$。

### 2）由真值表求卡诺图

由真值表求卡诺图的方法：画出三变量函数的卡诺图，在对应变量组合的每一个小方格中（对应的最小项方格中）填写对应的输出函数值1和0（0可以不填写）。由此可得多数（三人）表决电路的卡诺图如图1-65所示。

### 3）由真值表求逻辑电路图

由真值表求逻辑电路图的方法：由真值表写出标准与-或式后，根据逻辑函数式，按照先与后或的运算顺序，用相应的逻辑符号表示对应的逻辑运算，并正确连接。

由函数式 $L = \bar{A}BC + A\bar{B}C + AB\bar{C} + ABC = m_3 + m_5 + m_6 + m_7$，画出多数（三人）表决电路的逻辑电路如图1-66所示。

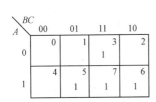

图1-65 表决电路卡诺图

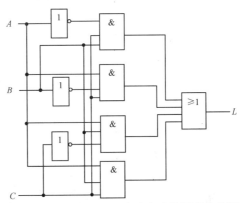

图1-66 多数（三人）表决电路的逻辑电路图

## 2. 已知逻辑函数式求真值表、卡诺图和逻辑电路图

### 1）由逻辑函数式求真值表

由逻辑函数式求真值表的方法：将输入变量取值的所有组合状态逐一代入函数式中算出逻辑函数值，然后将输入变量取值与逻辑函数值对应地列出表格，即得出逻辑函数的真值表。

### 2）由逻辑函数式求卡诺图

（1）如果逻辑函数式是最小项表达式，则在卡诺图上把各最小项所对应的小方格内填入1，其余的方格填入0（或空着不填），就得出表示该逻辑函数的卡诺图。

（2）如果逻辑函数式不是与-或式，则需将逻辑函数式转换为与-或式，再将逻辑函数式转换为最小项表达式。

（3）由与-或式直接求出卡诺图：首先将函数式变换为与-或式，然后在变量卡诺图中将每个乘积项中各因子所共同占有的区域方格填入1，其余填0（或不填），就得到表示该逻辑函数的卡诺图。

### 3）由逻辑函数式求逻辑电路图

前面已经介绍，不再重复。

**实例 1-11**  $Z(A, B, C) = m_0 + m_3 + m_5 = \sum m(0, 3, 5)$，试用卡诺图表示。

**解**  $Z(A, B, C) = \sum m(0, 3, 5)$ 是最小项表达式，将表达式中出现的最小项 $m_0$、$m_3$、$m_5$，在如图 1-67 所示的卡诺图中对应小方格中填入 1，其余小方格空着不填。

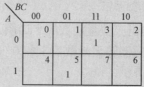

图 1-67　逻辑函数卡诺图

**实例 1-12**　已知逻辑函数式 $L = AB + AC + BC$，求它对应的真值表、卡诺图和逻辑电路图。

**解**（1）将输入变量 $A$、$B$、$C$ 的各组取值代入逻辑函数式，算出函数 $L$ 的值，并对应地填入表 1-33 中就是其真值表。

表 1-33　真值表

| 输入变量 | | | 输出变量 |
|---|---|---|---|
| $A$ | $B$ | $C$ | $L$ |
| 0 | 0 | 0 | 0 |
| 0 | 0 | 1 | 0 |
| 0 | 1 | 0 | 0 |
| 0 | 1 | 1 | 1 |
| 1 | 0 | 0 | 0 |
| 1 | 0 | 1 | 1 |
| 1 | 1 | 0 | 1 |
| 1 | 1 | 1 | 1 |

（2）将逻辑函数式 $L = AB + AC + BC$ 变换为最小项表达式（配项法），即：
$$L = AB + AC + BC$$
$$= AB(C + \bar{C}) + A(B + \bar{B})C + (A + \bar{A})BC$$
$$= ABC + AB\bar{C} + A\bar{B}C + \bar{A}BC$$

在卡诺图上把各最小项所对应的小方格内填入 1，其余的方格填入 0（或空着不填），就得到表示该逻辑函数的卡诺图，如图 1-68 所示。或将逻辑函数式中每个乘积项各因子共同占有的区域填入 1，其余的方格填入 0（或空着不填）。

（3）用逻辑符号表示函数式的逻辑电路如图 1-69 所示。

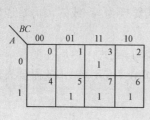

图 1-68　逻辑函数卡诺图

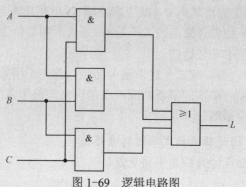

图 1-69　逻辑电路图

### 3. 已知逻辑电路图求逻辑表达式、真值表和卡诺图

如果给出了逻辑电路图，只要将逻辑电路图中的每个逻辑符号所表示的逻辑运算，按照由输入到输出（或由输出到输入）依次写出其表达式，即可得到其逻辑函数式，有了函数式就可求出真值表和卡诺图。

**实例1-13** 试写出如图1-70所示逻辑电路图的逻辑函数式。

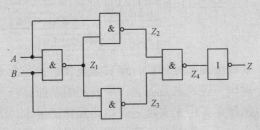

图1-70 逻辑电路图

**解** 为了方便，由输入到输出逐级将电路中间输出做如图所示的标记，依次写出各个门电路的输出函数表达式，就可得图1-70所示电路的逻辑函数式。

$$Z_1 = \overline{AB}$$

$$Z_2 = \overline{AZ_1} = \overline{A \cdot \overline{AB}}$$

$$Z_3 = \overline{BZ_1} = \overline{B \cdot \overline{AB}}$$

$$Z_4 = \overline{Z_2 Z_3} = \overline{\overline{A \cdot \overline{AB}} \cdot \overline{B \cdot \overline{AB}}}$$

$$Z = \overline{Z_4} = \overline{A \cdot \overline{AB}} \cdot \overline{B \cdot \overline{AB}}$$

### 4. 已知卡诺图求逻辑表达式、真值表和逻辑电路图

只要将卡诺图中填入1的那些最小项进行逻辑加，就得到该卡诺图所表示的逻辑函数的最小项表达式。如果将卡诺图中填入0（空着没有填写）的最小项进行逻辑加，得到的是逻辑函数的反函数。

卡诺图其实是真值表的一种变形，是真值表中各项的二维排列形式。由逻辑函数式画出逻辑电路图不再重复。

**实例1-14** 已知逻辑函数 $Z$ 的卡诺图如图1-71所示，试写出 $Z$ 的函数式。

| $A$ \ $BC$ | 00 | 01 | 11 | 10 |
|---|---|---|---|---|
| 0 | 0<br>1 | 1<br> | 3<br>1 | 2<br> |
| 1 | 4<br> | 5<br>1 | 7<br> | 6<br>1 |

图1-71 卡诺图

**解** 将卡诺图中的填入1的那些最小项进行逻辑加，就得 $Z$ 的函数式：

$$Z = \overline{A}\,\overline{B}\,\overline{C} + \overline{A}BC + A\overline{B}C + AB\overline{C}$$

## 1.6 逻辑函数及化简法

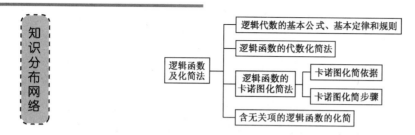

当逻辑函数确定后，其真值表是唯一的，但其函数表达式却有多种形式，有的复杂，有的简单，不论哪种形式，对同一逻辑函数而言，所表达的功能是一致的。逻辑函数表达式越简单，相应的逻辑电路也越简单，用来实现它的电路元件就越少，既经济又可靠，所以人们总是希望对函数表达式进行化简，得到最简表达式。常用的化简方法有两种：一种是利用逻辑代数的基本公式和定律进行化简，称为代数化简法，也称为公式化简法；另一种是利用卡诺图进行化简，称为图形化简法。

### 1.6.1 逻辑代数

逻辑代数是研究逻辑电路的数学工具，是英国数学家乔治·布尔（George Boole）于19世纪中叶提出的，因此又称布尔代数，它为分析和设计逻辑电路提供了理论基础。根据前面介绍的三种基本逻辑运算（与、或、非）和逻辑变量的取值只能是0或1的特点，可推导出一些基本公式和定律，熟悉和掌握这些公式、定律，对于掌握数字电子技术十分重要。

**1．基本定律**

（1）自等律：$A+0=A \quad A\cdot 1=A$

（2）0-1律：$A+1=1 \quad A\cdot 0=0$

（3）互补律：$A+\overline{A}=1 \quad A\cdot \overline{A}=0$

（4）交换律：$A+B=B+A \quad A\cdot B=B\cdot A$

（5）结合律：$(A+B)+C=A+(B+C)=(A+C)+B$
$\qquad\qquad (A\cdot B)\cdot C=A\cdot (B\cdot C)=(A\cdot C)\cdot B$

（6）分配律：$A\cdot (B+C)=AB+AC$
$\qquad\qquad A+BC=(A+B)(A+C)$

（7）重叠律：$A+A+\cdots +A=A \quad A\cdot A\cdots \cdot A=A$

（8）反演律（德·摩根定理）：$\overline{A+B+C}=\overline{A}\cdot \overline{B}\cdot \overline{C} \quad \overline{A\cdot B\cdot C}=\overline{A}+\overline{B}+\overline{C}$

（9）还原律：$\overline{\overline{A}}=A$

上述基本公式可用真值表加以证明。

**2．三个基本规则**

逻辑代数中有三个基本规则，分别是代入规则、反演规则和对偶规则。应用这三个规则，可以由已知的基本公式推导出更多实用的公式。

1）代入规则

在任何一个逻辑等式中，如果将等式两边出现的同一逻辑变量用同一个逻辑函数代入，则等式仍然成立。

例如，已知等式 $\overline{A \cdot B} = \overline{A} + \overline{B}$，若用 $Z = BC$ 代替等式中的 $B$，则有：

$$\overline{A \cdot BC} = \overline{A} + \overline{BC} = \overline{A} + \overline{B} + \overline{C}$$

2）反演规则

对于任意一个逻辑表达式 $Z$，如果将其中所有的"·"换成"+"、"+"换成"·"；再将原变量换为反变量、反变量换为原变量；将 1 换成 0，0 换成 1，则得到的逻辑函数称为 $Z$ 的反函数，用 $\overline{Z}$ 表示。利用反演规则可以很方便地求出一个函数的反函数。

使用反演规则应注意下面两点：

（1）必须遵守"先括号，然后乘，最后或"的运算顺序；

（2）不属于单个变量上的"反"号应保留不变。

**实例1-15** 求函数 $F_1 = \overline{A}B + A\overline{B}$ 的反函数。

**解** 根据反演规则可得：

$$\overline{F_1} = (A + \overline{B}) \cdot (\overline{A} + B) = \overline{A}\overline{B} + AB$$

上例说明异或的反函数是同或，反之，同或的反函数是异或，同学们自己证明。

**实例1-16** 求函数 $F_2 = A + \overline{B\overline{C} + \overline{D + \overline{E}}}$ 的反函数。

**解** 利用反演规则得：$\overline{F_2} = \overline{A} \cdot \overline{(\overline{B}+C) \cdot \overline{\overline{D} \cdot E}}$

3）对偶规则

对于任意一个逻辑表达式 $Z$，如果将其中的"·"换成"+"、"+"换成"·"；1 换成 0、0 换成 1，得到的新表达式记为 $Z'$，称为 $Z$ 的对偶式。

例如，$Z = (A+B)(A+\overline{C})$ 的对偶式为：$Z' = A \cdot B + A \cdot \overline{C}$

利用对偶规则写对偶式时，同样要遵照逻辑运算的优先顺序（同反演规则）。此外，如果两个逻辑函数的对偶式相等，则这两个逻辑函数也相等。

3．常用公式

利用前面介绍的基本公式和三个规则，可以推导出一些常用公式，这些公式对逻辑函数的化简很有用。

**公式 1** $A \cdot B + A \cdot \overline{B} = A$

证明：$A \cdot B + A \cdot \overline{B} = A(B + \overline{B}) = A$

**公式 2** $A + AB = A$

证明：$A + AB = A(1 + B) = A$

**公式 3** $A + \overline{A}B = A + B$

证明：$A + \overline{A}B = (A + AB) + \overline{A}B$

$= A + (AB + \overline{A}B)$

$$= A + B$$

公式4　$AB + \overline{A}C + BC = AB + \overline{A}C$

证明：$AB + \overline{A}C + BC = AB + \overline{A}C + (\overline{A} + A)BC$

$$= (AB + ABC) + (\overline{A}C + \overline{A}BC)$$

$$= AB + \overline{A}C$$

同理可得：$AB + \overline{A}C + BCD = AB + \overline{A}C$

### 1.6.2　逻辑函数的代数化简法

逻辑函数的最简式对不同形式的表达式有不同的标准，最简与-或式是指表达式中包含的乘积项最少，而且每一个乘积项里的因子也最少。代数法化简就是利用逻辑代数的基本公式、基本定律和一些常用公式消去与-或式中多余的乘积项或乘积项中多余的因子，以求得函数的最简形式。代数法化简需要熟练掌握和灵活利用这些公式、定律，需要多做练习，积累经验才能较好地掌握此化简方法。

#### 1．并项法

利用互补律 $A + \overline{A} = 1$，将具有逻辑相邻性的两项（如 $A \cdot B + A \cdot \overline{B} = A$）合并为一项，消去一个变量，保留公因子。

**实例1-17**　化简逻辑函数 $F_1 = A\overline{B} + ACD + \overline{A}B + \overline{A}CD$。

**解**　$F_1 = A\overline{B} + ACD + \overline{A}B + \overline{A}CD$

$$= (A\overline{B} + \overline{A}\overline{B}) + (ACD + \overline{A}CD)$$

$$= (\overline{A} + A)\overline{B} + ((\overline{A} + A)CD)$$

$$= \overline{B} + CD$$

#### 2．吸收法

利用公式 $A + AB = A$，吸收或消去多余的项。

**实例1-18**　化简逻辑函数 $L = \overline{A}B + \overline{A}B\overline{C} + \overline{A}BD + \overline{A}B(E + F)$。

**解**　$L = \overline{A}B + \overline{A}B\overline{C} + \overline{A}BD + \overline{A}B(E + F)$

$$= \overline{A}B + \overline{A}B(\overline{C} + D + E + F)$$

$$= \overline{A}B$$

#### 3．消去法

利用公式 $A + \overline{A}B = A + B$，消去多余的因子。

利用公式 $AB + \overline{A}C + BC = AB + \overline{A}C$ 消去多余的项。

**实例1-19**　化简逻辑函数 $Y = \overline{A}\overline{B} + \overline{A}BCD + A\overline{B}CD + AB$。

**解**　$Y = \overline{A}\overline{B} + AB + (\overline{A}B + A\overline{B})CD$

$$= \overline{A}\overline{B} + AB + \overline{(\overline{A}\overline{B} + AB)}CD$$

$$= \overline{A}\overline{B} + AB + CD$$

### 4. 配项法

当不能直接利用基本公式和定律化简时，可利用互补律 $A+\overline{A}=1$ 进行配项，将某个与项变为两项，如将 $B=(\overline{A}+A)B$ 拆成两项，再与其他项合并化简。还可利用 $A+A=A$ 或 $A \cdot \overline{A}=0$，在原式中配重复项或互补项，再与其他项合并化简。

在化简比较复杂的逻辑函数时，需要灵活、综合地利用各种方法才能获得比较理想的化简结果。

**实例1-20** 化简逻辑函数 $Z=A\overline{B}+\overline{A}B+\overline{B}C+B\overline{C}$。

解 $Z=A\overline{B}+\overline{A}B+\overline{B}C+B\overline{C}$

$=A\overline{B}(C+\overline{C})+\overline{A}B+(A+\overline{A})B\overline{C}+\overline{B}C$

$=A\overline{B}C+A\overline{B}\overline{C}+\overline{A}B+AB\overline{C}+\overline{A}B\overline{C}+\overline{B}C$

$=(A\overline{B}C+\overline{B}C)+(A\overline{B}\overline{C}+AB\overline{C})+(\overline{A}B+\overline{A}B\overline{C})$

$=\overline{B}C+A\overline{C}+\overline{A}B$

**实例1-21** 化简逻辑函数 $Z=AC+\overline{B}C+B\overline{D}+C\overline{D}+A(B+\overline{C})+\overline{A}BC\overline{D}+\overline{A}BDE$。

解 $Z=AC+\overline{B}C+B\overline{D}+C\overline{D}+A(B+\overline{C})+\overline{A}BC\overline{D}+\overline{A}BDE$

$=AC+\overline{B}C+B\overline{D}+C\overline{D}(1+\overline{A}B)+A\overline{B}C+\overline{A}BDE$

$=AC+A+\overline{B}C+B\overline{D}+C\overline{D}+\overline{A}BDE$

$=A+\overline{B}C+B\overline{D}+C\overline{D}$

$=A+\overline{B}C+B\overline{D}$

## 1.6.3 逻辑函数的卡诺图化简法

我们已经知道，在卡诺图中，位置相邻的项在逻辑上一定具有相邻性，而两个逻辑相邻项相加能消去一个因子，合并为一项，如 $ABC+\overline{A}BC=(A+\overline{A})BC=BC$。卡诺图化简的依据是：具有相邻性的最小项相或可以消去不同的因子，保留共因子，合并为一项。

### 1. 化简规律

由于两个相邻的最小项中只有一个变量相反，因此，两个相邻最小项合并成一项，可消去一个不同的变量，图 1-72（a）中给出了两个最小项相邻的情况。同理，四个相邻最小项合并成一项，消去两个不同的变量，图 1-72（c）、（d）、（e）中画出了四个最小项相邻的几种可能的情况。八个相邻最小项合并成一项，可消去三个不同的变量，图 1-72（b）、（f）中给出了八个最小项相邻的情况。依此类推，$2^n$ 个相邻最小项合并成一项（$n=0，1，2，3，…$），可消去 $n$ 个不同的变量，合并后的结果中只包含这些最小项的公因子。

例如，在图 1-72（a）中，最小项 $m_4=A\overline{B}\overline{C}$ 和 $m_6=AB\overline{C}$ 合并后只有 $A\overline{C}$ 相同，所以合并结果就是 $A\overline{C}$。又如，在图 1-72（b）中，八个最小项合并，这八个最小项没有相同的变量，但可以认为它们都具有因子"1"，所以化简结果就是"1"。也可根据最小项的性质，全体最小项相或，结果为 1。

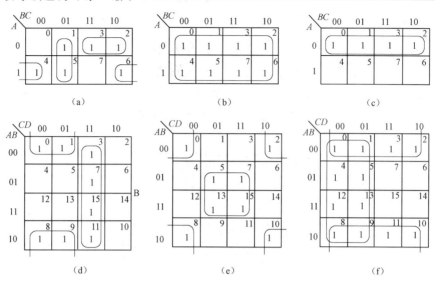

图 1-72 最小项相邻的几种情况

**2．卡诺图化简的步骤**

（1）将逻辑函数变换为与-或式。
（2）画出逻辑函数的卡诺图。
（3）将 $2^n$ 个为 1 的相邻方格（相邻项）分别画包围圈，每个包围圈的公因子作为乘积项。
（4）将每个乘积项相加，就得到最简的与-或表达式。

画包围圈时要注意以下几点：

（1）必须把卡诺图中所有为 1 的最小项全部圈完，否则最后得到的表达式与所给的函数不等。
（2）同一个 1 方格可以被不同的包围圈重复包围，但每一个包围圈中至少有一个 1 方格没有被其他包围圈圈过，保证化简项的独立性。
（3）包围圈越大，化简后的乘积项因子越少，化简结果越简单。
（4）包围圈越少越好，这样化简后的乘积项就越少，使用的门电路数少。

**实例1-22** 用卡诺图法化简逻辑函数 $Z(A, B, C, D) = \sum m(0, 1, 2, 3, 4, 6, 7, 8, 9, 10, 11, 14)$。

**解** 第一步：先把函数 $Z$ 填入四变量卡诺图，如图 1-73 所示。
第二步：画包围圈，合并最小项。
第三步：整理每个包围圈的公因子，得最简表达式：
$$Z(A, B, C, D) = \overline{B} + \overline{A}\overline{D} + \overline{A}C + C\overline{D}$$

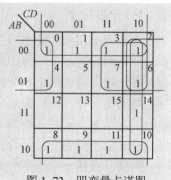

图 1-73 四变量卡诺图

**实例1-23** 用卡诺图化简逻辑函数 $Z = \overline{A}BCD + \overline{A}B\overline{C}\overline{D} + \overline{A}CD + ABC + BD$。

**解** 第一步：先把函数 Z 填入四变量卡诺图，本题给出的逻辑函数式并不是最小项表达式，可以先利用配项法将其化为最小项表达式，也可以直接在卡诺图中标出 Z 所包含的最小项，函数 Z 的卡诺图如图 1-74 所示。

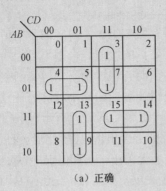
(a) 正确

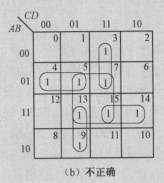
(b) 不正确

图 1-74 四变量卡诺图

第二步：画包围圈，合并最小项。图 1-74（b）中多了一个四个 1 方格的包围圈，此包围圈中的 1 方格都被其他包围圈圈过，是多余的包围圈，所以图 1-74（b）是错误的。

第三步：整理每个包围圈的公因子，得最简表达式：

$$Z = \overline{AB}\overline{C} + \overline{A}CD + A\overline{C}D + AB\overline{C}$$

由上例可知，在卡诺图画完后要仔细观察有无多余包围圈，此外，正确画卡诺图包围圈的方法可能不止一种，因而得到的结果也可能不同，但本质上是一致的。

**实例1-24** 函数 Z 的卡诺图如图 1-75 所示，求其最简与-或式。

**解** 该题画包围圈的方法有两种，第一种，按"1"圈包围圈，如图 1-75（a）所示，整理每个包围圈的公因子，得：

$$Z = \overline{B} + C + \overline{D}$$

第二种，按"0"圈包围圈（图中取值为 0 的方格很少，只有两个 $m_5$ 和 $m_{13}$），求 Z 的反函数 $\overline{Z}$，再对 $\overline{Z}$ 求反得到 Z，如图 1-75（b）所示，整理该包围圈公因子，得 $\overline{Z} = B\overline{C}D$，则，$Z = \overline{\overline{Z}} = \overline{B\overline{C}D} = \overline{B} + C + \overline{D}$。

图 1-75 四变量卡诺图
(a) 按"1"圈包围圈
(b) 按"0"圈包围圈

由上例可知，当卡诺图中 0 很少时，按"0"圈包围圈求反函数的最简式，然后再求原函数的方法比按"1"圈包围圈的方法要简单些。

### 1.6.4 具有无关项的逻辑函数的化简

前面所讨论的逻辑函数，对于输入变量的所有取值组合，对应的函数值都是确定的，不是 1 就是 0。然而在一些实际问题中，有些输入变量的取值组合是不可能出现的，这些不可能出现的状态取值组合对应的最小项称为约束项，而有些情况下，逻辑函数输入变量的某些状态取值组合对函数值没有影响，这些变量取值组合对应的最小项称为任意项，约束项和任意项统称为无关项。例如，用 8421BCD 码表示十进制数时，只有十种取值组合出现，其余六种组合 1010、1011、1100、1101、1110、1111 则不会出现，是受到约束的。

在卡诺图中相应方格中填入"×"或"$\phi$"表示无关项，在真值表中，对应函数值用"×"或"$\phi$"来表示。在逻辑函数式中一般用 $d$ 表示无关项，如用 $\sum d$（10，11，12，13，14，15）的形式写在函数式后面，如 $Z(A,B,C,D)=\sum m$（1，3，5，10，15）$+\sum d$（0，2，12，13）。其中 $\sum m$ 部分表示使函数值为 1 的最小项；$\sum d$ 部分表示无关项。无关项也可以用恒等于 0 的与-或式来表示，把该恒等式列于有效函数式下面，如：

$$\begin{cases} Z(A,B,C,D)=\sum m(1,3,5,10,15) \\ \sum d(0,2,12,13)=0 \end{cases}$$

无关项在化简逻辑函数时可当作 0 或当作 1，以使函数最简为原则。

> **注意**：包围圈中不能全部是无关项，即包围圈中必须包含有效的最小项，只要把取值为 1 的最小项都圈完就可以，并不是所有的无关项都得利用，根据化简的实际需求加以选择，保证化简后的函数表达式中各乘积项既是独立的又是最简的。

**实例1-25** 化简逻辑函数 $Z(A,B,C,D)=\sum m$（3，6，8，10，13）$+\sum d$（0，2，5，7，12，15）。

**解** 首先将函数在卡诺图中表示出来，无关项的方格填"×"，如图 1-76 所示。然后画包围圈，整理公因子，得最简式：

$$Z = \overline{B}\overline{D} + \overline{A}C + BD$$

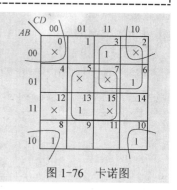

图 1-76 卡诺图

**实例1-26** 化简具有约束条件的逻辑函数 $Z = \overline{A}\overline{B}CD + \overline{A}BCD + \overline{A}B\overline{C}\overline{D}$，已知约束条件为 $\overline{A}BCD + \overline{A}B\overline{C}D + \overline{A}B\overline{C}\overline{D} + AB\overline{C}D + ABCD + ABC\overline{D} + A\overline{B}C\overline{D} = 0$。

**解** 函数的卡诺图如图 1-77 所示，画包围圈，合并整理得 $Z = \overline{A}D + A\overline{D}$。

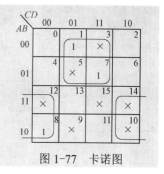

图 1-77 卡诺图

学习单元 1　集成逻辑门电路的功能分析与测试

## 知识梳理与总结

1．常用数制有十进制、二进制、八进制和十六进制，在数字系统中常使用二进制，各种进制间可以相互转换。

2．二进制代码既可以表示数，又可以表示各种符号，二进制编码就是用二进制代码表示各种数或符号的方法。

3．在数字电路中，二极管、晶体管和 MOS 管都工作在开关状态。

4．门电路是构成数字电路的基本逻辑单元，应该熟练掌握常用门电路的逻辑功能。

5．逻辑功能有多种描述方法：真值表、逻辑函数式、卡诺图、逻辑图、波形图和语言描述。它们各具不同的特点，并且相互间可以进行转换。逻辑功能描述方式之间的相互转换是逻辑分析和功能设计的基础。

6．数字集成电路有 TTL（双极型）和 CMOS（单极型）两种，CMOS 集成电路由于功耗小、结构简单、电源电压使用范围宽等优点，被广泛使用。

7．OD（OC）门输出端可以并联实现"线与"，三态门输出端也可并联使用。

8．TTL 和 CMOS 集成电路在使用时应重点掌握其外特性及相关参数，还要解决不同类型电路之间的接口问题。

9．逻辑代数是分析和设计逻辑电路的工具，要熟练掌握其基本公式、基本定律和基本规则。

10．逻辑函数的化简方法主要有两种：代数化简法和卡诺图化简法。

## 自我检测题 1

### 一、填空题

1-1　$(1001010)_2 = ($　　　　$)_8 = ($　　　　$)_{16} = ($　　　　$)_{10}$

1-2　$(37.375)_{10} = ($　　　　$)_2 = ($　　　　$)_8 = ($　　　　$)_{16}$

1-3　$(CE)_{16} = ($　　　　$)_2 = ($　　　　$)_8 = ($　　　　$)_{10} = ($　　　　$)_{8421BCD}$

1-4　在逻辑代数运算的基本公式中，利用分配律可得 $A(B+C) = $＿＿＿＿＿＿，$A+BC = $＿＿＿＿＿＿，利用反演律可得 $\overline{ABC} = $＿＿＿＿＿＿，$\overline{A+B+C} = $＿＿＿＿＿＿。

1-5　在数字电路中，半导体三极管多数主要工作在＿＿＿＿区和＿＿＿＿区。

1-6　COMS 逻辑门是＿＿＿＿极型门电路，而 TTL 逻辑门是＿＿＿＿极型门电路。

1-7　COMS 集成逻辑器件在＿＿＿＿、＿＿＿＿方面优于 TTL 电路，同时还具有结构相对简单，便于大规模集成、制造费用较低等特点。

1-8　CT74、CT74H、CT74S、CT74LS 四个系列的 TTL 集成电路，其中功耗最小的为＿＿＿＿；速度最快的为＿＿＿＿；综合性能指标最好的为＿＿＿＿。

### 二、选择题

1-9　指出下列各式中哪个是四变量 $A$、$B$、$C$、$D$ 的最小项（　　）。

A、$ABC$　　　　B、$A+B+C+D$　　　　C、$ABCD$　　　　D、$AC$

1-10 逻辑项 $\overline{A}BC\overline{D}$ 的逻辑相邻项为（　　）。

A、$ABC\overline{D}$　　B、$ABCD$　　C、$\overline{A}\,\overline{B}CD$　　D、$AB\overline{C}D$

1-11 当利用三输入的逻辑或门实现两变量的逻辑或关系时，应将或门的第三个引脚（　　）。

A、接高电平　　B、接低电平　　C、悬空

1-12 当输入变量 $A$、$B$ 全为 1 时，输出为 0，则输入与输出的逻辑关系有可能为（　　）。

A、异或　　B、同或　　C、与　　D、或

1-13 TTL 门电路输入端悬空时应视为（　　）电平，若用万用表测量其电压，读数约为（　　）。

A、高　　B、低　　C、3.5V　　D、1.4 V　　E、0 V

### 三、判断题

1-14 用 4 位二进制数码来表示每一位十进制数码，对应的二-十进制编码即为 8421BCD 码。（　　）

1-15 因为逻辑式 $A+(A+B)=B+(A+B)$ 是成立的，所以在等式两边同时减去 $(A+B)$ 得：$A=B$ 也是成立的。（　　）

1-16 对于 54/74LS 系列与非门，输出端能直接并联。（　　）

1-17 三态输出门有高电平、低电平和高阻三种状态。（　　）

1-18 在解决"线与"问题时，OC 门是指在 COMS 电路中采用输出为集电极开路的三极管结构，而 OD 门指在 TTL 电路中采用漏极开路结构。（　　）

## 练习题 1

1-1 将下列二进制数分别转换成十进制、八进制和十六进制数。

（1）10101110　　（2）1010101　　（3）1110.01

1-2 将下列十进制数分别转换成二进制、八进制、十六进制数及 8421BCD 码。

（1）53　　（2）49　　（3）39.25

1-3 与 TTL 门电路相比，CMOS 电路有什么优点，使用时应注意哪些问题？

1-4 TTL 与非门输出端的下列接法正确吗？如果不正确，会产生什么后果？

（1）输出端接+5 V 的电源电压；

（2）输出端接地；

（3）多个 TTL 与非门的输出端直接并联使用。

1-5 在图 1-78 所示电路中，哪个电路可以实现 $Z=\overline{AB}$。

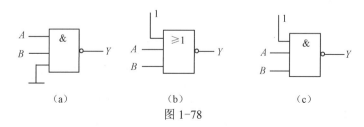

图 1-78

1-6 在图 1-79 所示电路中,输入 $A$、$B$ 波形如图所示,试画出输出 $Z_1$、$Z_2$、$Z_3$ 的波形。

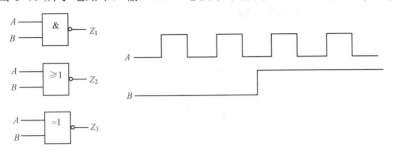

图 1-79

1-7 试写出如图 1-80 所示电路的输出逻辑表达式,并说明其逻辑功能。

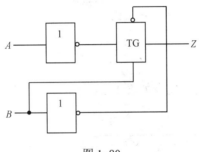

图 1-80

1-8 试将与非门、或非门、异或门作反相器使用,其输入端应如何连接?

1-9 在图 1-81 中,能实现函数 $Y = \overline{AB + CD}$ 电路是何电路?

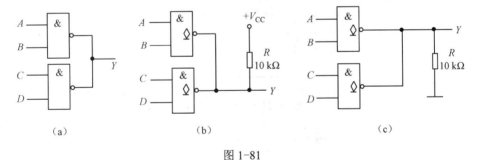

(a)　　　　　　(b)　　　　　　(c)

图 1-81

1-10 试写出如图 1-82 所示电路的逻辑函数式,并说明其逻辑功能。

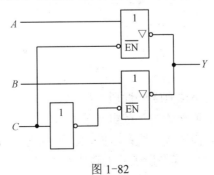

图 1-82

1-11　试指出如图 1-83 所示各门电路的输出状态（高电平、低电平、高阻抗），其中 $Z_1 \sim Z_3$ 为 74LS 系列，$Z_4 \sim Z_6$ 为 74HC 系列。

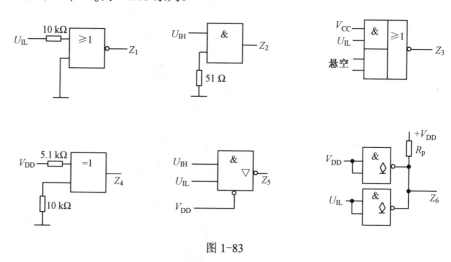

图 1-83

1-12　已知逻辑函数 $Z$ 的真值表如表 1-34 所示，试写出 $Z$ 的逻辑表达式。

表 1-34

| A B C D | Z | A B C D | Z |
|---|---|---|---|
| 0 0 0 0 | 0 | 1 0 0 0 | 0 |
| 0 0 0 1 | 0 | 1 0 0 1 | 0 |
| 0 0 1 0 | 0 | 1 0 1 0 | 1 |
| 0 0 1 1 | 0 | 1 0 1 1 | 1 |
| 0 1 0 0 | 0 | 1 1 0 0 | 0 |
| 0 1 0 1 | 0 | 1 1 0 1 | 1 |
| 0 1 1 0 | 0 | 1 1 1 0 | 1 |
| 0 1 1 1 | 1 | 1 1 1 1 | 1 |

1-13　试写出如图 1-84 所示逻辑电路的逻辑函数表达式，并列出真值表。

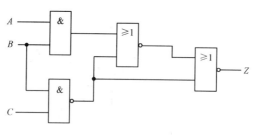

图 1-84

1-14　什么是最小项？最小项有哪些性质？简述最小项的编号方法。

1-15　什么是函数的最小项表达式？逻辑函数的最小项表达式是唯一的吗？

1-16　什么是约束项？怎样对含有约束项的逻辑函数进行化简？

1-17　写出如图 1-85 所示卡诺图所表示的逻辑函数式。

| AB\CD | 00 | 01 | 11 | 10 |
|---|---|---|---|---|
| 00 | 0<br>1 | 1<br>1 | 3<br>1 | 2<br>1 |
| 01 | 4 | 5<br>1 | 7<br>1 | 6 |
| 11 | 12 | 13 | 15<br>1 | 14 |
| 10 | 8<br>1 | 9 | 11 | 10<br>1 |

图 1-85

1-18 用公式法将下列函数化为最简的与-或表达式。

（1）$Z = \overline{A+B+C} + A\overline{B}\overline{C}$。

（2）$Z = \overline{\overline{ABC}(B+\overline{C})}$。

（3）$Z = AD + A\overline{D} + \overline{A}B + \overline{A}C + BFE + CEFG$。

（4）$Z = A\overline{B}C + \overline{A} + B + \overline{C}$。

（5）$Z = A\overline{B} + B + \overline{A}B$。

（6）$Z = \overline{AB + \overline{A}\overline{B} + \overline{A}B + A\overline{B}}$。

1-37 利用卡诺图化简下列逻辑函数。

（1）$Z(A,B,C) = \Sigma m(0,2,4,6)$。

（2）$Z(A,B,C) = \Sigma m(0,1,2,5,6,7)$。

（3）$Z(A,B,C,D) = \Sigma m(2,6,7,8,9,10,11,13,14,15)$。

（4）$Z(A,B,C,D) = \Sigma m(0,1,2,5,6,7,8,9,13,14)$。

（5）$Z = \overline{A}\overline{B}\overline{C} + \overline{A}B\overline{C} + \overline{A}C$。

（6）$Z(A,B,C,D) = \Sigma m(0,1,2,3,4) + \Sigma d(5,7)$。

（7）$Z(A,B,C,D) = \Sigma m(2,3,7,8,11,14) + \Sigma d(0,5,10,15)$。

（8）$Z(A,B,C,D) = C\overline{D}(A \oplus B) + \overline{A}B\overline{C} + \overline{A}CD$，约束条件为 $AB + CD = 0$。

# 学习单元 2

# 编码、译码、LED 显示电路分析制作与调试

**教学导航**

| | |
|---|---|
| 实训项目 3 | 74LS00、74LS86 组合逻辑电路的设计及逻辑功能分析 |
| 实训项目 4 | 键控 0~9 数字显示电路的制作与调试 |
| 建议学时 | 4 天（24 学时） |
| 完成项目任务所需知识 | 1. 组合逻辑电路的特点及功能描述方法；<br>2. 组合逻辑电路的分析方法与设计方法，包括用通用译码器和数据选择器来设计组合逻辑电路；<br>3. 编码器、译码器的逻辑功能以及真值表的读解，引脚功能；<br>4. 其他 MSI 芯片（加法器、数值比较器、数据选择器）的逻辑功能、真值表的读解，引脚功能；<br>5. LED 数码显示器的结构、引脚、工作条件 |
| 知识重点 | 组合逻辑电路的分析、设计方法；常见组合逻辑电路芯片的逻辑功能及使用方法 |
| 知识难点 | 组合逻辑电路设计如何将实际问题变成真值表；用 MSI 芯片设计组合逻辑电路的方法 |
| 职业技能 | 能根据逻辑电路原理图分析由 SSI 或 MSI 门电路构成的组合逻辑电路的逻辑功能。<br>能设计制作简单的组合逻辑电路和常用编译码电路并进行调试：<br>1. 能用集成门电路（SSI）及 MSI 功能芯片设计功能电路；<br>2. 能根据设计的原理图选用 IC 芯片，并能列出材料清单并根据清单备齐所需元器件；<br>3. 能根据电路制作与调试需要，选用五金工具和焊接工具；能制作短连线并能插接短连线；能对电子元器件引线浸锡；<br>4. 能根据设计的原理图进行合理的布线布局，使用焊接工具手工焊接实际电路（电路板）；能正确焊接 IC 芯片引脚、电源和地线；<br>5. 能发现电路制作过程中出现的工艺质量问题；能制定工艺质量控制措施；能编写实训报告；<br>6. 能协调小组成员之间的分工合作；具有成本意识、质量意识 |
| 推荐教学方法 | 从项目任务出发，通过课堂听讲、教师引导、小组学习讨论解决项目中出现的问题，利用课外时间上网查找芯片真值表并且读懂真值表，完成实际电路焊接、功能调试，即"教、学、做"一体，掌握完成任务所需知识点和相应的技能 |

学习单元 2　编码、译码、LED 显示电路分析制作与调试

## 2.1　组合逻辑电路的概念与特点

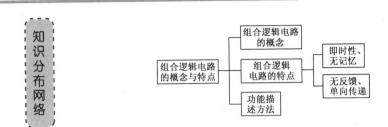

若一个逻辑电路,在任一时刻的输出状态仅取决于该时刻输入变量取值的组合,而与电路以前的状态无关,则该电路称为组合逻辑电路(简称组合电路)。组合逻辑电路的一般结构框图如图 2-1 所示。它有 $n$ 个输入信号, $m$ 个输出信号。

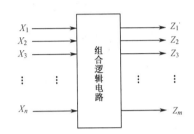

图 2-1　组合逻辑电路的一般结构框图

在图 2-1 中,输出信号 $Z_1 \sim Z_m$ 与输入信号 $X_1 \sim X_n$ 之间有着一定的逻辑关系,可用一组输出函数式来表示,即:

$$Z_1 = f_1(X_1, X_2, \cdots, X_n)$$
$$Z_2 = f_2(X_1, X_2, \cdots, X_n)$$
$$Z_3 = f_3(X_1, X_2, \cdots, X_n)$$
$$\vdots$$
$$Z_m = f_m(X_1, X_2, \cdots, X_n)$$

组合逻辑电路中不存在输出端到输入端的反馈通路,信号传递是单向的,电路不包含记忆元件,电路的输出状态只由此时刻的输入状态决定。组合逻辑电路的逻辑功能除可用逻辑函数式来描述外,还可用真值表、卡诺图、逻辑电路图等方法进行描述。

## 2.2　组合逻辑电路的分析与设计

### 2.2.1　组合逻辑电路的分析方法

组合逻辑电路的分析主要是对给定的组合逻辑电路,写出输出逻辑函数式和真值表,判断出它的逻辑功能。对已知的组合逻辑电路的分析一般有如下几个步骤:

(1)根据给出的逻辑电路图,从输入到输出,逐级写出每一级输出对输入变量的逻辑函数式,最后便得到所分析电路的输出逻辑函数;

（2）用公式法或卡诺图法把输出逻辑函数式化简到最简；
（3）根据化简后的逻辑函数式列出真值表；
（4）由真值表和化简的逻辑函数式判断组合电路的逻辑功能，并用相应的文字表达出来。

从以上步骤可以看出，组合逻辑电路分析所应用的知识都在学习单元1中已经学习过。下面举例来说明如何对组合逻辑电路进行分析。

**实例2-1** 试分析图2-2所示的单输出组合逻辑电路的功能。

**解**（1）由 $G_1$、$G_2$、$G_3$ 各个门电路的输入、输出关系，推导出整个电路的表达式：

$$Z_1 = ABC$$

$$Z_2 = \overline{A+B+C}$$

$$F = Z_1 + Z_2 = ABC + \overline{A+B+C}$$

（2）对该逻辑表达式进行化简：

$$F = Z_1 + Z_2 = ABC + \overline{A+B+C} = ABC + \overline{A}\,\overline{B}\,\overline{C}$$

（3）根据化简后的函数表达式，列出真值表如表2-1所示。

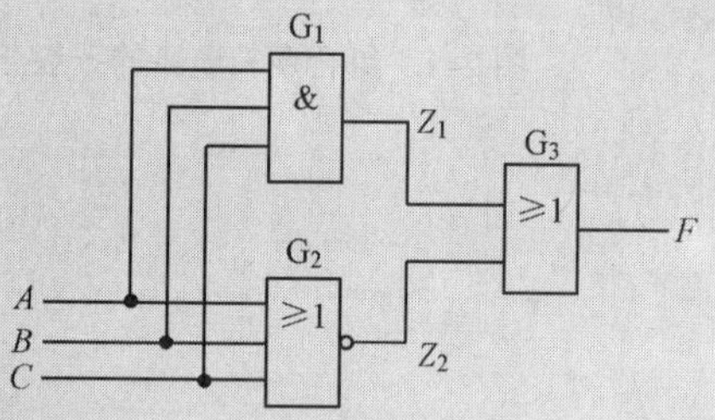

表2-1 真值表

| A | B | C | F |
|---|---|---|---|
| 0 | 0 | 0 | 1 |
| 0 | 0 | 1 | 0 |
| 0 | 1 | 0 | 0 |
| 0 | 1 | 1 | 0 |
| 1 | 0 | 0 | 0 |
| 1 | 0 | 1 | 0 |
| 1 | 1 | 0 | 0 |
| 1 | 1 | 1 | 1 |

图2-2 组合逻辑电路图

（4）从真值表中可以看出：当 A、B、C 三个输入一致时（全为"0"或者全为"1"），输出才为"1"，否则输出为"0"。所以，这个组合逻辑电路具有检测"输入不一致"的功能，也称为"不一致电路"。

**实例2-2** 试分析图2-3所示的组合逻辑电路的功能。

**解**（1）由 $G_1$、$G_2$、$G_3$、$G_4$、$G_5$ 各个门电路的输入、输出关系，推出整个组合逻辑电路的表达式：

$$Z_1 = \overline{AB}$$

$$Z_2 = \overline{AZ_1} = \overline{A \cdot \overline{AB}}$$

$$Z_3 = \overline{Z_1 B} = \overline{\overline{AB} \cdot B}$$

则

$$S = \overline{Z_2 Z_3} = \overline{\overline{A \cdot \overline{AB}} \cdot \overline{\overline{AB} \cdot B}}$$

$$C = \overline{Z_1} = \overline{\overline{AB}}$$

（2）对该逻辑表达式进行化简：

$$S = \overline{Z_2 Z_3} = \overline{\overline{A \cdot \overline{AB}} \cdot \overline{\overline{AB} \cdot B}}$$
$$= A \cdot \overline{AB} + \overline{AB} \cdot B$$
$$= A(\overline{A} + \overline{B}) + (\overline{A} + \overline{B})B$$
$$= A\overline{B} + \overline{A}B$$
$$C = \overline{Z_1} = \overline{\overline{AB}} = AB$$

(3) 根据化简后的函数表达式,列出真值表如表 2-2 所示。

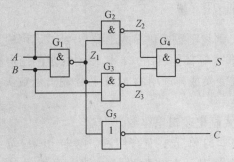

表 2-2 半加器真值表

| A | B | S | C |
|---|---|---|---|
| 0 | 0 | 0 | 0 |
| 0 | 1 | 1 | 0 |
| 1 | 0 | 1 | 0 |
| 1 | 1 | 0 | 1 |

图 2-3 组合逻辑电路图

(4) 若设 A、B 各为一位二进制加数,则从真值表中可以看出,S 为两加数相加后的本位和,C 为两加数相加后的进位值。由此可见,这个组合逻辑电路实现了加法器的功能。

由于这种加法器不计低位来的进位,所以称它为"半加器"(Half-Adder)。半加器是运算器的基本单元电路,其逻辑符号见图 2-4。

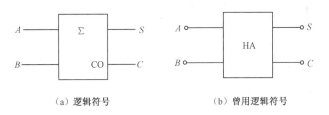

(a) 逻辑符号      (b) 曾用逻辑符号

图 2-4 半加器逻辑符号

在实际组合逻辑电路的分析中,并不一定按部就班地按照以上四个步骤来完成,在分析过程中,可根据实际情况忽略某个甚至某些步骤,只要能分析出电路的逻辑功能就可以了。

## 2.2.2 组合逻辑电路的设计方法

组合逻辑电路的设计就是根据给定的实际逻辑问题,设计出能实现该逻辑要求的最佳逻辑电路(可以用集成门电路来实现,也可用中规模集成组合逻辑芯片来实现)。组合逻辑电路的一般设计的步骤如图 2-5 所示。

(1) 根据所要求达到的逻辑功能,设定输入、输出变量,弄清输入、输出之间的逻辑规律,进行逻辑赋值,列出满足要求的真值表。

(2) 由真值表写出逻辑函数的表达式。

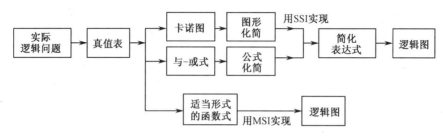

图 2-5 组合逻辑电路的设计步骤

（3）将逻辑函数式化简或变换，如用 SSI 设计，则将函数式化简成最简与-或式，可根据需要将最简与-或式变换为与非-与非式、或非-或非式等其他表达式，以便用选定的门电路实现逻辑功能。如用 MSI 实现，则应将逻辑函数式变换成与选用的 MSI 芯片输出函数式类似的形式，以用最少的 MSI 实现。

（4）根据化简后的逻辑函数式或变换后的函数式画出逻辑电路图。

逻辑电路设计步骤（2）～（4）的内容已在学习单元 1 中介绍过。设计步骤（1）的分析设计要求、列出真值表是逻辑电路设计的关键，在实际设计过程中可能难度较高，需要设计者通过训练逐步提高技巧。下面通过实例来说明组合逻辑电路的设计方法。

**实例 2-3** 三人按少数服从多数原则对某事进行表决，但其中一人有决定权，即只要他同意，不论同意者是否达到多数，表决将通过。试用"与非"门设计该表决器。

表 2-3 真值表

| 输入变量 | | | 输出变量 |
|---|---|---|---|
| $A$ | $B$ | $C$ | $F$ |
| 0 | 0 | 0 | 0 |
| 0 | 0 | 1 | 0 |
| 0 | 1 | 0 | 0 |
| 0 | 1 | 1 | 1 |
| 1 | 0 | 0 | 1 |
| 1 | 0 | 1 | 1 |
| 1 | 1 | 0 | 1 |
| 1 | 1 | 1 | 1 |

**解**（1）由题意可知，该表决器有三个输入变量和一个输出变量。设 $A$、$B$、$C$ 为输入变量（设"1"表示同意，"0"表示不同意），且 $A$ 为有决定权的变量，$F$ 为输出变量（设"1"表示通过，"0"表示不通过），则表决器的真值表如表 2-3 所示。

（2）由真值表写出逻辑表达式（标准与-或式）为：

$$F = \overline{A}BC + A\overline{B}\overline{C} + A\overline{B}C + AB\overline{C} + ABC$$

（3）用卡诺图化简，如图 2-6（a）所示，也可用公式法化简。得到最简"与-或"表达式为：

$$F = A + BC$$

（4）因为选用与非门芯片，所以需将与-或表达式转换成与非-与非式，利用还原律和摩根定理，将输出函数式变换为：

$$F = A + BC \\ = \overline{\overline{A + BC}} = \overline{\overline{A} \cdot \overline{BC}}$$

(5) 根据逻辑表达式画出如图 2-6（b）所示的逻辑电路。

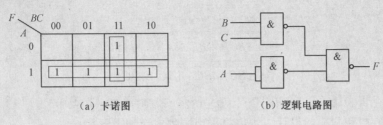

(a) 卡诺图　　　　　　　　　　　(b) 逻辑电路图

图 2-6　卡诺图和逻辑电路图

**实例 2-4**　某工厂有三个用电量各为 10 kW 的车间，用 20 kW、10 kW 两台自备发电机供电，若只有一个车间开工，小发电机便可以满足供电要求；若两个车间同时开工，大发电机可满足供电要求；若三个车间同时开工，需大、小发电机同时启动才能满足供电要求。试完成下面设计。

(1) 用与非门设计一个控制器，以实现对两个发电机启动的控制。

(2) 用异或门和与非门设计一个控制器，以实现对两个发电机启动的控制。

**解**　(1) 由题意可知，该控制器有三个输入变量和两个输出变量。设 $A$、$B$、$C$ 为三个车间开工情况输入变量（设"1"表示开工，"0"表示关闭），$X$、$Y$ 分别代表 20 kW、10 kW 自备发电机的工作情况（设"1"表示发电，"0"表示不发电），则该控制器的真值表如表 2-4 所示。

表 2-4　真值表

| 输入变量 | | | 输出变量 | |
|---|---|---|---|---|
| $A$ | $B$ | $C$ | $X$ | $Y$ |
| 0 | 0 | 0 | 0 | 0 |
| 0 | 0 | 1 | 0 | 1 |
| 0 | 1 | 0 | 0 | 1 |
| 0 | 1 | 1 | 1 | 0 |
| 1 | 0 | 0 | 0 | 1 |
| 1 | 0 | 1 | 1 | 0 |
| 1 | 1 | 0 | 1 | 0 |
| 1 | 1 | 1 | 1 | 1 |

(2) 由真值表写出逻辑表达式，并进行卡诺图化简，如图 2-7（a）所示，得最简式为：

$$X = \overline{A}BC + A\overline{B}C + AB\overline{C} + ABC$$
$$= AB + AC + BC$$
$$Y = \overline{A}\,\overline{B}C + \overline{A}B\overline{C} + A\overline{B}\,\overline{C} + ABC$$

(3) 将表达式转换成用"与非"形式：

$$X = \overline{AB + AC + BC}$$
$$= \overline{\overline{AB} \cdot \overline{AC} \cdot \overline{BC}}$$
$$Y = \overline{A}\overline{B}C + \overline{A}B\overline{C} + A\overline{B}\overline{C} + ABC$$
$$= \overline{\overline{\overline{A}\overline{B}C} \cdot \overline{\overline{A}B\overline{C}} \cdot \overline{A\overline{B}\overline{C}} \cdot \overline{ABC}}$$

（4）根据逻辑表达式画出如图2-7（b）所示的逻辑电路（用与非门实现）。

（5）用异或门和与非门设计，则需将输出函数式作如下变换：

$$Y = \overline{A}\overline{B}C + \overline{A}B\overline{C} + A\overline{B}\overline{C} + ABC$$
$$= (\overline{A}\overline{B} + AB)C + (\overline{A}B + A\overline{B})\overline{C}$$
$$= \overline{(A \oplus B)}C + (A \oplus B)\overline{C}$$
$$= A \oplus B \oplus C$$
$$X = \overline{A}BC + A\overline{B}C + AB\overline{C} + ABC$$
$$= (A\overline{B} + \overline{A}B)C + AB(\overline{C} + C)$$
$$= (A \oplus B)C + AB$$
$$= \overline{\overline{(A \oplus B)C + AB}}$$
$$= \overline{\overline{(A \oplus B)C} \cdot \overline{AB}}$$

（6）根据变换后的函数式画出如图2-7（c）所示逻辑电路（用异或门和与非门实现）。

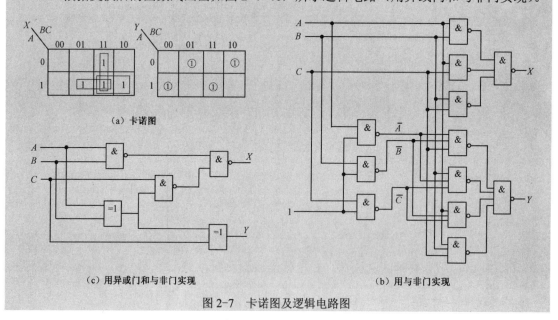

(a) 卡诺图

(c) 用异或门和与非门实现

(b) 用与非门实现

图2-7 卡诺图及逻辑电路图

若表2-4中的输入变量 $A$、$B$ 为一位二进制加数，$C$ 为低位来的进位数，则由表2-4可以看出，输出 $Y$ 为 $A$、$B$、$C$ 三数相加后的本位和，$X$ 为 $A$、$B$、$C$ 三数相加后的进位值。由此可见，图2-7（b）或（c）实现了加法器的功能。它和实例2-2分析的半加器不同，它是考虑来自低位进位的一位二进制数加法运算器，称为"全加器"（FA）。我们将加数 $A$、$B$ 记

## 学习单元 2　编码、译码、LED 显示电路分析制作与调试

表 2-5　一位全加器的真值表

| 输　　入 | | | 输　　出 | |
| --- | --- | --- | --- | --- |
| 被加数 | 加数 | 来自低位的进位 | 和 | 向高位的进位 |
| $A_i$ | $B_i$ | $C_{i-1}$ | $S_i$ | $C_i$ |
| 0 | 0 | 0 | 0 | 0 |
| 0 | 0 | 1 | 1 | 0 |
| 0 | 1 | 0 | 1 | 0 |
| 0 | 1 | 1 | 0 | 1 |
| 1 | 0 | 0 | 1 | 0 |
| 1 | 0 | 1 | 0 | 1 |
| 1 | 1 | 0 | 0 | 1 |
| 1 | 1 | 1 | 1 | 1 |

作 $A_i$ 和 $B_i$，低位来的进位 $C$ 记作 $C_{i-1}$，本位和记作 $S_i$，本位的进位记作 $C_i$，则表 2-4 就是一位全加器的真值表，如表 2-5 所示。

则一位全加器的逻辑表达式：

$$S_i = \overline{A_i}\,\overline{B_i}C_i + \overline{A_i}B_i\overline{C_i} + A_i\overline{B_i}\,\overline{C_i} + A_iB_iC_i$$
$$= (\overline{A_i}\,\overline{B_i} + A_iB_i)C_i + (\overline{A_i}B_i + A_i\overline{B_i})\overline{C_i}$$
$$= \overline{(A_i \oplus B_i)}C_i + (A_i \oplus B_i)\overline{C_i}$$
$$= A_i \oplus B_i \oplus C_i$$

$$C_i = \overline{A_i}B_iC_i + A_i\overline{B_i}C_i + A_iB_i\overline{C_i} + A_iB_iC_i$$
$$= (\overline{A_i}B_i + A_i\overline{B_i})C_i + A_iB_i(\overline{C_i} + C_i)$$
$$= (A_i \oplus B_i)C_i + A_iB_i$$
$$= \overline{\overline{(A_i \oplus B_i)C_i + A_iB_i}}$$
$$= \overline{\overline{(A_i \oplus B_i)C_i} \cdot \overline{A_iB_i}}$$

一位全加器的逻辑符号和逻辑电路，如图 2-8 所示。

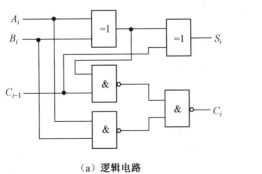

（a）逻辑电路　　　　　　　　　　（b）逻辑符号

图 2-8　一位全加器

集成芯片 74LS183 为双全加器，内有两个全加器。74LS183 外部引脚排列图如图 2-9 所示。在计算机等数字系统中，诸如加、减、乘、除等所有的算术运算最终都可归为加法运算，所以加法运算是最基本的运算。实现多位二进制加法运算的电路称为加法器。

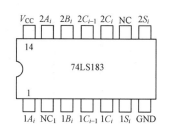

图 2-9 74LS183 外部引脚排列图

两个多位二进制数相加，每一位都是带进位的加法运算，所以必须用全加器，将 $n$ 个全加器按图 2-10 连接起来，可以实现 $n$ 位二进制数的加法运算。其中 $A_1 \sim A_n$ 和 $B_1 \sim B_n$ 分别为

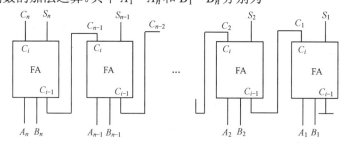

图 2-10 $n$ 位二进制串行进位加法器

$n$ 位被加数和加数，$S_1 \sim S_n$ 为 $n$ 位和。各位串行连接形成进位链。在相加的过程中，低位产生的进位逐位传送到高位，这种进位方式被称为"串行进位"。由于高位相加必须等到低位相加完成并形成进位后才能进行，所以 $n$ 位串行进位加法器的速度较慢。

为了提高加法器的运算速度，可采用超前进位的方式，74LS283 是一种常用的集成四位超前进位全加器。其外部引脚及逻辑符号如图 2-11 所示。

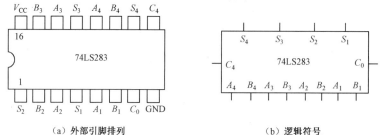

（a）外部引脚排列 　　　　　　　　　　（b）逻辑符号

图 2-11 集成四位超前进位全加器 74LS283

其中，$A_4 \sim A_1$ 为四位被加数，$B_4 \sim B_1$ 为四位加数，$S_4 \sim S_1$ 为四位和输出，$C_4$ 为向高位片的进位，$C_0$ 为低位片送来的进位，$C_4$ 和 $C_0$ 一般用于多位扩展用。如图 2-12 是利用两片 74LS283 扩展为八位二进制加法器。

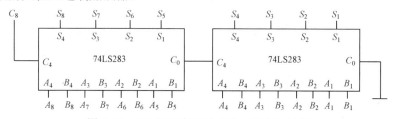

图 2-12 74LS283 扩展为八位二进制加法器

学习单元 2　编码、译码、LED 显示电路分析制作与调试

**实例 2-5**　试用 74LS283 设计一个代码转换电路，将 8421BCD 码转换为余 3 码。

**解**　由学习单元 1 中的表 1-2 可知，对应于同一个十进制数，余 3 码总比 8421BCD 码多 0011，则只要将 8421BCD 码加上 0011（十进制 3）即可实现向余 3 码的转换。用一片 74LS283 即可实现，电路如图 2-13 所示。

其中，8421BCD 码 $DCBA$ 由 $A_4A_3A_2A_1$ 输入，而 $B_4B_3B_2B_1=0011$，则由输出端得到余 3 码 $Y_3Y_2Y_1Y_0$ 输出。

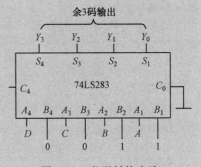

图 2-13　代码转换电路

## 实训项目 3　74LS00、74LS86 组合逻辑电路的设计及逻辑功能分析

### 1．目标

1）知识目标

（1）掌握组合逻辑电路的特点；
（2）掌握组合逻辑电路的分析方法和设计方法；
（3）能分析和设计组合逻辑电路。

2）能力目标

（1）掌握组合逻辑电路的分析、设计方法；
（2）能用 SSI 电路设计组合逻辑电路；
（3）锻炼学习资料的查询能力。

3）素质目标

（1）养成严肃、认真的科学态度和良好的自主学习方法；
（2）培养严谨的科学思维习惯和规范的操作意识；
（3）养成独立分析问题和解决问题的能力，以及相互协作的团队精神；
（4）能综合运用所学知识和技能，独立解决实训中遇到的实际问题；具有一定的归纳、总结能力；
（5）具有一定的创新意识；具有一定的自学、表达、获取信息等方面的能力。

### 2．资讯

（1）集成门电路（74LS00、74LS86）的引脚排列及查询方法。
（2）集成门电路（74LS00、74LS86）的功能表读解方法。
（3）组合逻辑电路的分析方法和设计方法。

### 3．决策

（1）分析由与非门 74LS00 和异或门 74LS86 构成的逻辑电路的功能，并且连接电路，再

进行测试、验证。

（2）用与非门 74LS00 设计一个同或门电路，画出原理图与实际电路连接图，连接电路，再进行测试、验证。

（3）用异或门和与非门设计一位全加器，画出原理图与实际电路连接图，连接电路，再进行测试、验证。

（4）用与非门设计一个射击中奖电路，每人可打三枪，一枪打鸟、一枪打鸡、一枪打兔子，打中两枪（含两枪）以上，并且其中有一枪必须打中鸟者中奖。

**4．计划**

（1）所需仪器仪表：万用表，示波器，数字电路实验箱。

（2）所需元器件：74LS00 芯片 2 片、74LS86 芯片 1 片。

**5．实施**

（1）分析由与非门 74LS00 和异或门 74LS86 构成的逻辑电路（如图 2-14 所示）的功能，写出逻辑函数式，求出真值表，得出其逻辑功能，并且连接电路，再进行测试验证其真值表及逻辑功能。

（2）用与非门 74LS00 设计一个同或门电路，列出真值表，求出逻辑函数式，画出原理图与实际电路连接图，连接电路，再进行测试、验证。

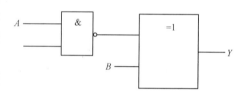

图 2-14　组合逻辑电路

（3）用异或门和与非门设计一位全加器，列出真值表，求出逻辑函数式，画出原理图与实际电路连接图，连接电路，再进行测试、验证。

（4）用与非门设计一个射击中奖电路，实现每人可打三枪，一枪打鸟、一枪打鸡、一枪打兔子，打中两枪（含两枪）以上，并且其中有一枪必须打中鸟者中奖的功能。

**6．检查**

检查设计电路和测试结果的正确性，分析出现问题的原因并记录解决方案。

**7．评价**

在完成上述设计与实践工作的基础上，撰写实训报告，并在小组内进行自我评价、组员评价，最后由教师给出评价，三个评价相结合作为本次工作任务完成情况的综合评价。

## 2.3　编码器

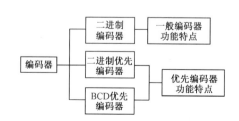

## 学习单元 2  编码、译码、LED 显示电路分析制作与调试

广义地说用文字、数码等字符表示特定信息的过程都可称为编码。在数字系统中，用二进制数码表示特定信息的过程称为编码，具有编码功能的逻辑电路称为编码器。编码器电路特点是：

(1) 多输入、多输出电路，输入的是要求编码的电位信息，输出是与之对应的一组二进制数码。

(2) 输入端每次只能有一个有效的输入电平（高电平或低电平），即只能有一个信息要求编码。

(3) 输入端的个数 $m$ 和输出端的个数（代码的位数）$n$ 之间的关系是 $m \leq 2^n$。

编码器主要有二进制编码器、二-十进制编码器和优先编码器等。

### 2.3.1 二进制编码器

用 $n$ 位二进制代码对 $2^n$ 个信号进行编码的电路就是二进制编码器。例如，设计一个 8 线-3 线编码器，根据编码器的特点以及二进制编码器的功能可知，该编码器有 8 个要求编码的信息（8 个输入信号），用 $I_0$、$I_1$、$\cdots$、$I_7$ 表示，高电平有效，输出 3 位二进制代码，用 $Y_2$、$Y_1$、$Y_0$ 表示，则可列出如表 2-6 所示的功能表。

表 2-6  8 线-3 线编码器功能表

| $I_0$ | $I_1$ | $I_2$ | $I_3$ | $I_4$ | $I_5$ | $I_6$ | $I_7$ | $Y_2$ | $Y_1$ | $Y_0$ |
|---|---|---|---|---|---|---|---|---|---|---|
| 1 | 0 | 0 | 0 | 0 | 0 | 0 | 0 | 0 | 0 | 0 |
| 0 | 1 | 0 | 0 | 0 | 0 | 0 | 0 | 0 | 0 | 1 |
| 0 | 0 | 1 | 0 | 0 | 0 | 0 | 0 | 0 | 1 | 0 |
| 0 | 0 | 0 | 1 | 0 | 0 | 0 | 0 | 0 | 1 | 1 |
| 0 | 0 | 0 | 0 | 1 | 0 | 0 | 0 | 1 | 0 | 0 |
| 0 | 0 | 0 | 0 | 0 | 1 | 0 | 0 | 1 | 0 | 1 |
| 0 | 0 | 0 | 0 | 0 | 0 | 1 | 0 | 1 | 1 | 0 |
| 0 | 0 | 0 | 0 | 0 | 0 | 0 | 1 | 1 | 1 | 1 |

由真值表可知，在任意时刻只能对一个请求编码的信号进行编码，只能有一个输入端有效，否则，输出二进制代码就会发生混乱，则输出函数式为（按"1"写函数式）：

$$Y_0 = I_1 + I_3 + I_5 + I_7$$
$$Y_1 = I_2 + I_3 + I_6 + I_7$$
$$Y_2 = I_4 + I_5 + I_6 + I_7$$

8 线-3 线编码器的逻辑电路图如图 2-15 所示。

### 2.3.2 优先编码器

前面所分析的二进制编码器，要求输入信号中只能有一个信号是有效电平（高电平或低电平），其余信号必须是无效电平，即输入是互相排斥的，否则就会

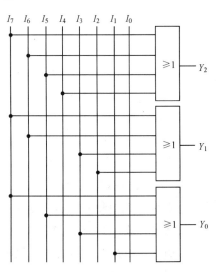

图 2-15  3 位二进制编码器

出现混乱。优先编码器的各个输入端不是互相排斥的，即允许输入端有多个有效信号。优先编码器对所有输入端预设了优先级别，当输入中出现两个以上的有效信号时，其中优先级高的输入起作用，其余输入被忽略。

### 1．二进制优先编码器

74LS148 是一个集成 8 线-3 线优先编码器，图 2-16 是 74LS148 的外部引脚排列和逻辑符号，表 2-7 为其逻辑真值表。

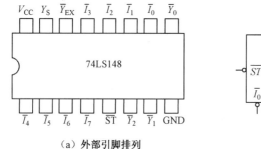

（a）外部引脚排列

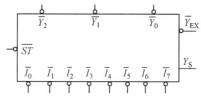

（b）逻辑符号

图 2-16　74LS148 优先编码器

表 2-7　74LS148 的逻辑功能真值表

| 输　入 | | | | | | | | | 输　出 | | | | |
|---|---|---|---|---|---|---|---|---|---|---|---|---|---|
| $\overline{ST}$ | $\overline{I_0}$ | $\overline{I_1}$ | $\overline{I_2}$ | $\overline{I_3}$ | $\overline{I_4}$ | $\overline{I_5}$ | $\overline{I_6}$ | $\overline{I_7}$ | $\overline{Y_2}$ | $\overline{Y_1}$ | $\overline{Y_0}$ | $\overline{Y_{EX}}$ | $Y_S$ |
| 1 | × | × | × | × | × | × | × | × | 1 | 1 | 1 | 1 | 1 |
| 0 | 1 | 1 | 1 | 1 | 1 | 1 | 1 | 1 | 1 | 1 | 1 | 1 | 0 |
| 0 | × | × | × | × | × | × | × | 0 | 0 | 0 | 0 | 0 | 1 |
| 0 | × | × | × | × | × | × | 0 | 1 | 0 | 0 | 1 | 0 | 1 |
| 0 | × | × | × | × | × | 0 | 1 | 1 | 0 | 1 | 0 | 0 | 1 |
| 0 | × | × | × | × | 0 | 1 | 1 | 1 | 0 | 1 | 1 | 0 | 1 |
| 0 | × | × | × | 0 | 1 | 1 | 1 | 1 | 1 | 0 | 0 | 0 | 1 |
| 0 | × | × | 0 | 1 | 1 | 1 | 1 | 1 | 1 | 0 | 1 | 0 | 1 |
| 0 | × | 0 | 1 | 1 | 1 | 1 | 1 | 1 | 1 | 1 | 0 | 0 | 1 |
| 0 | 0 | 1 | 1 | 1 | 1 | 1 | 1 | 1 | 1 | 1 | 1 | 0 | 1 |

由表 2-7 可知：74LS148 的输入端有两种。一种是输入使能端（或称选通控制端，或称允许编码输入端）$\overline{ST}$，低电平有效，当 $\overline{ST}$ 为 0 时，编码器正常工作；当 $\overline{ST}$ 为 1 时则不编码，所有输出均为高电平。另一种是要求编码的 8 个输入信号 $\overline{I_7} \sim \overline{I_0}$，为低电平有效，8 个被编码的信号输入端下角标号码越大的优先权越高。即 $\overline{I_7}$ 的优先级最高，$\overline{I_0}$ 的优先级最低。$\overline{Y_2} \sim \overline{Y_0}$ 为三位编码输出端，非号表示输出为对应下角号码二进制编码的反码，例如，当 $\overline{I_7}=0$ 时，输出 $\overline{Y_2}\,\overline{Y_1}\,\overline{Y_0}=000$，正好是 111 的反码；$\overline{I_5}$ 被编码为 010，是 101 的反码。$Y_S$ 为允许输出端，高电平有效，当 $\overline{ST}$ 为 0 且无信号输入（即输入端没有一个要求编码）时 $Y_S=0$，$Y_S=1$ 表示输入端有有效输入，输出为有效码；$\overline{Y_{EX}}$ 为编码群输出端，低电平有效，$\overline{Y_{EX}}=0$ 表示输出为有效码，$\overline{Y_{EX}}=1$ 表示输出为无效码。可以用两片 74LS148 构成 16 线-4 线优先编码器。

## 2. 二-十进制（BCD）优先编码器

二-十进制编码器（BCD 编码器）是专门用来对输入的十进制数 0～9 进行编码，输出为十进制数字相应的 BCD 码。集成 BCD 优先编码器 74LS147 的外部引脚排列和逻辑符号如图 2-17 所示，74LS147 的逻辑功能真值表如表 2-8 所示。

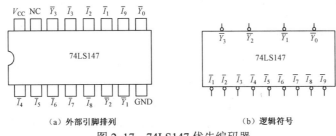

（a）外部引脚排列　　　　　　　（b）逻辑符号

图 2-17　74LS147 优先编码器

表 2-8　74LS147 的逻辑功能真值表

| \multicolumn{8}{c}{输　入} | \multicolumn{4}{c}{输　出} |
| $\bar{I}_1$ | $\bar{I}_2$ | $\bar{I}_3$ | $\bar{I}_4$ | $\bar{I}_5$ | $\bar{I}_6$ | $\bar{I}_7$ | $\bar{I}_8$ | $\bar{I}_9$ | $\bar{Y}_3$ | $\bar{Y}_2$ | $\bar{Y}_1$ | $\bar{Y}_0$ |
|---|---|---|---|---|---|---|---|---|---|---|---|---|
| × | × | × | × | × | × | × | × | 0 | 0 | 1 | 1 | 0 |
| × | × | × | × | × | × | × | 0 | 1 | 0 | 1 | 1 | 1 |
| × | × | × | × | × | × | 0 | 1 | 1 | 1 | 0 | 0 | 0 |
| × | × | × | × | × | 0 | 1 | 1 | 1 | 1 | 0 | 0 | 1 |
| × | × | × | × | 0 | 1 | 1 | 1 | 1 | 1 | 0 | 1 | 0 |
| × | × | × | 0 | 1 | 1 | 1 | 1 | 1 | 1 | 0 | 1 | 1 |
| × | × | 0 | 1 | 1 | 1 | 1 | 1 | 1 | 1 | 1 | 0 | 0 |
| × | 0 | 1 | 1 | 1 | 1 | 1 | 1 | 1 | 1 | 1 | 0 | 1 |
| 0 | 1 | 1 | 1 | 1 | 1 | 1 | 1 | 1 | 1 | 1 | 1 | 0 |
| 1 | 1 | 1 | 1 | 1 | 1 | 1 | 1 | 1 | 1 | 1 | 1 | 1 |

74LS147 共有 $\bar{I}_9 \sim \bar{I}_1$ 9 个输入端，分别对应表示十进制数 9～1。其中 $\bar{I}_9$ 的优先级最高，$\bar{I}_1$ 的优先级最低，输入低电平时为有效电平，$\bar{Y}_3 \sim \bar{Y}_0$ 为四个输出端，非号表示输出是十进制数的 8421BCD 码的反码，$\bar{Y}_3$ 为最高位，$\bar{Y}_0$ 为最低位。当 $\bar{I}_9 \sim \bar{I}_1$ 全为高电平（即无输入信号）时，输出 $\bar{Y}_3\bar{Y}_2\bar{Y}_1\bar{Y}_0 = 1111$，相当于对十进制数 0 进行编码了，所以电路中输入端 $\bar{I}_0$ 被省略了。

## 2.4　译码器

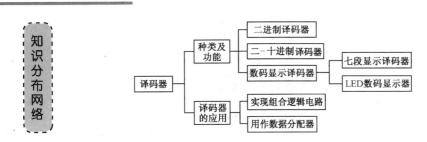

将二进制代码还原成特定信息的过程，称为译码，译码是编码的逆过程。能完成译码任务的电路称为译码器，它是一个多输入、多输出的组合逻辑电路，输入的是 $n$ 位二进制代码，输出是与之对应的电位信息，即对于输入的一组二进制代码（$n$ 位），$m$ 个输出端中每次只有一个是有效电平（高电平或低电平），每一个输出对应于一个特定的输入组合。

译码器可分为二进制译码器、二-十进制（BCD）译码器和数码显示译码器三种。

### 2.4.1 二进制译码器

二进制译码器输入的是表示某种信息的二进制代码，对于任何一组输入代码取值，多个输出中只有唯一的一个呈现有效电平，其余的输出都是无效的，以此表示翻译出来的不同信息。若定义"0"是有效电平，则"1"是无效电平，反之亦然。若输入 $n$ 位二进制代码，则输出有 $2^n$ 个。3-8 译码器是常用的译码器，其输入端有 3 个，输出端有 8 个。典型的 3-8 译码器有 74LS138，其逻辑功能真值表如表 2-9 所示。

表 2-9　74LS138 逻辑功能真值表

| 序号 | 输入 | | | | | | 输出 | | | | | | | |
|---|---|---|---|---|---|---|---|---|---|---|---|---|---|---|
| | $S_1$ | $\overline{S_2}$ | $\overline{S_3}$ | $A_2$ | $A_1$ | $A_0$ | $\overline{Y_0}$ | $\overline{Y_1}$ | $\overline{Y_2}$ | $\overline{Y_3}$ | $\overline{Y_4}$ | $\overline{Y_5}$ | $\overline{Y_6}$ | $\overline{Y_7}$ |
| 0 | 1 | 0 | 0 | 0 | 0 | 0 | 0 | 1 | 1 | 1 | 1 | 1 | 1 | 1 |
| 1 | 1 | 0 | 0 | 0 | 0 | 1 | 1 | 0 | 1 | 1 | 1 | 1 | 1 | 1 |
| 2 | 1 | 0 | 0 | 0 | 1 | 0 | 1 | 1 | 0 | 1 | 1 | 1 | 1 | 1 |
| 3 | 1 | 0 | 0 | 0 | 1 | 1 | 1 | 1 | 1 | 0 | 1 | 1 | 1 | 1 |
| 4 | 1 | 0 | 0 | 1 | 0 | 0 | 1 | 1 | 1 | 1 | 0 | 1 | 1 | 1 |
| 5 | 1 | 0 | 0 | 1 | 0 | 1 | 1 | 1 | 1 | 1 | 1 | 0 | 1 | 1 |
| 6 | 1 | 0 | 0 | 1 | 1 | 0 | 1 | 1 | 1 | 1 | 1 | 1 | 0 | 1 |
| 7 | 1 | 0 | 0 | 1 | 1 | 1 | 1 | 1 | 1 | 1 | 1 | 1 | 1 | 0 |
| | × | 1 | × | × | × | × | 1 | 1 | 1 | 1 | 1 | 1 | 1 | 1 |
| | × | × | 1 | × | × | × | 1 | 1 | 1 | 1 | 1 | 1 | 1 | 1 |
| | 0 | × | × | × | × | × | 1 | 1 | 1 | 1 | 1 | 1 | 1 | 1 |

该译码器共有三个代码输入端 $A_2 \sim A_0$，有八个输出端 $\overline{Y_7} \sim \overline{Y_0}$，为低电平有效。三个输入使能端 $S_1$（高电平有效）、$\overline{S_2}$ 和 $\overline{S_3}$（均为低电平有效），即当 $S_1 = 1$、$\overline{S_2} = \overline{S_3} = 0$ 时，译码器电路工作，在其他情况下译码器不工作，输出均为高电平。

由表 2-9，按"0"写输出函数式，得到输出逻辑表达式：

$$\overline{Y_0} = \overline{S_1 \overline{\overline{S_2}} \, \overline{\overline{S_3}} \, \overline{A_2} \, \overline{A_1} \, \overline{A_0}}$$

$$\overline{Y_1} = \overline{S_1 \overline{\overline{S_2}} \, \overline{\overline{S_3}} \, \overline{A_2} \, \overline{A_1} A_0}$$

$$\overline{Y_2} = \overline{S_1 \overline{\overline{S_2}} \, \overline{\overline{S_3}} \, \overline{A_2} A_1 \overline{A_0}}$$

$$\overline{Y_3} = \overline{S_1 \overline{\overline{S_2}} \, \overline{\overline{S_3}} \, \overline{A_2} A_1 A_0}$$

$$\overline{Y_4} = \overline{S_1 \overline{\overline{S_2}} \, \overline{\overline{S_3}} A_2 \overline{A_1} \, \overline{A_0}}$$

$$\overline{Y_5} = \overline{S_1 \overline{\overline{S_2}} \, \overline{\overline{S_3}} A_2 \overline{A_1} A_0}$$

## 学习单元 2  编码、译码、LED 显示电路分析制作与调试

$$\overline{Y_6} = \overline{S_1 \overline{S_2}\, \overline{S_3} A_2 A_1 \overline{A_0}}$$

$$\overline{Y_7} = \overline{S_1 \overline{S_2}\, \overline{S_3} A_2 A_1 A_0}$$

由输出逻辑函数式，可画出 74LS138 的逻辑电路图如图 2-18 所示。

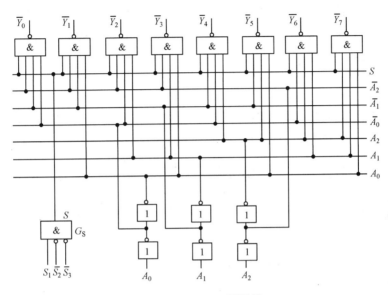

图 2-18  74LS138 译码器

当 $S_1 \overline{S_2}\, \overline{S_3} = 100$ 时，则输出的逻辑表达式为：

$$\overline{Y_7} = \overline{A_2 A_1 A_0} \qquad \overline{Y_6} = \overline{A_2 A_1 \overline{A_0}}$$

$$\overline{Y_5} = \overline{A_2 \overline{A_1} A_0} \qquad \overline{Y_4} = \overline{A_2 \overline{A_1}\, \overline{A_0}}$$

$$\overline{Y_3} = \overline{\overline{A_2} A_1 A_0} \qquad \overline{Y_2} = \overline{\overline{A_2} A_1 \overline{A_0}}$$

$$\overline{Y_1} = \overline{\overline{A_2}\, \overline{A_1} A_0} \qquad \overline{Y_0} = \overline{\overline{A_2}\, \overline{A_1}\, \overline{A_0}}$$

即当译码器工作时，其输出 $\overline{Y_7} \sim \overline{Y_0}$ 分别是输入代码对应最小项的非。

74LS138 译码器的外部引脚排列及其逻辑符号如图 2-19 所示。

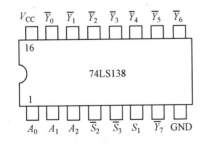 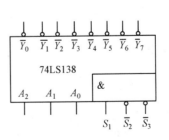

（a）外部引脚排列　　　　　　　　　　（b）逻辑符号

图 2-19  74LS138 译码器

81

在实际使用中，如果译码器的容量不够，例如需要对 4 位二进制代码进行译码，而只有 3-8 译码器，则需要利用芯片的使能控制端实现译码器的容量扩展，将两片 74LS138 译码器芯片扩展成 4-16 译码器。电路连接图如图 2-20 所示。Ⅰ号芯片的输出为 $\overline{Y}_7 \sim \overline{Y}_0$，Ⅱ号芯片的输出为 $\overline{Y}_{15} \sim \overline{Y}_8$，输入代码的低三位 $A_2 \sim A_0$ 分别送到 3-8 译码器的 $A_2 \sim A_0$，高位输入代码 $A_3$ 分别控制 3-8 译码器的 $S_1$ 端（Ⅱ号芯片）和 $\overline{S}_2$ 端（Ⅰ号芯片），$\overline{EN}$ 为 4-16 译码器的使能端，低电平有效，$\overline{EN}$ 控制Ⅰ号芯片的 $\overline{S}_3$ 端和Ⅱ号芯片的 $\overline{S}_2$、$\overline{S}_3$ 端，当 $\overline{EN}$ 为"1"时，两芯片处于禁止状态，不译码。

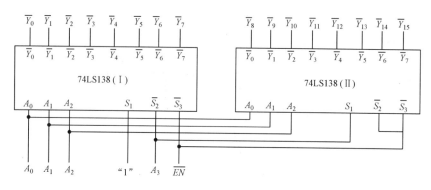

图 2-20　74138 译码器容量扩展电路

当 $\overline{EN}$ 为"0"，输入 $A_3 \sim A_0$ 为 0000~0111 时，即 $A_3=0$ 时，Ⅰ号芯片处于工作状态，$\overline{Y}_0 \sim \overline{Y}_7$ 对应输出有效低电平，Ⅱ号芯片处于禁止状态，$\overline{Y}_8 \sim \overline{Y}_{15}$ 输出均为无效状态"1"；当输入 $A_3 \sim A_0$ 为 1000~1111 时，即 $A_3=1$ 时，Ⅰ号芯片处于禁止状态，$\overline{Y}_0 \sim \overline{Y}_7$ 输出均为无效状态"1"，Ⅱ号芯片处于工作状态，$\overline{Y}_8 \sim \overline{Y}_{15}$ 对应输出有效低电平。

### 2.4.2　二-十进制（BCD）译码器

二-十进制译码器是将 8421BCD 代码转换成相应的 10 个有效输出电平（高电平或低电平），代表 0~9 这十个十进制数，它属于代码变换译码器。它的设计方法和二进制译码器的设计方法相同，它有 4 个输入端 A3、A2、A1、A0，10 个输出端 Y0、Y1、…、Y9，设输出高电平有效，当输入伪码时，输出全部为无效电平。根据二-十进制译码器的功能可列出如表 2-10 所示的真值表，再根据前面所学的知识由表 2-10 按"1"写出逻辑函数式并画出逻辑电路图。

常用的中规模集成 4 线-10 线译码器有 74LS42、74HC42 等。

### 2.4.3　数码显示译码器

在数字测量仪表或其他数字设备中，常常需要把测量或处理的结果直接用十进制数的形式显示出来，因此，数字显示电路是许多电子设备不可缺少的组成部分。数字显示电路通常由计数器、译码器、驱动器和显示器组成。数字显示器件常用的有辉光显示器、荧光显示器、发光二极管（LED）显示器、液晶显示器（LCD）等，其中应用最广泛的是 LED 显示器。

## 学习单元 2  编码、译码、LED 显示电路分析制作与调试

表 2-10  二-十进制（BCD）译码器真值表

| 序号 | 输入 | | | | 输出 | | | | | | | | | |
|---|---|---|---|---|---|---|---|---|---|---|---|---|---|---|
| | $A_3$ | $A_2$ | $A_1$ | $A_0$ | $Z_0$ | $Z_1$ | $Z_2$ | $Z_3$ | $Z_4$ | $Z_5$ | $Z_6$ | $Z_7$ | $Z_8$ | $Z_9$ |
| 0 | 0 | 0 | 0 | 0 | 1 | 0 | 0 | 0 | 0 | 0 | 0 | 0 | 0 | 0 |
| 1 | 0 | 0 | 0 | 1 | 0 | 1 | 0 | 0 | 0 | 0 | 0 | 0 | 0 | 0 |
| 2 | 0 | 0 | 1 | 0 | 0 | 0 | 1 | 0 | 0 | 0 | 0 | 0 | 0 | 0 |
| 3 | 0 | 0 | 1 | 1 | 0 | 0 | 0 | 1 | 0 | 0 | 0 | 0 | 0 | 0 |
| 4 | 0 | 1 | 0 | 0 | 0 | 0 | 0 | 0 | 1 | 0 | 0 | 0 | 0 | 0 |
| 5 | 0 | 1 | 0 | 1 | 0 | 0 | 0 | 0 | 0 | 1 | 0 | 0 | 0 | 0 |
| 6 | 0 | 1 | 1 | 0 | 0 | 0 | 0 | 0 | 0 | 0 | 1 | 0 | 0 | 0 |
| 7 | 0 | 1 | 1 | 1 | 0 | 0 | 0 | 0 | 0 | 0 | 0 | 1 | 0 | 0 |
| 8 | 1 | 0 | 0 | 0 | 0 | 0 | 0 | 0 | 0 | 0 | 0 | 0 | 1 | 0 |
| 9 | 1 | 0 | 0 | 1 | 0 | 0 | 0 | 0 | 0 | 0 | 0 | 0 | 0 | 1 |
| 伪码 | 1 | 0 | 1 | 0 | 0 | 0 | 0 | 0 | 0 | 0 | 0 | 0 | 0 | 0 |
| | 1 | 0 | 1 | 1 | 0 | 0 | 0 | 0 | 0 | 0 | 0 | 0 | 0 | 0 |
| | 1 | 1 | 0 | 0 | 0 | 0 | 0 | 0 | 0 | 0 | 0 | 0 | 0 | 0 |
| | 1 | 1 | 0 | 1 | 0 | 0 | 0 | 0 | 0 | 0 | 0 | 0 | 0 | 0 |
| | 1 | 1 | 1 | 0 | 0 | 0 | 0 | 0 | 0 | 0 | 0 | 0 | 0 | 0 |
| | 1 | 1 | 1 | 1 | 0 | 0 | 0 | 0 | 0 | 0 | 0 | 0 | 0 | 0 |

### 1. LED 数码显示器

LED 数码显示器又称为 LED 数码管，它由七个发光二极管按一定的方式连接起来，每一段为一个发光二极管，分别为 a、b、c、d、e、f、g。根据需要，让其中的某些段发光，即可显示数字 0～9。七个发光段的分布和命名如图 2-21 所示。

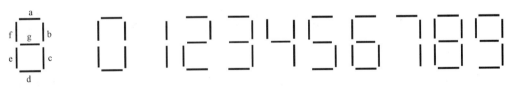

（a）LED 显示器的七段　　　　　　　　　　　（b）0～9段组合图

图 2-21  七段 LED 数码管显示

七段 LED 数码管分共阴极和共阳极两类，其内部连接图如图 2-22 所示，引脚排列图如图 2-23 所示，其中 DP 为小数点。由图 2-22 可知，若显示器为共阴极连接，则对应阳极接高电平的字段发光，则共阴数码管可用输出高电平有效的显示译码器来驱动；而显示器为共阳极连接时，则对应阴极接低电平的字段发光，共阳数码管可用输出低电平有效的显示译码器来驱动。

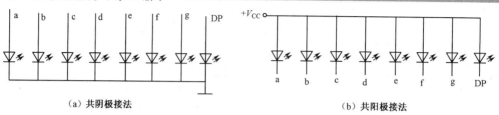

图 2-22 七段 LED 数码管的内部连接方式

发光二极管的正向工作电压为 1.5~3 V，工作电流约为 10 mA 左右，为防止发光二极管因工作电流过大而损坏，应在每个发光二极管支路串接 300 Ω 左右的限流电阻，即在显示译码器输出端和 LED 数码管输入端之间串接 300 Ω 左右的限流电阻。

**2．七段显示译码器**

各种七段显示器都配合专用的七段显示译码器，如 4511、14513、7448 等是驱动共阴极数码管的输出高电平有效的七段显示译码器，下面以 74LS47 为例介绍七段显示译码器的功能。

74LS47 是常用的集电极开路输出（OC 门）驱动共阳极数码管的七段显示译码器，图 2-24 是它的逻辑符号。图中 D、C、B、A 为 8421BCD 码输入端，$\overline{LT}$ 端为灯测试输入端，低电平有效，$\overline{RBI}$ 为灭零输入端，低电平有效，$\overline{BI}$ 为消隐输入端，低电平有效，$\overline{RBO}$ 为灭零输出端，低电平有效，$\overline{BI}$ 和 $\overline{RBO}$ 共用一个引线端，输出端 $\overline{a}$、$\overline{b}$、$\overline{c}$、$\overline{d}$、$\overline{e}$、$\overline{f}$、$\overline{g}$ 输出驱动共阳极数码管的信号，输出的有效电平是低电平。

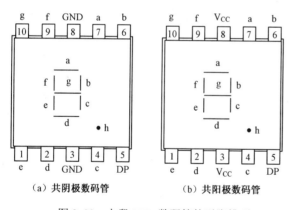

图 2-23 七段 LED 数码管的引脚排列

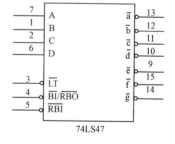

图 2-24 74LS47 逻辑符号

74LS47 的逻辑功能表如表 2-11 所示，功能说明如下。

**1）消隐（熄灭）**

当 $\overline{BI}=0$，无论输入代码 DCBA 及其他输入端是什么状态，输出 $\overline{a}$、$\overline{b}$、$\overline{c}$、$\overline{d}$、$\overline{e}$、$\overline{f}$、$\overline{g}$ 均为高电平，不显示字型。

**2）灯测试**

当 $\overline{LT}=0$ 且 $\overline{BI}=1$ 时，不管其他输入端是什么状态，输出 $\overline{a}$、$\overline{b}$、$\overline{c}$、$\overline{d}$、$\overline{e}$、$\overline{f}$、$\overline{g}$ 均为低电平，显示字型"8"，以测试码段有无损坏。

## 学习单元 2　编码、译码、LED 显示电路分析制作与调试

表 2-11　74LS47 的逻辑功能表

| 输入 | | | | | | $\overline{BI}/\overline{RBO}$ | 输出 | | | | | | | 显示 |
|---|---|---|---|---|---|---|---|---|---|---|---|---|---|---|
| $\overline{LT}$ | $\overline{RBI}$ | D | C | B | A | | $\overline{a}$ | $\overline{b}$ | $\overline{c}$ | $\overline{d}$ | $\overline{e}$ | $\overline{f}$ | $\overline{g}$ | |
| 1 | 1 | 0 | 0 | 0 | 0 | 1 | 0 | 0 | 0 | 0 | 0 | 0 | 1 | 0 |
| 1 | × | 0 | 0 | 0 | 1 | 1 | 1 | 0 | 0 | 1 | 1 | 1 | 1 | 1 |
| 1 | × | 0 | 0 | 1 | 0 | 1 | 0 | 0 | 1 | 0 | 0 | 1 | 0 | 2 |
| 1 | × | 0 | 0 | 1 | 1 | 1 | 0 | 0 | 0 | 0 | 1 | 1 | 0 | 3 |
| 1 | × | 0 | 1 | 0 | 0 | 1 | 1 | 0 | 0 | 1 | 1 | 0 | 0 | 4 |
| 1 | × | 0 | 1 | 0 | 1 | 1 | 0 | 1 | 0 | 0 | 1 | 0 | 0 | 5 |
| 1 | × | 0 | 1 | 1 | 0 | 1 | 1 | 1 | 0 | 0 | 0 | 0 | 0 | 6 |
| 1 | × | 0 | 1 | 1 | 1 | 1 | 0 | 0 | 0 | 1 | 1 | 1 | 1 | 7 |
| 1 | × | 1 | 0 | 0 | 0 | 1 | 0 | 0 | 0 | 0 | 0 | 0 | 0 | 8 |
| 1 | × | 1 | 0 | 0 | 1 | 1 | 0 | 0 | 0 | 1 | 1 | 0 | 0 | 9 |
| 1 | × | 1 | 0 | 1 | 0 | 1 | 1 | 1 | 1 | 0 | 0 | 1 | 0 | |
| 1 | × | 1 | 0 | 1 | 1 | 1 | 1 | 1 | 0 | 0 | 1 | 1 | 0 | |
| 1 | × | 1 | 1 | 0 | 0 | 1 | 1 | 0 | 1 | 1 | 1 | 0 | 0 | |
| 1 | × | 1 | 1 | 0 | 1 | 1 | 0 | 1 | 1 | 0 | 1 | 0 | 0 | |
| 1 | × | 1 | 1 | 1 | 0 | 1 | 1 | 1 | 1 | 0 | 0 | 0 | 0 | |
| 1 | × | 1 | 1 | 1 | 1 | 1 | 1 | 1 | 1 | 1 | 1 | 1 | 1 | |
| × | × | × | × | × | × | 0 | 1 | 1 | 1 | 1 | 1 | 1 | 1 | 消隐 |
| 0 | × | × | × | × | × | 1 | 0 | 0 | 0 | 0 | 0 | 0 | 0 | 灯测试 |
| 1 | 0 | 0 | 0 | 0 | 0 | 0 | 1 | 1 | 1 | 1 | 1 | 1 | 1 | 灭零 |

3）灭零

当 $\overline{LT}=1$，$\overline{BI}=1$，$\overline{RBI}=0$ 且对应输入代码 DCBA=0000 时，字型 0 不显示，$\overline{a}$、$\overline{b}$、$\overline{c}$、$\overline{d}$、$\overline{e}$、$\overline{f}$、$\overline{g}$ 均为高电平，并且灭零输出 $\overline{RBO}=0$。而 DCBA 不是 0000 时，输出正常显示，且灭零输出 $\overline{RBO}=1$。灭零输入端可用来熄灭无意义 0 的显示，可用 $\overline{RBO}$ 级联到相邻位的 $\overline{RBI}$ 端，实现对相邻位的灭零控制。

4）译码

D、C、B、A 为 8421BCD 码输入端，$\overline{a}$、$\overline{b}$、$\overline{c}$、$\overline{d}$、$\overline{e}$、$\overline{f}$、$\overline{g}$ 为七段译码输出。8421 译码输出逻辑功能表如表 2-11 所示。

图 2-25 是 LED 七段显示器和译码驱动电路的连接实例。图中 LED 七段显示器的驱动电路是由 74LS47 译码器、1 kΩ的双列直插限流电阻排、七段共阳极 LED 显示器（数码管）组成的。

85

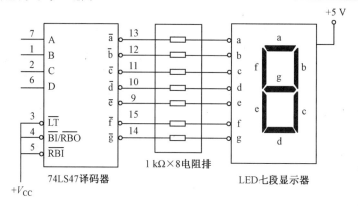

图 2-25　七段显示器和译码驱动电路的连接

### 2.4.4 译码器的应用

**1. 实现组合逻辑电路**

在学习单元 1 中介绍了任何逻辑函数都可以表示成最小项之和的形式，而一个 $n$ 变量的二进制译码器共有 $2^n$ 个输出，而每一个输出代表输入变量的一个相应的最小项，对于输出低电平有效的译码器，它的输出都是对应于输入代码最小项的非，即 $\overline{Y_i} = \overline{m_i}$，$i$ 是对应的二进制代码所转换的十进制数。如果输出高电平有效，则译码器的输出为 $Y_i = m_i$，所以译码器就相当于一个最小项发生器，利用译码器和逻辑门电路，就可以实现任何组合逻辑函数。使用中规模集成译码器芯片实现逻辑函数时，必须选择译码器的地址输入端数大于等于逻辑函数的输入变量数。

**实例 2-6**　用 3 线-8 线译码器 74LS138 实现逻辑函数：

（1）$Z_1 = A\overline{B} + \overline{A}B\overline{C}$；

（2）$Z_2 = AB + \overline{A}B$。

**解** （1）首先将逻辑函数写成最小项表达式：

$$Z_1 = A\overline{B}\overline{C} + A\overline{B}C + \overline{A}B\overline{C} = m_4 + m_5 + m_2 = \overline{\overline{m_4}\,\overline{m_5}\,\overline{m_2}}$$

$$Z_2 = AB\overline{C} + ABC + \overline{A}\overline{B}\overline{C} + \overline{A}\overline{B}C = m_6 + m_7 + m_0 + m_1 = \overline{\overline{m_6}\,\overline{m_7}\,\overline{m_0}\,\overline{m_1}}$$

（2）与 3 线-8 线译码器 74LS138 输出 $\overline{Y_0} \sim \overline{Y_7}$ 的逻辑表达式比较，可以发现，只要将变量 $A$、$B$、$C$ 分别由三个输入端（$A_2$、$A_1$、$A_0$）输入，将函数式中出现的最小项，从译码器对应输出端引出，再送入与非门，与非门的输出就是所要实现的函数。即将输出 $\overline{Y_2}$、$\overline{Y_4}$ 和 $\overline{Y_5}$ 送入与非门得 $Z_1$，将 $\overline{Y_0}$、$\overline{Y_1}$、$\overline{Y_6}$、$\overline{Y_7}$ 送入与非门得 $Z_2$，其接线电路如图 2-26（a）所示。

对于 $Z_2$，如果将输入变量 $C$ 设置为高电平 1，则 $Z_2 = AB \cdot 1 + \overline{A}\overline{B} \cdot 1 = \overline{\overline{Y_7}\,\overline{Y_1}}$，输出取自 $\overline{Y_1}$ 和 $\overline{Y_7}$ 即可。其接线电路如图 2-26（b）所示。

在使用 74LS138 时，控制端 $S_1$、$\overline{S_2}$ 和 $\overline{S_3}$ 要连接有效电平以保证译码器正常工作，且输入变量 $A$、$B$、$C$ 的高低位要与译码器的代码输入端的高、低位码相对应。

## 学习单元 2　编码、译码、LED 显示电路分析制作与调试

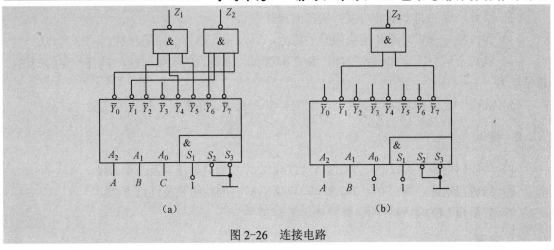

图 2-26　连接电路

### 2．用译码器构成数据分配器

在数字系统中，往往需要将总线上的数据按要求分配到对应的目的地址，利用译码器可以实现数据分配。图 2-27 给出了一个八输出的数据分配器，数据从 $\overline{S}_2$ 端送入，$A_2$、$A_1$、$A_0$ 作为地址输入，以控制数据送到 $\overline{Y}_0 \sim \overline{Y}_7$ 中哪一个输出端，$S_1$ 和 $\overline{S}_3$ 端仍作为使能端，当 $S_1 = 1$ 且 $\overline{S}_3 = 0$ 时，数据分配器工作，在地址码 $A_2$、$A_1$、$A_0$ 控制下把 $\overline{S}_2$ 端送入的数据 $D$ 送到指定的输出端，如 $A_2A_1A_0 = 010$，则 $\overline{Y}_2 = D$。

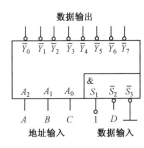

图 2-27　数据分配器

## 实训项目 4　键控 0~9 数字显示电路的制作与调试

### 1．目标

1）知识目标

（1）掌握编码器、译码器的逻辑功能；

（2）掌握 LED 数码管的结构、工作条件；

（3）掌握使用编码器、译码器和共阳极数码管 LED 设计优先编码、译码、显示电路的方法。

2）能力目标

（1）掌握集成编码器、译码器的功能分析方法及功能测试方法；

（2）掌握集成编码器、译码器的引脚功能查询及真值表读解方法；

（3）能利用编码器、译码器设计功能电路，并进行制作与调试；

（4）锻炼学习资料的查询能力。

3）素质目标

（1）养成严肃、认真的科学态度和良好的自主学习方法；

（2）培养严谨的科学思维习惯和规范的操作意识；

（3）养成独立分析问题和解决问题的能力，以及相互协作的团队精神；

（4）能综合运用所学知识和技能，独立解决实训中遇到的实际问题；具有一定的归纳、总结能力；

（5）具有一定的创新意识；具有一定的自学、表达、获取信息等方面的能力。

### 2．资讯

（1）集成门电路（74LS04、74LS147、74LS247）的引脚排列及查询方法。

（2）集成门电路（74LS04、74LS147、74LS247）的功能表及读解方法。

（3）共阳极LED数码管的引脚排列、工作条件。

### 3．决策

用74LS04、74LS147、74LS247及共阳极LED数码管设计一个键控0～9数字显示电路，画出设计原理图，列出所需元件清单，确定设计方案，画出实际电路连接图。

### 4．计划

（1）所需仪器仪表：万用表，示波器，数字电路实验箱，电烙铁、焊锡丝；

（2）所需元器件：74LS04、74LS147、74LS247、共阳极数码管LED各一个，电阻300 Ω 7个，电路板一块，导线若干。

### 5．实施

（1）用74LS04、74LS147、74LS247及共阳极LED数码管设计一个键控0～9数字显示电路，画出设计原理图（如图2-28所示），确定实际接线图。

（2）领取元件材料，编码电路可在实验箱连接，译码、显示电路在电路板上焊接。

（3）正确连接电路，注意布线的合理性、芯片的缺口朝向、LED的位置。

（4）调试电路，观察LED数码管的显示情况。

### 6．检查

检查焊接质量，有无错接、漏焊、虚焊、连焊现象，电源电压有无短路等。检验设计结果是否符合设计要求。

### 7．评价

在完成上述设计与制作过程的基础上，撰写实训报告，并在小组内进行自我评价、组员评价，最后由教师给出评价，三个评价相结合作为本次工作任务完成情况的综合评价。

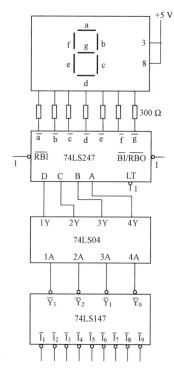

图2-28 键控0～9数字显示电路

学习单元 2　编码、译码、LED 显示电路分析制作与调试

## 2.5　数值比较器

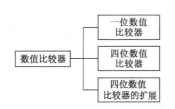

在数字系统中，特别是在计算机中，经常需要比较两个数 A 和 B 的大小，数值比较器就是对两个位数相同的二进制数 A、B 进行比较的功能电路。

### 1．一位数值比较器

设计比较两个一位二进制数 A 和 B 大小的数字电路，输入变量是两个比较数 A 和 B，输出变量 $Y_{A>B}$、$Y_{A<B}$、$Y_{A=B}$ 分别表示 $A>B$、$A<B$ 和 $A=B$ 三种比较结果，设比较结果成立为 1，不成立为 0，则可列出如表 2-12 所示的真值表。

表 2-12　一位数值比较器真值表

| 输 | 入 | 输 | | 出 |
|---|---|---|---|---|
| A | B | $Y_{A>B}$ | $Y_{A<B}$ | $Y_{A=B}$ |
| 0 | 0 | 0 | 0 | 1 |
| 0 | 1 | 0 | 1 | 0 |
| 1 | 0 | 1 | 0 | 0 |
| 1 | 1 | 0 | 0 | 1 |

根据表 2-12 可以写出输出逻辑表达式：

$$Y_{A>B} = A\overline{B}$$
$$Y_{A<B} = \overline{A}B$$
$$Y_{A=B} = \overline{A}\overline{B} + AB = \overline{A\overline{B} + \overline{A}B} = \overline{Y_{A>B} + Y_{A<B}}$$

由逻辑表达式可画出逻辑电路图如图 2-29 所示。

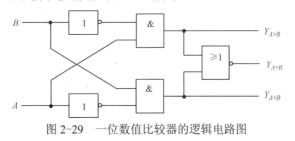

图 2-29　一位数值比较器的逻辑电路图

### 2．四位数值比较器

多位二进制数码的比较是逐位进行的，必须从最高位开始比较，如果最高位相等，则继续比较次高位，依次类推；当高位已比较出大小，则次高位等不再需要比较。

74LS85 是一个典型的中规模集成四位数值比较器，其外部引脚排列及逻辑符号如图 2-30 所示。

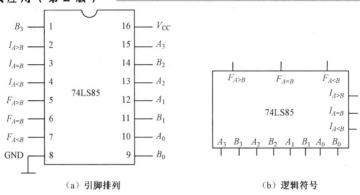

图 2-30 集成四位数值比较器 74LS85

数据输入端有 8 个，分别为四位二进制数 $A$（$A_3A_2A_1A_0$）和 $B$（$B_3B_2B_1B_0$），有三个级联输入端：$I_{A<B}$、$I_{A>B}$、$I_{A=B}$，用于级联扩展，低四位数比较的结果可由此输入；有三个比较结果输出端：$F_{A<B}$、$F_{A>B}$、$F_{A=B}$。

其逻辑功能真值表如表 2-13 所示。从表中可以看出，若比较两个四位二进制数 $A$（$A_3A_2A_1A_0$）和 $B$（$B_3B_2B_1B_0$）的大小，从最高位开始进行比较，如果 $A_3>B_3$，则 $A$ 一定大于 $B$，反之，若 $A_3<B_3$，则一定有 $A$ 小于 $B$；若 $A_3=B_3$，则比较次高位 $A_2$ 和 $B_2$，依次类推，直到比较到最低位，若各位均相等，即 $A_3=B_3$ 且 $A_2=B_2$ 且 $A_1=B_1$ 且 $A_0=B_0$ 时，级联输入端 $I_{A<B}$、$I_{A>B}$、$I_{A=B}$ 的状态值影响比较结果，当 $I_{A=B}=1$，$I_{A<B}=0$ 则 $A=B$；当 $I_{A=B}=0$，$I_{A<B}=1$ 则 $A<B$；当 $I_{A>B}=1$，$I_{A=B}=0$，$I_{A<B}=0$ 则 $A>B$。

表 2-13　四位数值比较器 74LS85 真值表

| 输　　　入 | | | | 级　联　输　入 | | | 输　　出 | | |
|---|---|---|---|---|---|---|---|---|---|
| $A_3\ B_3$ | $A_2\ B_2$ | $A_1\ B_1$ | $A_0\ B_0$ | $I_{A>B}$ | $I_{A<B}$ | $I_{A=B}$ | $F_{A>B}$ | $F_{A<B}$ | $F_{A=B}$ |
| $A_3>B_3$ | × | × | × | × | × | × | 1 | 0 | 0 |
| $A_3=B_3$ | $A_2>B_2$ | × | × | × | × | × | 1 | 0 | 0 |
| $A_3=B_3$ | $A_2=B_2$ | $A_1>B_1$ | × | × | × | × | 1 | 0 | 0 |
| $A_3=B_3$ | $A_2=B_2$ | $A_1=B_1$ | $A_0>B_0$ | × | × | × | 1 | 0 | 0 |
| $A_3<B_3$ | × | × | × | × | × | × | 0 | 1 | 0 |
| $A_3=B_3$ | $A_2<B_2$ | × | × | × | × | × | 0 | 1 | 0 |
| $A_3=B_3$ | $A_2=B_2$ | $A_1<B_1$ | × | × | × | × | 0 | 1 | 0 |
| $A_3=B_3$ | $A_2=B_2$ | $A_1=B_1$ | $A_0<B_0$ | × | × | × | 0 | 1 | 0 |
| $A_3=B_3$ | $A_2=B_2$ | $A_1=B_1$ | $A_0=B_0$ | × | 0 | 1 | 0 | 0 | 1 |
| $A_3=B_3$ | $A_2=B_2$ | $A_1=B_1$ | $A_0=B_0$ | × | 1 | 0 | 0 | 1 | 0 |
| $A_3=B_3$ | $A_2=B_2$ | $A_1=B_1$ | $A_0=B_0$ | 1 | 0 | 0 | 1 | 0 | 0 |

### 3．四位数值比较器的扩展

74LS85 数值比较器的级联输入端 $I_{A>B}$、$I_{A<B}$、$I_{A=B}$ 是为了扩大比较器功能设置的，当不需要扩大比较位数时，$I_{A>B}$、$I_{A<B}$ 接低电平，$I_{A=B}$ 接高电平；若需要扩大比较器的位数时，只要将低位的 $F_{A>B}$、$F_{A<B}$ 和 $F_{A=B}$ 分别接高位相应的级联输入端 $I_{A>B}$、$I_{A<B}$、$I_{A=B}$ 即可。

用两片 74LS85 组成八位数值比较器的电路如图 2-31 所示。

学习单元 2　编码、译码、LED 显示电路分析制作与调试

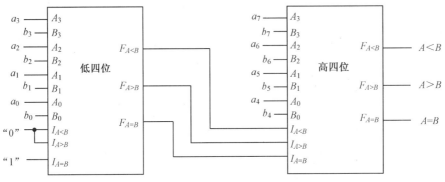

图 2-31　两片 74LS85 构成的 8 位数值比较器

## 2.6 数据选择器

在数字系统中，常常需要将多路信号有选择地传送到公共数据线上去，实现这一功能的逻辑电路称为数据选择器，也称为多路选择器。前面介绍的由译码器构成的数据分配器的功能，就是将公共数据线上的信号分别分配到多个输出通道上去。

**1. 数据选择器的功能与逻辑电路**

数据选择器（MUX）是一个多输入单输出的组合逻辑电路，输入端有：$m$ 个地址输入端和 $n$ 个数据输入端，$n=2^m$。如果 1 位地址码，数据输入通道则有 2 个，就是 2 选 1，如果 2 位地址码，就可以 4 选 1 等。在地址码电位的控制下，数据选择器从多个数据输入中选择一路输出，功能类似于一个单刀多掷开关，功能示意图如图 2-32 所示。

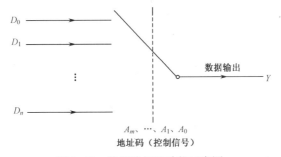

图 2-32　数据选择器功能示意图

如图 2-33 所示是 4 选 1 选择器的逻辑电路和逻辑符号图。其中，$A_1$、$A_0$ 为控制数据准确传送的地址输入信号，$D_0 \sim D_3$ 为数据输入信号，$\overline{ST}$ 为选通端或使能端，低电平有效。$\overline{ST}=1$ 时，数据选择器不工作；$\overline{ST}=0$ 时，数据选择器正常工作。

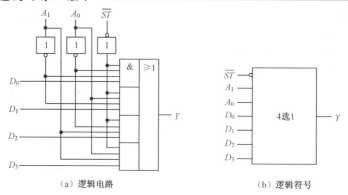

(a) 逻辑电路　　　　　　　　(b) 逻辑符号

图 2-33　4 选 1 选择器

由图 2-33 可写出 4 选 1 数据选择器的输出逻辑表达式：

$$Y = \overline{(\overline{A}\,\overline{B}D_0 + \overline{A}BD_1 + A\overline{B}D_2 + ABD_3)\overline{ST}}$$

由逻辑表达式可列出 4 选 1 数据选择器的逻辑功能表如表 2-14 所示。集成双 4 选 1 数据选择器常用的有 74LS153。

表 2-14　4 选 1 数据选择器的逻辑功能表

| 输入 | | | | | | | 输出 | 说明 |
|---|---|---|---|---|---|---|---|---|
| $\overline{ST}$ | $A_1$ | $A_0$ | $D_3$ | $D_2$ | $D_1$ | $D_0$ | $Y$ | |
| 1 | × | × | × | × | × | × | 0 | 不工作 |
| 0 | 0 | 0 | × | × | × | 0 | 0 | 选择 $D_0$ |
| | | | | | | 1 | 1 | |
| 0 | 0 | 1 | × | × | 0 | × | 0 | 选择 $D_1$ |
| | | | | | 1 | | 1 | |
| 0 | 1 | 0 | × | 0 | × | × | 0 | 选择 $D_2$ |
| | | | | 1 | | | 1 | |
| 0 | 1 | 1 | 0 | × | × | × | 0 | 选择 $D_3$ |
| | | | 1 | | | | 1 | |

74LS151 是 8 选 1 数据选择器，其逻辑符号和引脚排列图如图 2-34 所示。它有三个地址端 $A_2$、$A_1$、$A_0$，可选择 $D_0 \sim D_7$ 八个数据，具有两个互补输出端 $W$ 和 $\overline{W}$。其逻辑功能如表 2-15 所示。

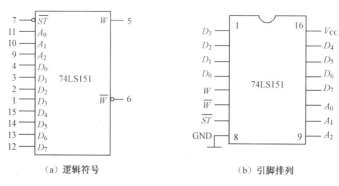

(a) 逻辑符号　　　　　　　　(b) 引脚排列

图 2-34　74LS151 数据选择器

## 学习单元2 编码、译码、LED显示电路分析制作与调试

表 2-15 74LS151 数据选择器的逻辑功能表

| $\overline{ST}$ | $A_2$ | $A_1$ | $A_0$ | $W$ | $\overline{W}$ |
|---|---|---|---|---|---|
| 1 | × | × | × | 0 | 1 |
| 0 | 0 | 0 | 0 | $D_0$ | $\overline{D_0}$ |
| 0 | 0 | 0 | 1 | $D_1$ | $\overline{D_1}$ |
| 0 | 0 | 1 | 0 | $D_2$ | $\overline{D_2}$ |
| 0 | 0 | 1 | 1 | $D_3$ | $\overline{D_3}$ |
| 0 | 1 | 0 | 0 | $D_4$ | $\overline{D_4}$ |
| 0 | 1 | 0 | 1 | $D_5$ | $\overline{D_5}$ |
| 0 | 1 | 1 | 0 | $D_6$ | $\overline{D_6}$ |
| 0 | 1 | 1 | 1 | $D_7$ | $\overline{D_7}$ |

当使能端 $\overline{ST}$ 为有效低电平时，74LS151 的 $W$ 端的输出逻辑函数表达式可以表示为：

$$W = \overline{A_2}\,\overline{A_1}\,\overline{A_0}D_0 + \overline{A_2}\,\overline{A_1}A_0D_1 + \overline{A_2}A_1\overline{A_0}D_2 + \overline{A_2}A_1A_0D_3 + A_2\overline{A_1}\,\overline{A_0}D_4$$
$$+ A_2\overline{A_1}A_0D_5 + A_2A_1\overline{A_0}D_6 + A_2A_1A_0D_7$$
$$= \sum_{i=0}^{7} m_i D_i$$

当有较多的数据源需要选择时，可利用多片数据选择器来进行容量扩展，例如用两片 74LS151 连接成一个 16 选 1 的数据选择器。16 选 1 数据选择器的数据输入 $D_0 \sim D_{15}$，分别从两片 74LS151 的数据输入端输入（低位 74LS151 的数据输入端为 $D_0 \sim D_7$，高位 74LS151 的数据输入端为 $D_8 \sim D_{15}$），16 选 1 数据选择器的地址输入端有四位，低三位地址输入端与两片 74LS151 的地址输入端相连，最高位 $A_3$ 的输入接两片 8 选 1 数据选择器的使能端，来控制 74LS151 的工作状态，连接图如图 2-35 所示。当 $A_3=0$ 时，由表 2-15 知，低位片 74LS151 工作，选择 $D_0 \sim D_7$ 输出；$A_3=1$ 时，高位片工作，选择 $D_8 \sim D_{15}$ 输出。

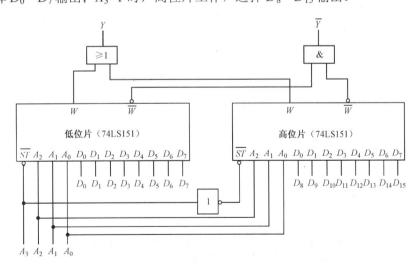

图 2-35 两片 74LS151 实现 16 选 1 数据选择器

也可用五片 4 选 1 数据选择器构成 16 选 1 数据选择器，同学们可自己设计连接图，不再叙述。

## 2. 用数据选择器实现组合逻辑函数

数据选择器的输出表达式为：

$$Y = \sum_{i=0}^{2^n-1} m_i D_i$$

式中，$n$ 为地址码的个数，$m_i$ 是输入地址变量最小项的编号，$i$ 为对应的地址码所转换的十进制数。

输出表达式基本上与逻辑函数的最小项表示式一致，只是多了一个因子 $D_i$，只要使 $D_i=1$，则与之对应的最小项 $m_i$ 就包含在函数式中，如 $D_i=0$，则函数式中不出现与之对应的最小项 $m_i$。所以，对于任何一个组合逻辑函数，根据其最小项表示式，可以用数据选择器来实现它。一般是将数据选择器的地址输入端用作逻辑函数的变量输入，在逻辑函数式中出现的最小项，则其对应的数据输入端 $D_i=1$，函数式中没有出现的最小项，则其对应的数据输入端 $D_i=0$。下面用实例来说明。

**实例 2-7** 用 8 选 1 数据选择器 74LS151 实现逻辑函数 $Z = \overline{A}B + B\overline{C} + \overline{A}C$。

**解** 将待实现的逻辑函数写成最小项之和的形式：

$$Z = \overline{A}BC + \overline{A}B\overline{C} + AB\overline{C} + \overline{A}\overline{B}C = m_1 + m_2 + m_3 + m_6$$

而 8 选 1 数据选择器 74LS151 的输出表达式为：

$$Z = \overline{A}_2\overline{A}_1\overline{A}_0 D_0 + \overline{A}_2\overline{A}_1 A_0 D_1 + \overline{A}_2 A_1 \overline{A}_0 D_2 + \overline{A}_2 A_1 A_0 D_3$$
$$+ A_2 \overline{A}_1 \overline{A}_0 D_4 + A_2 \overline{A}_1 A_0 D_5 + A_2 A_1 \overline{A}_0 D_6 + A_2 A_1 A_0 D_7$$

两者对比可以发现，只要设置 $ABC$ 分别从 $A_2 A_1 A_0$ 三个地址端输入，然后再设置 8 路数据输入为：$D_1=D_2=D_3=D_6=1$，$D_0=D_4=D_5=D_7=0$ 即可，连接电路如图 2-36 所示。其中 $\overline{ST}$ 端接地，以使数据选择器正常工作。

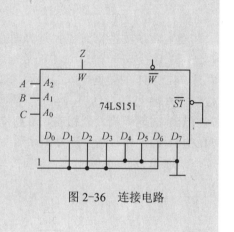

图 2-36 连接电路

**实例 2-8** 用 4 选 1 数据选择器实现逻辑函数 $Z = \overline{B}C + A\overline{B}\overline{C} + ABC$。

**解** 当待实现逻辑函数变量的个数大于数据选择器地址端数量时，应将数据选择器的输入数据端作为输入变量来使用。将输入变量 $B$、$C$ 从地址端 $A_1$、$A_0$ 输入，而 $A$ 变量由相应的数据端输入，将函数式 $Z$ 变换如下：

$$Z = 1 \cdot \overline{B}C + A \cdot \overline{B}\overline{C} + A \cdot BC$$

而 4 选 1 数据选择器的输出为（$B \rightarrow A_1$、$C \rightarrow A_0$）：

$$Y = \overline{A}_1 \overline{A}_0 D_0 + \overline{A}_1 A_0 D_1 + A_1 \overline{A}_0 D_2 + A_1 A_0 D_3$$
$$= \overline{B}\overline{C} D_0 + \overline{B}C D_1 + B\overline{C} D_2 + BC D_3$$

两者对比可得：$D_0 = D_3 = A$，$D_1 = 1$，$D_2 = 0$，连接电路如图 2-37 所示。

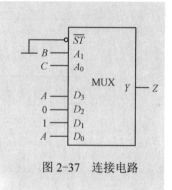

图 2-37 连接电路

## 2.7 组合逻辑电路中的竞争冒险

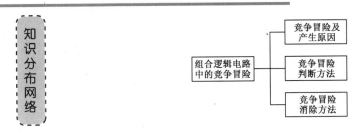

知识分布网络

### 1. 竞争冒险及其产生原因

我们在讨论组合逻辑电路时没有考虑电路的延时时间,而实际的逻辑门电路,存在传输延时时间。信号经过不同的路径到达某点时,会产生时差,这种时差现象称为竞争。竞争现象可能使电路产生暂时性的错误输出,有时这种错误是不允许的。我们把这种由竞争产生的错误输出称为组合电路的冒险。

冒险可分为以下两种类型:一种为 0 型冒险,如图 2-38 所示,如不考虑门延时,$F = A + \overline{A} = 1$。如考虑 $G_1$ 门的传输延时时间,则当 $A$ 由 1→0 时,经过一个短暂的瞬间 $\overline{A}$ 才能由 0→1,即 $G_2$ 的输入端同时会出现 0,输出为 0,违背稳态逻辑关系,称这种违背稳态逻辑关系的瞬态尖脉冲为电压毛刺,这个结果是错误的,电路出现了险象,称为 0 型冒险。

另一种为 1 型冒险,如图 2-39 所示,如不考虑门电路延时,则 $F = A \cdot \overline{A} = 0$。若考虑 $G_1$ 门的传输延时时间,则当 $A$ 由 0→1 时,$\overline{A}$ 经过一个短暂的瞬间才能由 1→0,即 $G_2$ 的输入端同时会出现 1,输出为 1,出现了电压毛刺,这个结果是错误的,电路出现了险象,称为 1 型冒险。

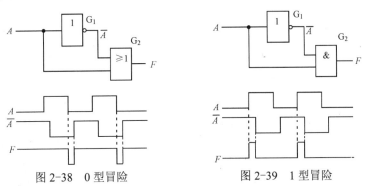

图 2-38 0 型冒险　　　　　图 2-39 1 型冒险

### 2. 竞争冒险的判断方法

1)代数法

在电路的输出逻辑函数中,若某个输入以原变量和反变量的形式出现,去掉其他变量后,如得到表达式为 $A + \overline{A}$ 式,则电路可能存在 0 型冒险;若得到 $A \cdot \overline{A}$ 式,则可能存在 1 型冒险。

**实例 2-9** 判断 $Z = A\overline{B} + \overline{A}C + BC$ 有无竞争冒险。

**解** 当 $B=0$、$C=0$ 时,有 $Z = A + \overline{A}$;

当 $A=1$、$C=1$ 时，有 $Z=B+\bar{B}$；

当 $A=0$、$B=1$ 时，有 $Z=C+\bar{C}$。

所以 $Z=A\bar{B}+\bar{A}\bar{C}+B\bar{C}$ 的组合电路存在着 0 型冒险。

**实例 2-10** 判断 $Z=(A+B)(\bar{B}+C)$ 是否存在竞争冒险。

**解** 当 $A=0$、$C=0$ 时，有 $Z=B\cdot\bar{B}$，故可判断该逻辑函数组成的逻辑电路存在着 1 型冒险。

2）卡诺图法

用卡诺图进行判断的方法是：当卡诺图中存在两个包围圈相切且不相交时，该逻辑函数所对应的逻辑电路就会存在冒险。

**实例 2-11** 用卡诺图法判断逻辑函数 $Z=\overline{ABC}+BD$ 有无竞争冒险存在。

**解** 首先画出卡诺图如图 2-40 所示：

由卡诺图可知，函数 $Z$ 存在冒险。

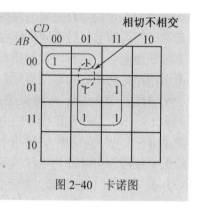

图 2-40 卡诺图

### 3. 竞争冒险的消除方法

1）增加选通脉冲

增加选通脉冲的方法如图 2-41 所示。利用选通脉冲 $P$ 控制与非门，在产生干扰脉冲的期间内（$B=1$、$C=1$，$Z=\overline{A\cdot\bar{A}\cdot P}$），使 $P=0$，用选通脉冲将与非门封锁，从而使输出为 1，不会出现负电压毛刺。当干扰脉冲过去后，使选通脉冲为高电平，允许电路正常工作。

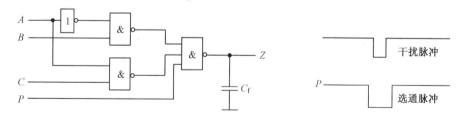

图 2-41 加选通脉冲消除冒险

2）修改逻辑设计

在逻辑函数中增加冗余项也可消除冒险。如实例 2-11 函数 $Z=\overline{ABC}+BD$，当 $A=C=0$、$D=1$ 时会有 $Z=B+\bar{B}$，存在 0 型冒险，若在式中增加冗余项 $\overline{A}CD$，即在图 2-40 中，增加一个包围圈，如图中虚线所示，则当 $A=C=0$、$D=1$ 时，$\overline{A}CD=1$ 不会出现 0 型冒险。

在逻辑函数中增加冗余项来克服竞争冒险是以增加电路复杂程度为代价的。

学习单元 2　编码、译码、LED 显示电路分析制作与调试

3) 输出端并联电容

因为电压毛刺一般很窄,在门电路输出端并联电容器(一般容量为几十到几百 pF),就可滤除电压毛刺的干扰,如图 2-41 中的 $C_f$。

## 知识梳理与总结

1. 组合逻辑电路的特点是:任何时刻的输出仅取决于该时刻的输入,而与电路原来的状态无关。组合逻辑电路是由若干逻辑门组成的。

2. 组合逻辑电路的分析方法:写出逻辑函数表达式→化简和变换逻辑函数表达式→列出真值表→确定逻辑功能。

3. 组合逻辑电路的设计方法:根据要求设计的逻辑功能,列出真值表,写出逻辑函数式,最后画出实现该要求的逻辑电路图。实现同一逻辑功能要求的逻辑电路不唯一。

4. 具有特定功能的常用组合逻辑电路,如编码器、译码器、数据选择器和数据分配器、数值比较器、加法器等,应掌握它们的逻辑功能、集成芯片及集成电路的扩展和应用。其中,编码器和译码器功能相反,都设有使能控制端,便于多片连接扩展;显示译码器和显示器可构成数字显示电路;数据选择器和数据分配器功能相反,用数据选择器和译码器可实现逻辑函数及组合逻辑电路;数值比较器用来比较数的大小;加法器用来实现算术运算。

5. 组合逻辑电路中有产生竞争冒险的可能性。当电路中任何一个门电路的两个输入信号同时朝相反方向变化时,则该门电路输出端可能出现干扰脉冲。竞争冒险的消除方法有:加选通脉冲、修改逻辑设计、输出端并联滤波电容等。

## 自我检测题 2

### 一、填空题

2-1　如果对键盘上 108 个符号进行二进制编码,则至少要____位二进制数码。

2-2　共阳极 LED 数码管应由输出_____电平的七段显示译码器来驱动点亮,而共阴极 LED 数码管应采用输出为_____电平的七段显示译码器来驱动点亮。

2-3　采用 74LS138 完成数据分配器的功能时,若把 $S_1$ 作为数据输入端接 $D$,则应将使能端 $\bar{S}_2$ 接_____电平,$\bar{S}_3$ 接_____电平。

2-4　对 $N$ 个信号进行编码时,需要使用的二进制代码位数 $n$ 要满足条件_____。

### 二、选择题

2-5　一个 8 选 1 的数据选择器,其地址输入端有几个_____。
　　A、1　　　　　　B、3　　　　　　C、2　　　　　　D、4

2-6　可以用_____电路的芯片来实现一个三变量组合逻辑函数。
　　A、编码器　　　B、译码器　　　C、数据选择器

2-7　要实现一个三变量组合逻辑函数,可选用_____芯片。
　　A、74LS138　　B、74LS148　　C、74LS147

### 三、判断题

2-8  54/74LS138是输出低电平有效的3线-8线译码器。（    ）

2-9  当共阳极LED数码管的七段（$a \sim g$）阴极电平依次为1001111时，数码管将显示数字1。（    ）

## 练习题 2

2-1  试分析如图2-42所示各组合逻辑电路的逻辑功能。

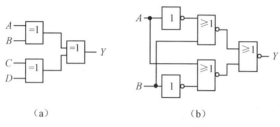

图 2-42

2-2  试分析如图2-43所示各组合逻辑电路的逻辑功能，写出函数表达式。

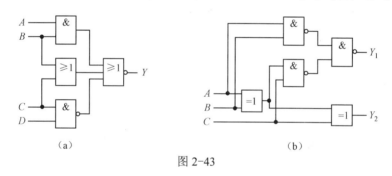

图 2-43

2-3  试采用与非门设计下列逻辑电路：
（1）三变量非一致电路；
（2）三变量判奇电路（含1的个数）；
（3）三变量多数表决电路。

2-4  有一个车间，有红、黄两个故障指示灯，用来表示三台设备的工作情况。当有一台设备出现故障时，黄灯亮；若有两台设备出现故障时，红灯亮；若三台设备都出现故障时，红灯、黄灯都亮。试用与非门设计一个控制灯亮的逻辑电路。

2-5  用与非门和3线-8线译码器实现下列逻辑函数，画出连线电路图。
（1）$Y_1(A, B, C) = \sum m(3, 4, 5, 6)$
（2）$Y_2(A, B, C) = \sum m(1, 3, 5, 7)$
（3）$Y_3 = A \odot B$

2-6  为使74LS138译码器的第10引脚输出为低电平，请标出各输入端应置的逻辑电平。

2-7  用8选1数据选择器实现下列逻辑函数，画出连线电路图。
（1）$Y_1(A, B, C) = \sum m(3, 4, 5, 6)$

（2）$Y_2(A, B, C, D) = \sum m(1, 3, 5, 7, 9, 11)$

2-8 试设计一个1位二进制数全减器，输入有被减数 $A_i$，减数 $B_i$，低位来的借位数 $J_{i-1}$，输出有差 $D_i$ 和向高位的借位数 $J_i$。

（1）用异或门和与非门实现。

（2）用 74LS138 实现。

2-9 判断下列逻辑函数是否存在冒险现象：

（1）$Z_1 = (A + B)(\overline{B} + \overline{C})(\overline{A} + \overline{C})$

（2）$Z_2 = AB + \overline{A}C + \overline{B}C + \overline{A}\,\overline{B}\,\overline{C}$

# 学习单元 3

## 计数分频电路分析制作与调试

**教学导航**

| | |
|---|---|
| 实训项目 5 | 同步型触发器逻辑功能的分析与测试 |
| 实训项目 6 | 用 74LS74、74LS112 构成 T、T′触发器 |
| 实训项目 7 | 霓虹灯控制电路制作与调试 |
| 实训项目 8 | 0～59（0～23）加法计数显示电路制作与调试 |
| 建议学时 | 6 天（36 学时） |
| 完成项目任务<br>所需知识 | 1. 触发器的逻辑功能及动作特点；<br>2. 时序逻辑电路的特点、分析方法及功能描述方法；<br>3. 寄存器的逻辑功能以及真值表的读解，引脚功能；<br>4. 计数器的逻辑功能以及真值表的读解，引脚功能：<br>　（1）二进制计数器的逻辑功能、真值表的读解，引脚功能；<br>　（2）十进制计数器的逻辑功能、真值表的读解，引脚功能；<br>　（3）用集成计数芯片构建任意进制计数器 |
| 知识重点 | 时序电路的分析方法；触发器的逻辑功能及动作特点；计数器的逻辑功能；用集成芯片构建 $N$ 进制计数器的方法 |
| 知识难点 | 时序电路的分析方法；用集成芯片构建 $N$ 进制计数器的方法 |
| 职业技能 | 能根据逻辑电路原理图分析由触发器或 MSI 构成的时序逻辑电路的逻辑功能。<br>能设计制作简单的时序逻辑电路并使用万用表、示波器等仪器仪表进行调试：<br>1. 能用触发器、计数器、寄存器和门电路设计功能电路；<br>2. 能根据设计的原理图选用 IC 芯片，能列出材料清单并根据清单备齐所需元器件；<br>3. 能根据电路制作与调试需要，选用五金工具和焊接工具，制作短连线并能插接短连线，能对电子元器件引线浸锡；<br>4. 能根据设计的原理图进行合理的布线布局，使用焊接工具手工焊接实际电路（电路板），能正确焊接 IC 芯片引脚、电源和地线；<br>5. 能发现电路制作过程中出现的工艺质量问题，能编写实训报告；<br>6. 能团结小组成员，开展分工合作；具有成本意识、质量意识 |
| 推荐教学方法 | 从项目任务出发，通过课堂听讲、教师引导、小组学习讨论、实际芯片功能查找、实际电路焊接、功能调试，即"教、学、做"一体，掌握完成任务所需知识点和相应的技能 |

# 学习单元 3　计数分频电路分析制作与调试

## 3.1　集成触发器

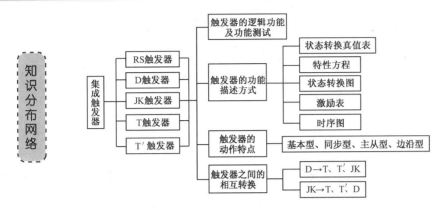

触发器是时序逻辑电路的单元电路，具有记忆功能，能存储一位二进制信息。集成触发器的类型很多，根据逻辑功能不同，触发器可分为 RS 触发器、JK 触发器、D 触发器、T 触发器及 T′触发器；根据电路结构不同，触发器又可分为基本触发器和钟控触发器，钟控触发器又分为同步型触发器、主从型触发器、边沿型触发器等；根据触发方式不同，又分为电平触发、主从触发和边沿触发的触发器。

### 3.1.1　基本 RS 触发器

**1. 电路结构**

基本 RS 触发器是集成触发器的单元电路。凡是具有非逻辑功能的门电路均可交叉耦合构成基本 RS 触发器。

图 3-1（a）是由两个与非门的输入和输出交叉耦合构成的基本 RS 触发器，图 3-1（b）为图（a）的逻辑符号。$\bar{S}$、$\bar{R}$ 为触发器的两个触发信号输入端，其中 $\bar{R}$ 端称为复位端或置 0 端，$\bar{S}$ 端称为置位端或置 1 端。字母上的"–"号表示低电平有效，在逻辑符号中用小圆圈表示。$Q$、$\bar{Q}$ 是触发器的两个输出端，在触发器处于稳定状态下，两者逻辑互补。通常用 $Q$ 端的状态来表示触发器的状态，如 $Q=0$ 和 $\bar{Q}=1$ 时，表示触发器处于 0 状态，记 $Q=0$；$Q=1$ 和 $\bar{Q}=0$ 时，表示触发器处于 1 状态，记 $Q=1$。

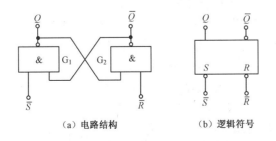

图 3-1　与非门组成的基本 RS 触发器

图 3-2（a）是由两个或非门的输入和输出交叉耦合构成的基本 RS 触发器，触发信号输

入端为高电平有效,用 $S$、$R$ 来表示。其逻辑符号如图(b)所示,输入端没有小圆圈,表示高电平有效。

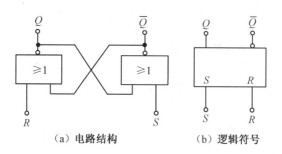

(a)电路结构 　　　(b)逻辑符号

图 3-2　或非门组成的基本 RS 触发器

### 2．工作原理

下面以图 3-1(a)所示触发器为例,根据与非门的逻辑功能,讨论基本 RS 触发器的工作原理,可得出以下结论:

(1) 当 $\bar{R}=0$、$\bar{S}=1$ 时,因 $\bar{R}=0$、$G_2$ 门输出 $\bar{Q}=1$,而此时 $G_1$ 门输入全为 1,输出 $Q=0$,触发器被置于 0 状态,所以称 $\bar{R}$ 为复位端或置 0 端,低电平有效。

(2) 当 $\bar{R}=1$、$\bar{S}=0$ 时,因 $\bar{S}=0$、$G_1$ 门输出 $Q=1$,而此时 $G_2$ 门输入全为 1,输出 $\bar{Q}=0$,触发器被置于 1 状态,所以称 $\bar{S}$ 为置位端或置 1 端,低电平有效。

(3) 当 $\bar{R}=1$、$\bar{S}=1$ 时,即输入端无有效低电平触发信号,如果触发器原处于 0 状态,即 $Q=0$、$\bar{Q}=1$ 状态,则 $Q=0$ 反馈到 $G_2$ 门的输入端,$G_2$ 门输入有 0,输出 $\bar{Q}=1$;$\bar{Q}=1$ 又反馈到 $G_1$ 门的输入端,$G_1$ 门因输入全为 1,输出 $Q=0$,电路保持 0 状态不变。

如果触发器原处于 1 状态,即 $Q=1$、$\bar{Q}=0$ 状态,则 $\bar{Q}=0$ 反馈到 $G_1$ 门的输入端,$G_1$ 门输入有 0,输出 $Q=1$;$Q=1$ 又反馈到 $G_2$ 门的输入端,$G_2$ 门因输入全为 1,输出 $\bar{Q}=0$,电路保持 1 状态不变。

所以,当 $\bar{R}=1$、$\bar{S}=1$ 时,触发器保持原状态不变。

(4) 当 $\bar{R}=0$、$\bar{S}=0$ 时,即输入端均为有效低电平触发信号,$G_1$ 门和 $G_2$ 门均被封锁。这时 $Q=1$、$\bar{Q}=1$,这既不是 1 状态,也不是 0 状态,破坏了 $Q$ 与 $\bar{Q}$ 的逻辑互补性。

如果 $\bar{R}$ 和 $\bar{S}$ 同时由 0 变为 1,这时 $G_1$ 门和 $G_2$ 门都要输出为 0,由于门电路传输时间的随机性和离散性,使触发器的状态无法预知,可能是 0 状态(如果 $G_1$ 门由 1 向 0 翻转的速度比 $G_2$ 门快,则 $Q=0$、$\bar{Q}=1$,触发器处于 0 状态),也可能是 1 状态(如果 $G_2$ 门由 1 向 0 翻转的速度比 $G_1$ 门快,则 $\bar{Q}=0$、$Q=1$,触发器处于 1 状态),即状态不确定。在实际使用中,这种情况是不允许的,要求 $\bar{S}+\bar{R}=1$ 即 $RS=0$。

由以上分析可知,基本 RS 触发器具有置 0、置 1 和保持功能。不允许输入触发信号同时有效。

图 3-2(a)是用或非门构成的基本 RS 触发器,它具有与图 3-1(a)电路同样的功能和性质,只是触发输入端需要用高电平来触发。

### 3. 触发器逻辑功能的描述方法

触发器的逻辑功能可以用特性表、特性方程、状态转换图、激励表和时序图来描述。

#### 1）特性表

特性表（功能表、状态转换真值表）是描述触发器在输入触发信号作用下，触发器的下一个稳定状态（次态）$Q^{n+1}$ 与触发器的原状态（现态）$Q^n$ 及输入触发信号之间的逻辑关系的真值表。由与非门组成的基本 RS 触发器的特性表见表 3-1。

表 3-1 与非门组成的基本 RS 触发器的特性表

| 输入信号 | | 现态 | 次态 | 功能说明 |
|---|---|---|---|---|
| $\bar{R}$ | $\bar{S}$ | $Q^n$ | $Q^{n+1}$ | |
| 0 | 0 | 0 | 不定 | 不允许 |
| 0 | 0 | 1 | | |
| 0 | 1 | 0 | 0 | $Q^{n+1}=0$ |
| 0 | 1 | 1 | 0 | 置 0 |
| 1 | 0 | 0 | 1 | $Q^{n+1}=1$ |
| 1 | 0 | 1 | 1 | 置 1 |
| 1 | 1 | 0 | 0 | $Q^{n+1}=Q^n$ |
| 1 | 1 | 1 | 1 | 保持 |

#### 2）特性方程

特性方程是描述触发器次态 $Q^{n+1}$ 与输入信号 $\bar{R}$、$\bar{S}$ 和触发器现态 $Q^n$ 之间关系的逻辑表达式，又称特征方程。根据触发器的特性表可以作出基本 RS 触发器 $Q^{n+1}$ 的卡诺图，如图 3-3 所示。

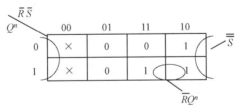

图 3-3 基本 RS 触发器 $Q^{n+1}$ 的卡诺图

通过卡诺图化简，可求得它的特性方程为：

$$\begin{cases} Q^{n+1} = \overline{(\bar{S})} + \bar{R}Q^n = S + \bar{R}Q^n \\ \bar{R} + \bar{S} = 1 \quad 即 \ RS = 0 \quad （约束条件） \end{cases} \tag{3-1}$$

#### 3）状态转换图

状态转换图是以图形的方式描述触发器状态转换的规律。用圆圈表示触发器的稳定状态，圈内的数值 0 或 1 表示状态的取值，状态之间用带箭头的线连起来，表示由现态 $Q^n$ 到次态 $Q^{n+1}$ 的转换方向，箭尾表示现态，箭头指向次态，这种线叫转移线。转移线旁标注实现转换的条件，这种图称为状态转换图。状态转换图是特性表的图形直观表示。基本 RS 触发器的状态转换图如图 3-4 所示，其中×表示任意状态。

### 4）激励表

由已知的触发器现态 $Q^n$ 和次态 $Q^{n+1}$ 的取值来确定输入触发信号取值的关系表，称为触发器的激励表，也称为驱动表。由状态转换图很容易得到激励表，基本 RS 触发器的激励表见表 3-2。不难证明激励表、特性表、状态转换图是一致的，激励表是时序电路设计的中间桥梁。表中"×"为 0 或 1 的任意值。

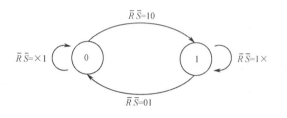

图 3-4 基本 RS 触发器的状态转换图

表 3-2 基本 RS 触发器的激励表

| $Q^n \to Q^{n+1}$ | | $\bar{R}$ | $\bar{S}$ |
|---|---|---|---|
| 0 | 0 | × | 1 |
| 0 | 1 | 1 | 0 |
| 1 | 0 | 0 | 1 |
| 1 | 1 | 1 | × |

### 5）时序图

时序图是用波形的形式直观描述触发器的逻辑功能。一般预先假设触发器的初始状态（现态）为 0（也可设为 1），然后根据给定输入信号波形，画出相应输出端 $Q$ 的波形，这种波形图称为时序图。如图 3-5 所示为基本 RS 触发器的时序图（波形图），图中用虚线和斜实线标出的部分，表示触发器的状态为不确定状态，此时，$\bar{R}=\bar{S}=0$ 且同时由 0 向 1 变化。

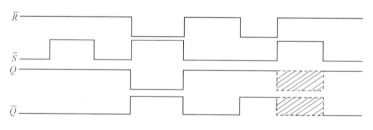

图 3-5 基本 RS 触发器的时序图

### 4. 基本 RS 触发器的动作特点

基本 RS 触发器的动作特点是电平触发，即触发器的输出状态是直接受输入端触发信号 $\bar{R}$、$\bar{S}$（或 R、S）的电平控制。这种触发器的优点是电路简单，缺点是使用不便，抗干扰能力差。

## 3.1.2 钟控触发器

基本 RS 触发器的状态直接受输入触发信号的控制，触发器状态的转换没有一个统一的节拍，这在实际应用中会带来很多不便。在数字系统中，为协调各个部分的动作，常常要求某些触发器按一定的节拍动作，即触发器的翻转时刻要受一个时钟信号控制，即钟控触发器。钟控触发器除一些特殊的控制信号输入端之外，一般有两种输入端：一种是触发信号输入端，它决定触发器的状态如何变化；另一种是时钟信号（也称为时钟脉冲，用 CP 表示）输入端，它决定触发器何时动作，即决定触发器的动作时间。钟控触发器有同步型触发器、主从型触发器和边沿型触发器等。

**1. 同步型触发器**

同步型触发器以同步 RS 触发器为例进行介绍，同步 D、JK、T、T′ 触发器可通过实训项目 5 进行学习和讨论。

1）电路结构

同步 RS 触发器是在基本 RS 触发器的基础上，加上两个由 CP 时钟脉冲控制的与非门构成的。逻辑电路如图 3-6（a）所示，由 $G_1$ 门、$G_2$ 门构成基本 RS 触发器，由 $G_3$ 门、$G_4$ 门构成输入控制电路，R 为置 0 端，S 为置 1 端，R、S 端输入高电平有效，CP 为时钟端。Q 和 $\overline{Q}$ 为输出端，图 3-6（b）为逻辑符号，其中 C1 表示控制关联，控制带标号 1 的 S 和 R 端。

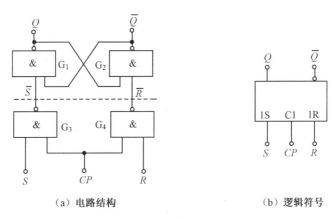

（a）电路结构　　　　　　　　　（b）逻辑符号

图 3-6　同步 RS 触发器

2）工作原理

由图 3-6（a）所示电路，根据与非门的逻辑功能，可知同步 RS 触发器的工作过程如下：

当 CP=0 时，$G_3$ 门、$G_4$ 门被封锁，$\overline{S}=\overline{R}=1$，这时不管 R 端和 S 端的信号如何变化，触发器的状态保持不变，触发器不动作。

当 CP=1 时，$G_3$ 门、$G_4$ 门的封锁被解除，R、S 端的输入信号可通过 $G_3$ 门、$G_4$ 门送到由 $G_1$ 门、$G_2$ 门构成的基本 RS 触发器的输入端，控制它的状态翻转。

（1）当 S=0，R=0 时，$\overline{S}=1$，$\overline{R}=1$，基本 RS 触发器的状态保持不变；

（2）当 S=0，R=1 时，$\overline{S}=1$，$\overline{R}=0$，基本 RS 触发器的状态为 0 状态，触发器置 0；

（3）当 S=1，R=0 时，$\overline{S}=0$，$\overline{R}=1$，基本 RS 触发器的状态为 1 状态，触发器置 1；

（4）当 S=1，R=1 时，$\overline{S}=0$，$\overline{R}=0$，基本 RS 触发器的状态为不确定状态，因此输入信号不能同时为高电平，必须遵守 RS=0 的约束条件。

以上分析表明，同步 RS 触发器的动作是受 CP 时钟脉冲控制的，只有在 CP 信号的有效电平（CP=1）期间，同步 RS 触发器才接收输入端 R、S 的信号，使触发器发生相应的翻转。在 CP 信号的无效电平（CP=0）期间，输出状态保持不变，因此，在此期间输入信号上的干扰不会影响到输出。即在同步 RS 触发器中，R、S 端的输入信号决定了电路翻转到什么状态，而时钟脉冲 CP 则决定电路状态翻转的时刻。触发器状态的翻转与时钟脉冲是同步的。

3）逻辑功能描述

（1）特性表

同步 RS 触发器的特性表见表 3-3。其逻辑功能与基本 RS 触发器相同，只是工作特点与基本 RS 触发器不同，它只有在 CP=1 到来时状态才能变化。

表 3-3  同步 RS 触发器的特性表

| CP | R | S | $Q^n$ | $Q^{n+1}$ | 功能说明 | 备注 |
|---|---|---|---|---|---|---|
| 0 | × | × | 0 | 0 | 保持 | 不动作 |
|   | × | × | 1 | 1 |      |       |
| 1 | 0 | 0 | 0 | 0 | 保持 | 动作 |
| 1 | 0 | 0 | 1 | 1 |      |      |
| 1 | 0 | 1 | 0 | 1 | 置1 |      |
| 1 | 0 | 1 | 1 | 1 |      |      |
| 1 | 1 | 0 | 0 | 0 | 置0 |      |
| 1 | 1 | 0 | 1 | 0 |      |      |
| 1 | 1 | 1 | 0 | × | 状态不定 |   |
| 1 | 1 | 1 | 1 | × | 不允许 |     |

（2）特性方程

同步 RS 触发器的特性方程与基本 RS 触发器相同，如式（3-1）所示。

（3）状态转换图

同步 RS 触发器的输入触发信号是高电平有效，其状态转换图如图 3-7 所示。

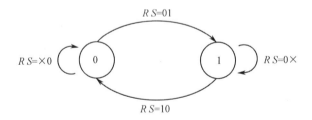

图 3-7  同步 RS 触发器的状态转换图

（4）激励表

同步 RS 触发器的激励表见表 3-4，与基本 RS 触发器相似，只是输入触发信号的有效电平不一样。

表 3-4  同步 RS 触发器的激励表

| $Q^n \to Q^{n+1}$ | | R | S |
|---|---|---|---|
| 0 | 0 | × | 0 |
| 0 | 1 | 0 | 1 |
| 1 | 0 | 1 | 0 |
| 1 | 1 | 0 | × |

(5) 时序图

已知同步 RS 触发器的 $R$、$S$ 触发信号，$CP$ 脉冲的波形如图 3-8 所示，可以画出输出端 $Q$ 和 $\overline{Q}$ 的波形，设触发器的初始状态为 0。

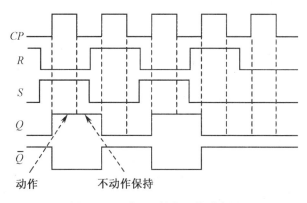

图 3-8　同步 RS 触发器的时序图

4）同步 RS 触发器的动作特点及空翻现象

同步 RS 触发器的动作特点：电平触发，即在 $CP$ 信号的有效电平（$CP=1$ 或 $CP=0$）期间接收输入信号，输出状态随输入触发信号作相应变化，而在 $CP$ 信号的非有效电平（$CP=0$ 或 $CP=1$）期间，触发器保持原状态不变。

空翻现象是指在一个时钟脉冲作用下，触发器的状态发生两次或多次的翻转。同步 RS 触发器的输出状态在 $CP$ 信号的有效电平期间随输入信号发生的变化而发生翻转，出现空翻现象。要保证同步触发器在 $CP$ 信号的有效电平（$CP=1$ 或 $CP=0$）期间输出状态只变化一次，则要求在 $CP=1$（或 $CP=0$）期间输入信号 $R$、$S$ 保持不变，不允许发生变化；此外，必须严格限制 $CP$ 的脉冲宽度，一般限制在三个门的传输延迟时间和之内，显然，这种要求是比较苛刻的。

RS 触发器要求输入端不能同时加有效触发信号，为此，出现了其它逻辑功能的触发器，如 D 触发器、JK 触发器、T 触发器和 T′ 触发器。这些触发器对输入信号没有限制，下面在实训项目 5 中，通过小组学习讨论和实际电路测试，可以了解同步 D、JK、T、T′ 触发器的逻辑功能以及动作特点。

5）同步型触发器小结

（1）同步型触发器（同步 RS、D、JK、T、T′）的动作特点是一致的，都是电平触发，即在 $CP$ 脉冲的有效作用电平期间，同步型触发器接受输入触发信号，输出状态作相应翻转，而在 $CP$ 脉冲的非有效作用电平期间，触发器的状态保持不变。

（2）空翻现象是同步型触发器所共有的。这对同步型触发器的应用带来了不少限制，因此，它只能用于数据锁存，而不能用于计数器、移位寄存器和存储器等。为了克服空翻现象，对触发器电路做进一步的改进，就产生了没有空翻现象的主从型、边沿型触发器。

（3）同步型 RS、JK、D、T 触发器的逻辑符号分别如图 3-9（a）～（d）所示，其中 C1 表示控制关联，即 $CP$ 框内为有效逻辑 1 时，控制带标号 1 的输入端有效。

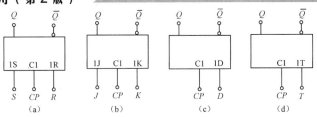

图 3-9  同步 RS、JK、D、T 触发器的逻辑符号

（4）触发器按逻辑功能分为 RS、JK、D、T、T′ 触发器，电路结构不同的同一种触发器（如都是 JK 触发器）逻辑功能是相同的，只是动作特点不同，下面只介绍不同结构触发器的动作特点，逻辑功能不再介绍。RS、JK、D、T、T′ 触发器的特性方程、特性表、激励表如表 3-5 所示，状态转换图如图 3-10 所示。

表 3-5  RS、JK、D、T、T′ 触发器的特性方程、特性表、激励表

| | RS 触发器 | JK 触发器 | D 触发器 | T 触发器 | T′ 触发器 |
|---|---|---|---|---|---|
| 特性表 | $S$ $R$ $Q^{n+1}$<br>0 0 $Q^n$<br>0 1 0<br>1 0 1<br>1 1 不定 | $J$ $K$ $Q^{n+1}$<br>0 0 $Q^n$<br>0 1 0<br>1 0 1<br>1 1 $\overline{Q^n}$ | $D$ $Q^n$ $Q^{n+1}$<br>0 0 0<br>0 1 0<br>1 0 1<br>1 1 1 | $T$ $Q^n$ $Q^{n+1}$<br>0 0 0<br>0 1 1<br>1 0 1<br>1 1 0 | $Q^n$ $Q^{n+1}$<br>0 1<br>1 0 |
| 特性方程 | $\begin{cases} Q^{n+1} = S + \overline{R}Q^n \\ RS = 0 \end{cases}$ | $Q^{n+1} = J\overline{Q^n} + \overline{K}Q^n$ | $Q^{n+1} = D$ | $Q^{n+1} = T \oplus Q^n$ | $Q^{n+1} = \overline{Q^n}$ |
| 功能说明 | 1. 具有置 0、置 1、保持功能。<br>2. $S$ 和 $R$ 不能同时为有效电平，即有约束条件，$SR=0$ | 具有置 0、置 1、保持 ($Q^{n+1}=Q^n$)、翻转 ($Q^{n+1}=\overline{Q^n}$) 功能 | 具有置 0、置 1 功能 | 具有保持、翻转功能 | 具有翻转功能 |

| $Q^n \rightarrow Q^{n+1}$ | $R$ | $S$ | $J$ | $K$ | $D$ | $T$ |
|---|---|---|---|---|---|---|
| 0  0 | × | 0 | 0 | × | 0 | 0 |
| 0  1 | 0 | 1 | 1 | × | 1 | 1 |
| 1  0 | 1 | 0 | × | 1 | 0 | 1 |
| 1  1 | 0 | × | × | 0 | 1 | 0 |

注：× 表示任意状态（1 或 0）

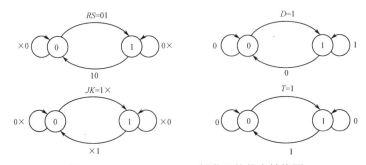

图 3-10  RS、JK、D、T 触发器的状态转换图

## 2. 主从型触发器

主从型触发器由于采用了具有存储记忆作用的触发导引电路，因而避免了空翻现象，下面以主从 RS 触发器为例介绍主从型触发器的动作特点。

1）主从 RS 触发器的电路结构

主从 RS 触发器的电路结构如图 3-11 所示，其中 $G_1$、$G_2$、$G_3$ 和 $G_4$ 构成从触发器（同步 RS 触发器），$G_5$、$G_6$、$G_7$ 和 $G_8$ 构成主触发器（同步 RS 触发器）。$G_9$ 门的作用是将 $CP$ 反相为 $\overline{CP}$，使主、从两个触发器分别工作在两个不同的时区内。$S$ 和 $R$ 是信号输入端，$CP$ 是时钟端，$Q$ 和 $\overline{Q}$ 为输出端。

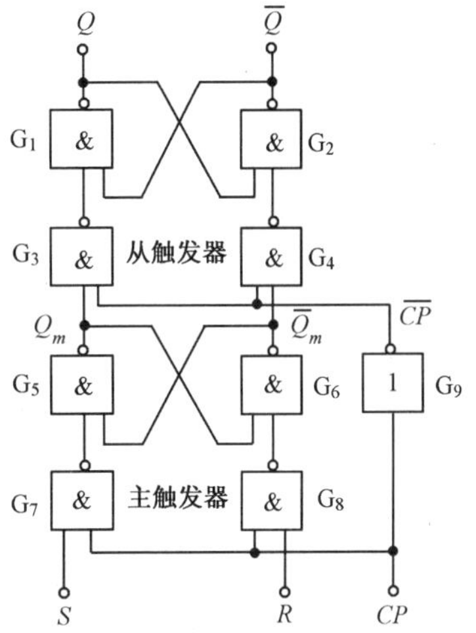

2）主从 RS 触发器的动作特点

（1）接收输入信号过程（准备阶段）

当 $CP$ 由 0 变为 1（即上升沿）及 $CP=1$ 时，主触发器控制门 $G_7$、$G_8$ 打开，接收输入信号 $R$、$S$，主触发器的状态随 $R$、$S$ 信号翻转，此时 $\overline{CP}=0$，从触发器控制门 $G_3$、$G_4$ 封锁，从触发器状态保持不变。

（2）状态翻转过程

当 $CP$ 由 1 变为 0（即下降沿）时，主触发器控制门 $G_7$、$G_8$ 封锁，不接受 $R$、$S$ 端输入信号，主触发器状态保持不变。而 $\overline{CP}$ 由 0→1，从触发器控制门 $G_3$、$G_4$ 被打开，将主触发器的状态送入从触发器，从触发器跟随主触发器的状态翻转。在 $CP=0$（$\overline{CP}=1$）期间，由于主触发器保持状态不变，因此受其控制的从触发器的状态，也即整个主从触发器的状态保持不变。

图 3-11 主从 RS 触发器的电路结构

由以上分析可知，在 $CP$ 脉冲的一个周期里，主从 RS 触发器的状态只变化一次，而且在 $CP$ 脉冲的下降沿到达后变化，不会出现空翻现象。

主从型触发器除了有主从 RS 触发器外，也有构成主从 JK 触发器、主从 D 触发器和主从 T 触发器，它们的逻辑符号分别如图 3-12（a）～（d）所示，其中"┐"为输出延迟符号，它表示主从型触发器输出状态的变化滞后于主触发器。主触发器在 $CP=1$ 时接收信号，而从触发器输出状态的变化发生在 $CP$ 脉冲的下降沿。

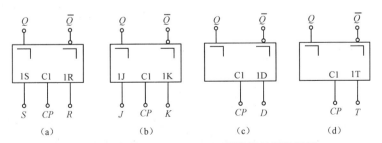

图 3-12 主从 RS、JK、D、T 触发器的逻辑符号

主从型触发器的动作特点是相同的，都是分两步进行：第一步在 $CP$ 脉冲的上升沿和

$CP=1$ 期间，主触发器接收输入端信号，被置成相应的状态，从触发器的状态（即整个主从触发器的状态）保持不变；第二步在 CP 脉冲的下降沿到来时，主触发器被封锁，从触发器的状态跟随主触发器的状态翻转，即整个主从触发器的状态在 CP 脉冲的下降沿到来时变化。

主从型触发器不产生空翻现象，但主从型触发器的抗干扰能力较差。主从型触发器在 $CP=1$（或 $CP=0$）时接收输入信号期间，易受到干扰，主从 JK 触发器会发生一次翻转问题，为了避免产生错误的一次翻转，要求在 $CP=1$ 期间输入信号保持不变，且时钟脉冲宽度要窄。主从 JK 触发器的集成产品有 CT74H78、CT74H71、CT74H72 等。

**实例 3-1** 在图 3-12（b）所示的主从 JK 触发器中，已知 CP、J、K 的电压波形如图 3-13 所示，设触发器的初态为 0，试画出 Q 端的电压波形。

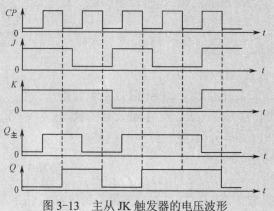

图 3-13 主从 JK 触发器的电压波形

**解** 根据主从触发器的动作特点，在第 1 个 CP 高电平期间，$J=K=1$，根据 JK 触发器的逻辑功能，主触发器的状态由 0 翻转为 1，第 1 个 CP 下降沿，从触发器即主从 JK 触发器的状态，按照 CP 下降沿时刻的主触发器的状态发生变化，由 0 变为 1。

在第 2 个 CP 高电平期间，$J=0$、$K=1$，根据 JK 触发器的逻辑功能，主触发器的状态置 0，第 2 个 CP 下降沿，从触发器的状态按照主触发器的状态发生变化，由 1 变为 0。

在第 3 个 CP 高电平期间，$J=1$、$K=0$，根据 JK 触发器的逻辑功能，主触发器的状态置 1，第 3 个 CP 下降沿，从触发器按照主触发器的状态发生变化，由 0 变为 1。

在第 4 个 CP 高电平期间，$J=K=0$，根据 JK 触发器的逻辑功能，主触发器的状态保持原状态不变，即保持 1 状态不变，第 4 个 CP 下降沿，从触发器按照主触发器的状态不发生变化，仍为 1。

在第 5 个 CP 高电平期间，$J=1$、$K=1$，根据 JK 触发器的逻辑功能，主触发器的状态翻转，由 1 翻转为 0，第 5 个 CP 下降沿，从触发器按照主触发器的状态发生变化，由 1 变为 0。

#### 3. 边沿型触发器

边沿型触发器只在时钟脉冲 CP 的上升沿或下降沿时刻接收输入信号，输出状态发生变化，而在 CP 的其他时刻，触发器的状态不会发生变化，从而提高了触发器工作的可靠性和抗干扰能力。边沿型触发器有正边沿触发和负边沿触发两种类型。

1）维持-阻塞型正边沿 D 触发器

维持-阻塞型触发器利用维持-阻塞电路克服了空翻现象。下面以维持-阻塞 D 触发器为例进行介绍。

（1）电路结构

维持-阻塞 D 触发器的逻辑电路如图 3-14（a）所示，它是由六个与非门组成，其中门 $G_1$ 和 $G_2$ 构成基本的 RS 触发器，$G_3$、$G_4$、$G_5$ 和 $G_6$ 组成了维持-阻塞电路。①线为维持置 0 线，②线为阻塞置 0 线，③线为维持置 1 线，④线为阻塞置 1 线。

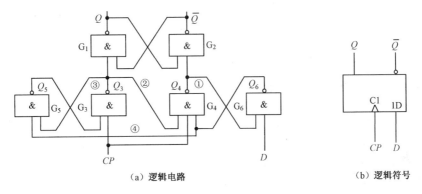

(a) 逻辑电路　　　　　　　　　　(b) 逻辑符号

图 3-14　维持-阻塞 D 触发器

（2）工作原理

◆ 若 $D=0$，当 $CP=0$ 时，$G_3$、$G_4$ 门输出 1，则 $G_1$ 和 $G_2$ 构成基本的 RS 触发器的状态保持不变，$G_6=1$，$G_5=0$；当 $CP$ 由 0→1（$CP$ 上升沿）到来时，$G_4$ 门输入全 1，输出 0，通过①线封锁 $G_6$ 门，使其输出 1，$D$ 端输入信号的变化对触发器没有影响，$D$ 信号不起作用。$G_6$ 门的输出又通过④线，使 $G_3$ 门维持 1 状态，使触发器不会被置 1，$G_3$ 门输出 1，$G_4$ 门输出 0，触发器置 0；$CP=1$ 期间，$G_4$ 门输出 0，通过①线封锁 $G_6$ 门，通过④线阻塞置 1，使 $G_3$ 门维持 1 状态，所以触发器置 0；当 $CP$ 由 1→0（$CP$ 下降沿）到来时，$G_3$、$G_4$ 门被封锁，输出 1，触发器保持 0 状态不变。由以上分析可得，①线维持了触发器的 0 状态，故称①线为维持置 0 线，④线阻塞了置 1 通路，故称④线为阻塞置 1 线。

◆ 若 $D=1$，当 $CP=0$ 时，$G_3$、$G_4$ 门输出 1，触发器的状态保持不变，$G_6=0$，$G_5=1$；当 $CP$ 由 0→1（$CP$ 上升沿）到来时，$G_3$ 门输入全 1，输出 0，通过③线使 $G_5$ 维持 1 状态，通过②线使 $G_4$ 门输出 1，使 $G_4$ 门不受 $D$ 端输入信号的影响，触发器不会被置 0，因此 $G_3=0$，$G_4=1$，触发器置 1；$CP=1$ 期间，③线使 $G_5$ 维持 0 状态，②线使 $G_4$ 输出 1，触发器置 1，阻塞触发器置 0，不管 $D$ 端输入信号如何变化；当 $CP$ 由 1→0（$CP$ 下降沿）到来时，$G_3$、$G_4$ 门被封锁，输出 1，触发器保持 1 状态不变，由以上分析可得，②线阻塞了置 0 通路，故称②线为阻塞置 0 线，③线维持了触发器的 1 状态，故称③线为维持置 1 线。

综上所述，图 3-14（a）所示维持-阻塞 D 触发器在时钟脉冲 $CP$ 的上升沿发生状态变化，它的状态取决于时钟脉冲 $CP$ 上升沿到来之前瞬间的 $D$ 输入端的状态。维持线和阻塞线保证了触发器不会发生空翻现象。

图 3-14（b）为维持-阻塞 D 触发器的逻辑符号，C1 端的动态符号"∧"表示维持-阻塞 D 触发器的触发方式是边沿触发，用"∧"表示 C1 上升沿时，受其影响的 1D 按 D 触发器功能对器件起作用，输出 $Q$ 和 $\overline{Q}$ 立即响应。$CP$ 输入端没有加一个小圆圈，它表示 $CP$ 和 C1 的极性相同，触发器在 $CP$ 上升沿翻转；如果 $CP$ 输入端加有一个小圆圈，它表示 $CP$ 和 C1 的极性相反，触发器在 $CP$ 下降沿（即 C1 为上升沿）时翻转。其特性方程为：

$$Q^{n+1} = D \quad (上升沿时刻有效)$$

式中的 $D$ 信号是指 $CP$ 时钟脉冲上升沿到来之前瞬间的输入信号状态，$Q^{n+1}$ 为 $CP$ 上升沿到来后的触发器的状态。

**实例 3-2** 对如图 3-14（b）所示的维持-阻塞 D 触发器，加时钟信号 $CP$ 和 $D$ 信号如图 3-15 所示，设初态为 0，试画出输出端 $Q$ 的波形。

**解** 由图 3-14（b）可知该触发器是 D 触发器，动作特点是上升沿触发，即输出状态取决于 $CP$ 上升沿到来之前瞬间的 $D$ 信号。根据每个 $CP$ 上升沿到来之前瞬间的 $D$ 输入端的逻辑状态，可确定在每个 $CP$ 上升沿作用后的次态 $Q^{n+1}$ 的波形，如图 3-15 所示。

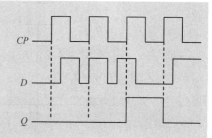

图 3-15 维持-阻塞 D 触发器的波形图

常用的维持-阻塞 D 触发器的集成产品有 74LS74、74LS174、74LS374 和 74LS175 等。

2）利用传输延时的边沿型触发器

利用传输延时的边沿型 JK 触发器如图 3-16 所示，该触发器在时钟脉冲的下降沿（负边沿）时，接收输入信号，并使触发器翻转。

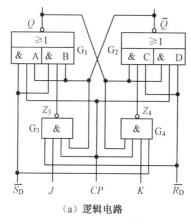

（a）逻辑电路

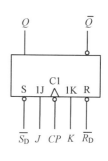

（b）逻辑符号

图 3-16 负边沿 JK 触发器

（1）电路结构

在图 3-16（a）中，$G_1$、$G_2$ 两个与或非门构成基本 RS 触发器，$G_3$、$G_4$ 为输入控制门。要求 $G_3$、$G_4$ 门的传输延迟时间大于由 $G_1$、$G_2$ 两个与或非门构成的基本 RS 触发器的翻转时间，否则，该触发器不能正常工作。这一要求是在制造器件时，由工艺来保证的。

图 3-16（b）所示是其逻辑符号，C1 端的符号"∧"和 $CP$ 输入端的小圆圈表示 $CP$ 下降沿触发。$\overline{R}_D$、$\overline{S}_D$ 是异步置 0、置 1 端，也称直接置 0 和置 1 端，低电平有效，即当 $\overline{R}_D = 0$、

$\overline{S}_D=1$ 时，触发器置 0；当 $\overline{R}_D=1$、$\overline{S}_D=0$ 时，触发器置 1。$\overline{R}_D$ 和 $\overline{S}_D$ 不能同时为有效低电平，即 $\overline{R}_D$、$\overline{S}_D$ 应满足约束条件 $\overline{S}_D+\overline{R}_D=1$。正常工作时，$\overline{R}_D=\overline{S}_D=1$。

（2）工作原理（设 $\overline{R}_D=\overline{S}_D=1$）

$CP=0$ 时，$G_3$、$G_4$ 被封锁，则 $Z_3=1$、$Z_4=1$，与门 A 和 D 被封锁，与门 B 和 C 是打开的，基本 RS 触发器的 $Q$ 和 $\overline{Q}$ 通过 B、C 门的反馈互锁而状态保持不变。

$CP$ 由 0 到 1 变化（上升沿）时，由于 $G_3$、$G_4$ 门的传输延迟时间较长，与门 A 和 D 先打开。即先有 $A=\overline{Q^n}$、$D=Q^n$，后有 $B=\overline{J}\ \overline{Q^n}$，$C=\overline{K}\ Q^n$，由于 $Q^{n+1}=\overline{A+B}$。所以 $Q^{n+1}=Q^n$，触发器的状态保持不变。

$CP=1$ 期间，$A=\overline{Q^n}$，$D=Q^n$，$B=\overline{J}\ \overline{Q^n}$，$C=\overline{K}\ Q^n$，$Q^{n+1}=\overline{A+B}=Q^n$。触发器的状态保持不变。

$CP$ 由 1 到 0 变化（下降沿）时，由于 $G_3$、$G_4$ 门的传输延迟时间较长，与门 A 和 D 先被封锁，使 $A=D=0$，而 $G_3$、$G_4$ 门则要保持一个 $t_{pd}$ 的延迟时间，在这个延迟时间内，接收输入信号 $J$、$K$，$Z_3=\overline{J\overline{Q^n}}$，$Z_4=\overline{KQ^n}$，触发器的状态根据 $J$、$K$ 端的信号翻转。即：

① 当 $J=K=0$ 时，触发器的状态保持不变，$Q^{n+1}=Q^n$。

② 当 $J=0$、$K=1$ 时，触发器置 0，$Q^{n+1}=0$。

③ 当 $J=1$、$K=0$ 时，触发器置 1，$Q^{n+1}=1$。

④ 当 $J=K=1$ 时，触发器的状态翻转，即 $Q^{n+1}=\overline{Q^n}$。

由以上分析可知，在 $CP$ 脉冲的一个周期里，触发器的状态只变化了一次，且状态变化发生在 $CP$ 脉冲的下降沿，输出状态仅仅取决于 $CP$ 脉冲下降沿到来之前瞬间的 $J$、$K$ 信号。负边沿 JK 触发器的特性方程为 $Q^{n+1}=J\overline{Q^n}+\overline{K}Q^n$（$CP$ 下降沿时刻有效）。

**实例 3-3** 已知 $J$、$K$、$\overline{R}_D$、$\overline{S}_D$ 和 $CP$ 的电压波形如图 3-17 所示，试画出图 3-16 所示负边沿 JK 触发器的输出波形。设触发器的初始状态为 0。

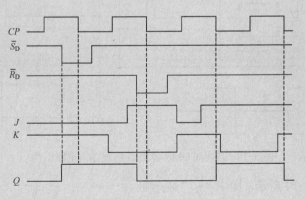

图 3-17 负边沿 JK 触发器的时序波形

**解** 因为 $\overline{R}_D$、$\overline{S}_D$ 为异步置 0、置 1 端，低电平有效，所以当 $\overline{S}_D=0$、$\overline{R}_D=1$ 时，触发器的状态立即被置 1，由于 $\overline{S}_D$ 为有效电平，所以第 1 个 $CP$ 脉冲的下降沿到来时，触发器的状态仍被置 1，而不受 $J$、$K$ 信号影响；第 2 个 $CP$ 脉冲期间，$\overline{R}_D=0$，$\overline{S}_D=1$，所以触发器的状态立即被置 0，第 2 个 $CP$ 脉冲的下降沿到来时，由于 $\overline{R}_D$ 为有效电平，所以触发器的状态仍被置 0，而不受 $J$、$K$ 信号影响；第 3 个 $CP$ 脉冲的下降沿到来，由于 $\overline{S}_D=1$，$\overline{R}_D=1$，触发器的状态取决于 $CP$ 脉冲下降沿到来之前瞬间的 $J$、$K$ 信号，确定触发器的状态翻转，由 0 变为 1；同理，画出第 4 个 $CP$ 脉冲的下降沿到来后触发器的状态，如图 3-17 所示。

常用的负边沿 JK 触发器的集成产品有 CT74LS112、CT74LS113、CT74LS114、CT74LS107 等，CC4027 是上升沿触发的边沿 JK 触发器。

3）主从 COMS 边沿 D 触发器

(1) 电路结构

主从 COMS 边沿 D 触发器的电路结构如图 3-18 所示。或非门 $G_1$、$G_2$ 和传输门 $TG_2$ 构成主触发器，或非门 $G_3$、$G_4$ 和传输门 $TG_4$ 构成从触发器，传输门 $TG_1$ 是输入控制门，传输门 $TG_3$ 是主、从触发器之间的控制门。$D$ 是输入信号端，$CP$ 是时钟端，$Q$、$\overline{Q}$ 是输出端。

$S_D$ 和 $R_D$ 是异步置 1（置位）和置 0（复位）端，高电平有效，当 $S_D=1$、$R_D=0$ 时，$Q=1$（与输入及 $CP$ 脉冲无关）；$S_D=0$、$R_D=1$ 时，$Q=0$（与输入及 $CP$ 脉冲无关）；$R_D$、$S_D$ 不能同时为有效高电平，正常工作时，$R_D=S_D=0$。

$CP$ 脉冲经两个非门给传输门送去两个互补的控制信号 $c$ 和 $\bar{c}$，当控制信号 $c=0$、$\bar{c}=1$ 时，$TG_1$、$TG_4$ 导通，$TG_2$、$TG_3$ 截止；反之，当 $c=1$，$\bar{c}=0$ 时，$TG_1$、$TG_4$ 截止，$TG_2$、$TG_3$ 导通。

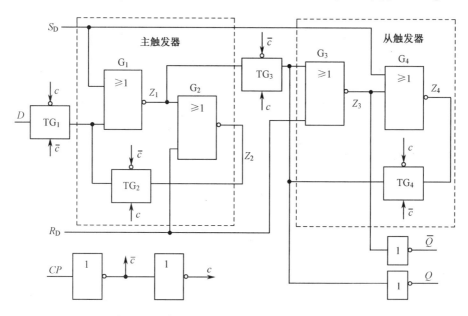

图 3-18 主从 COMS 边沿 D 触发器的电路结构

逻辑符号如图 3-19 所示，图中"┐"表示触发器是主从结构。但其触发方式是边沿触发，用 C1 端的动态符号"∧"表示，其输出状态仅仅取决于在 $CP$ 上升沿到来之前瞬间的输入端的信号。

(2) 工作原理（设 $S_D = R_D = 0$）

$CP=0$ 时，$\bar{c}=1$，$c=0$，$TG_1$、$TG_4$ 导通，$TG_2$、

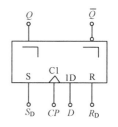

图 3-19 主从 COMS 边沿 D 触发器的逻辑符号

TG$_3$ 截止，主触发器通过 TG$_1$ 接收输入信号 $D$，$Z_1=\overline{D}$，$Z_2=D$。主、从触发器之间的 TG$_3$ 断开，由于 TG$_4$ 导通，从触发器保持原状态不变。

$CP$ 由 0→1（$CP$ 上升沿），$\overline{c}=0$，$c=1$，TG$_1$、TG$_4$ 截止，TG$_2$、TG$_3$ 导通，TG$_1$ 截止，输入通道被封锁，TG$_2$ 导通，于是 G$_1$、G$_2$、TG$_2$ 构成或非门基本 RS 触发器，主触发器保持 $CP$ 上升沿到来之前瞬间所接收的 $D$ 信号，$Z_1=\overline{D}$，经 TG$_3$，从触发器 $Q$ 的状态根据 $Z_1$ 的状态进行更新，即 $Q=\overline{Z_1}=D$。

$CP=1$ 期间，由于 TG$_1$ 截止，输入通道被封锁，主触发器反馈互锁，保持原状态不变，所以，从触发器的状态也不变。

$CP$ 由 1→0（$CP$ 下降沿），$\overline{c}=1$，$c=0$，TG$_1$、TG$_4$ 导通，TG$_2$、TG$_3$ 截止，TG$_1$ 导通，输入通道被打开，TG$_3$ 截止，主、从触发器之间断开，从触发器反馈互锁，保持原状态不变。

综上所述，在 $CP$ 脉冲的一个周期里，图 3-18 所示 D 触发器的状态只变化一次，触发器接收 $CP$ 上升沿到来之前瞬间的 $D$ 信号，并在 $CP$ 上升沿到来时状态翻转使 $Q^{n+1}=D$（$CP$ 上升沿有效），属于边沿式触发，没有空翻现象。

**实例 3-4** 在如图 3-18 所示主从 COMS 边沿 D 触发器的 $CP$ 脉冲端和 $D$ 触发信号端加如图 3-20 所示信号，设 $S_D=R_D=0$，触发器的初态为 0，试画出触发器的输出波形。

**解** 根据每一个 $CP$ 上升沿到来之前瞬间的 $D$ 信号，就可确定在每一个 $CP$ 上升沿到来作用后的次态 $Q^{n+1}$ 的波形，如图 3-20 所示。

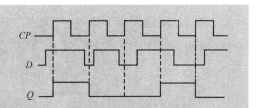

图 3-20  主从 COMS 边沿 D 触发器的波形图

CMOS 触发器具有功耗低、抗干扰能力强、电源适用范围宽等特点，应用十分广泛。常用的主从 CMOS 边沿 D 触发器集成产品为 CC4013。

### 3.1.3 不同类型触发器之间的转换

集成触发器大多数是 JK 和 D 触发器，集成产品中没有 T 触发器和 T′ 触发器，要实现 T 或 T′ 触发器的逻辑功能，需要由 JK 触发器或 D 触发器构成。当然，JK 触发器和 D 触发器之间也可以相互转换。转换方法是利用已有触发器和待求触发器的特性方程相等的原则，求出转换逻辑函数，从而得到转换电路。

**1. D 触发器转换成 T 触发器、T′ 触发器和 JK 触发器**

1）D 触发器转换成 T 触发器

已知 D 触发器的特性方程为 $Q^{n+1}=D$，而 T 触发器的特性方程为 $Q^{n+1}=T\oplus Q^n$，与 D 触发器的特性方程比较，可得 D 输入端的驱动方程为 $D=T\oplus Q^n$。

根据驱动方程可以画出转换电路，如图 3-21 所示。

2）D 触发器转换成 T′ 触发器

已知 D 触发器的特性方程为 $Q^{n+1}=D$，而 T′ 触发器的特性方程为 $Q^{n+1}=\overline{Q^n}$，两者相比

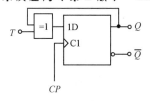
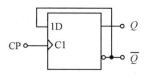

图 3-21　D 触发器转换成 T 触发器的电路　　图 3-22　D 触发器转换成 T′ 触发器的电路

较，可得 D 输入端的驱动方程为 $D = \overline{Q^n}$。转换电路如图 3-22 所示。

3）D 触发器转换成 JK 触发器

已知 D 触发器的特性方程为 $Q^{n+1} = D$，JK 触发器的特性方程为 $Q^{n+1} = J\overline{Q^n} + \overline{K}Q^n$，同理可得 D 输入端的驱动方程为 $D = J\overline{Q^n} + \overline{K}Q^n$。根据驱动方程可得转换电路如图 3-23 所示。

### 2. JK 触发器转换成 T 触发器、T′ 触发器和 D 触发器

1）JK 触发器转换成 T 触发器

已知 JK 触发器的特性方程为 $Q^{n+1} = J\overline{Q^n} + \overline{K}Q^n$，而 T 触发器的特性方程为：$Q^{n+1} = T \oplus Q^n = T\overline{Q^n} + \overline{T}Q^n$，与 JK 触发器的特性方程比较，可得 JK 输入端的驱动方程为：$J=T$，$K=T$。于是可得如图 3-24 所示转换电路。

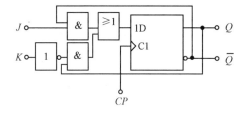
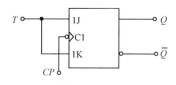

图 3-23　D 触发器转换成 JK 触发器的电路　　图 3-24　JK 触发器转换成 T 触发器的电路

2）JK 触发器转换成 T′ 触发器

根据 T′ 触发器的逻辑功能可知，只要将 JK 触发器的 J、K 端均设置高电平 1 即得到 T′ 触发器，即 JK 输入端的驱动方程为：$J=K=1$。转换电路如图 3-25 所示。

3）JK 触发器转换成 D 触发器

已知 JK 触发器的特性方程为 $Q^{n+1} = J\overline{Q^n} + \overline{K}Q^n$，D 触发器的特性方程为 $Q^{n+1} = D$，将 D 触发器的特性方程进行变换，使之形式与 JK 触发器的特性方程一致，即：

$$Q^{n+1} = D = D(Q^n + \overline{Q^n}) = D\overline{Q^n} + DQ^n$$

与 JK 触发器的特性方程相比较，可得 $J = D$，$K = \overline{D}$。转换电路如图 3-26 所示。

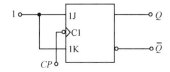
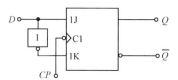

图 3-25　JK 触发器转换成 T′ 触发器的电路　　图 3-26　JK 触发器转换成 D 触发器的电路

学习单元 3　计数分频电路分析制作与调试

## 实训项目 5　同步型触发器逻辑功能的分析与测试

### 1. 目标

1）知识目标

（1）掌握基本 RS 触发器的结构及工作原理、功能描述；

（2）掌握同步 RS 触发器的结构及动作特点（触发方式）；

（3）掌握同步 D 触发器的逻辑功能、动作特点、功能描述方法；

（4）掌握同步 JK 触发器的逻辑功能、动作特点、功能描述方法；

（5）掌握同步 T 触发器的逻辑功能、动作特点、功能描述方法；

（6）掌握同步 T′ 触发器的逻辑功能、动作特点、功能描述方法；

（7）了解同步型触发器的动作特点及空翻现象。

2）能力目标

（1）掌握集成逻辑门电路的识别、引脚功能的查询、真值表的读解方法；

（2）掌握用集成逻辑门电路构成同步型触发器的功能分析及功能测试方法；

（3）锻炼学习资料的查询能力。

3）素质目标

（1）养成严肃、认真的科学态度和良好的自主学习方法；

（2）培养严谨的科学思维习惯和规范的操作意识；

（3）养成独立分析问题和解决问题的能力，以及相互协作团队精神；

（4）能综合运用所学知识和技能，独立解决实训中遇到的实际问题；具有一定的归纳、总结能力；

（5）具有一定的创新意识；具有一定的自学、表达、获取信息等方面的能力。

### 2. 资讯

（1）集成门电路（74LS00、74LS20）的引脚排列及查询方法。

（2）基本 RS 触发器的结构及功能描述。

（3）同步 RS 触发器的结构及动作特点（触发方式）。

### 3. 决策

（1）测试由与非门构成的基本 RS 触发器的逻辑功能，测出状态转换真值表，写出其特性方程，画出其状态转换图。

（2）分析由与非门构成的同步 D 触发器的逻辑功能、动作特点，测出状态转换真值表，写出其特性方程，画出其状态转换图。

（3）分析由与非门构成的同步 JK 触发器的逻辑功能、动作特点，测出状态转换真值表，写出其特性方程，画出其状态转换图。

（4）分析由与非门构成的同步 T 触发器的逻辑功能、动作特点，测出状态转换真值表，写出其特性方程,画出其状态转换图。

(5)分析由与非门构成的同步 T′触发器的逻辑功能、动作特点,测出状态转换真值表,写出其特性方程,画出其状态转换图。

### 4．计划

(1)所需仪器仪表:万用表,示波器,数字电路实验箱;

(2)所需元器件:74LS00、74LS20 芯片各 1 片。

### 5．实施

(1)测试由与非门(74LS00)构成的基本 RS 触发器的逻辑功能,连接电路如图 3-27 所示。

按图 3-27 正确连接线路,分别在输入端 R、S 输入低电平和高电平,用万用表测输出电压,填入表 3-6 中。

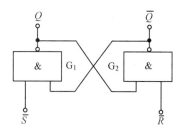

图 3-27 基本 RS 触发器

表 3-6 基本 RS 触发器的特性表

| 输入 | | 现态 | 次态 |
|---|---|---|---|
| $\overline{R}$ | $\overline{S}$ | $Q^n$ | $Q^{n+1}$ |
| 0 | 0 | 0 | |
| 0 | 0 | 1 | |
| 0 | 1 | 0 | |
| 0 | 1 | 1 | |
| 1 | 0 | 0 | |
| 1 | 0 | 1 | |
| 1 | 1 | 0 | |
| 1 | 1 | 1 | |

(2)分析由与非门(74LS00)构成的同步 D 触发器(如图 3-28 所示)的逻辑功能、动作特点,测出状态转换真值表,写出其特性方程,画出其状态转换图。

按图 3-28 正确连接线路,分别在 CP=0 和 CP=1 时,在输入端 D 输入低电平和高电平,输出端 Q、$\overline{Q}$ 接电平指示灯,并用万用表测输出电压,填入表 3-7 中。

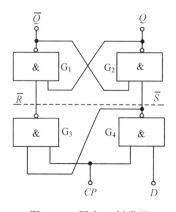

图 3-28 同步 D 触发器

表 3-7 同步 D 触发器的特性表

| 时钟 | 输入 | 现态 | 次态 | 功能说明 |
|---|---|---|---|---|
| CP | D | $Q^n$ | $Q^{n+1}$ | |
| 0 | 0 | 0 | | |
| 0 | 0 | 1 | | |
| 0 | 1 | 0 | | |
| 0 | 1 | 1 | | |
| 1 | 0 | 0 | | |
| 1 | 0 | 1 | | |
| 1 | 1 | 0 | | |
| 1 | 1 | 1 | | |

（3）分析由与非门（74LS00、74LS20）构成的同步 JK 触发器（如图 3-29 所示）的逻辑功能、动作特点，测出状态转换真值表，写出其特性方程，画出其状态转换图。

按图 3-29 连接线路，分别在 $CP=0$ 和 $CP=1$ 时，在输入端 $J$、$K$ 分别输入低电平和高电平，输出端 $Q$、$\overline{Q}$ 接电平指示灯，观察空翻现象，并用万用表测输出电压，填入表 3-8。

（4）分析由与非门（74LS00、74LS20）构成的同步 T 触发器（如图 3-30 所示）的逻辑功能、动作特点，测出状态转换真值表，写出其特性方程，画出其状态转换图。

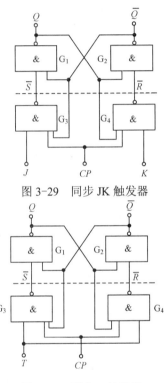

图 3-29 同步 JK 触发器

图 3-30 同步 T 触发器

表 3-8 同步 JK 触发器的特性表

| 时钟 | 输入 | | 现态 | 次态 | 功能说明 |
|---|---|---|---|---|---|
| $CP$ | $J$ | $K$ | $Q^n$ | $Q^{n+1}$ | |
| 0 | 0 | 0 | 0 | | |
| 0 | 0 | 0 | 1 | | |
| 0 | 0 | 1 | 0 | | |
| 0 | 0 | 1 | 1 | | |
| 0 | 1 | 0 | 0 | | |
| 0 | 1 | 0 | 1 | | |
| 0 | 1 | 1 | 0 | | |
| 0 | 1 | 1 | 1 | | |
| 1 | 0 | 0 | 0 | | |
| 1 | 0 | 0 | 1 | | |
| 1 | 0 | 1 | 0 | | |
| 1 | 0 | 1 | 1 | | |
| 1 | 1 | 0 | 0 | | |
| 1 | 1 | 0 | 1 | | |
| 1 | 1 | 1 | 0 | | |
| 1 | 1 | 1 | 1 | | |

按图 3-30 正确连接线路，分别在 $CP=0$ 和 $CP=1$ 时，在输入端 $T$ 输入低电平和高电平，输出端 $Q$、$\overline{Q}$ 接电平指示灯，观察空翻现象，用万用表测输出电压，填入表 3-9 中。

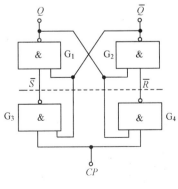

图 3-31 同步 T′ 触发器

表 3-9 同步 T 触发器的特性表

| 时钟 | 输入 | 现态 | 次态 | 功能说明 |
|---|---|---|---|---|
| $CP$ | $T$ | $Q^n$ | $Q^{n+1}$ | |
| 0 | 0 | 0 | | |
| 0 | 0 | 1 | | |
| 0 | 1 | 0 | | |
| 0 | 1 | 1 | | |
| 1 | 0 | 0 | | |
| 1 | 0 | 1 | | |
| 1 | 1 | 0 | | |
| 1 | 1 | 1 | | |

（5）分析由与非门（74LS00）构成的同步 T′ 触发器（如图 3-31 所示）的逻辑功能、动作特点，测出状态转换真值表，写出其特性方程，画出其状态转换图。

按图 3-31 正确连接线路，输出端 $Q$、$\overline{Q}$ 接电平指示灯，分别在 $CP=0$ 和 $CP=1$ 时，观察空翻现象，用万用表测量 $Q$ 端电压，填入表 3-10 中后得其状态转换真值表。

表 3-10 同步 T′ 触发器的特性表

| 时钟 | 现态 | 次态 | 功能说明 |
|---|---|---|---|
| $CP$ | $Q^n$ | $Q^{n+1}$ | |
| 0 | 0 | | |
| 0 | 1 | | |
| 1 | 0 | | |
| 1 | 1 | | |

### 6．检查

检查测试结果与理论分析结果是否一致，尤其在测试 JK 触发器、T 和 T′ 触发器时有哪些测试值与理论分析结果不吻合，为什么？分析问题原因并记录解决方案。

### 7．评价

在完成上述电路连接及输出电压测试基础上，撰写实训报告，并在小组内进行自我评价、组员评价，最后由教师给出评价，三个评价相结合作为本次工作任务完成情况的综合评价。

## 实训项目 6　用 74LS74、74LS112 构成 T、T′ 触发器

### 1．目标

1）知识目标

（1）掌握集成触发器的逻辑功能及正确使用方法；

（2）掌握触发器的相互转换方法。

2）能力目标

（1）掌握集成触发器电路识别、引脚功能查询、真值表读解方法；

（2）掌握集成触发器相互转换及功能测试方法；

（3）锻炼学习资料的查询能力。

3）素质目标

（1）养成严肃、认真的科学态度和良好的自主学习方法；

（2）培养严谨的科学思维习惯和规范的操作意识；

（3）养成独立分析问题和解决问题的能力，以及相互协作的团队精神；

（4）能综合运用所学知识和技能，独立解决实训中遇到的实际问题；具有一定的归纳、总结能力；

（5）具有一定的创新意识；具有一定的自学、表达、获取信息等方面的能力。

## 2. 资讯

1) 集成触发器的引脚排列及查询方法、功能表读解方法

（1）74LS74 的引脚排列和功能表

74LS74 芯片是由两个独立的上升沿触发的维持-阻塞 D 触发器，其引脚排列如图 3-32（a）所示，功能表如表 3-11 所示。

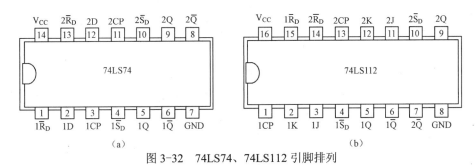

图 3-32　74LS74、74LS112 引脚排列

表 3-11　74LS74 功能表

| $\overline{S}_D$ | $\overline{R}_D$ | CP | D | $Q^n$ | $Q^{n+1}$ | 功能说明 |
|---|---|---|---|---|---|---|
| 0 | 1 | × | × | × | 1 | 异步置1 |
| 1 | 0 | × | × | × | 0 | 异步置0 |
| 1 | 1 | ↑ | 0 | 0 | 0 | 置0 |
| 1 | 1 | ↑ | 0 | 1 | 0 | 置0 |
| 1 | 1 | ↑ | 1 | 0 | 1 | 置1 |
| 1 | 1 | ↑ | 1 | 1 | 1 | 置1 |

注：×表示任意状态

（2）74LS112 的引脚排列和功能表

74LS112 芯片是由两个独立的下降沿触发的边沿 JK 触发器，其引脚排列如图 3-32（b）所示，功能表如表 3-12 所示。

表 3-12　74LS112 功能表

| $\overline{S}_D$ | $\overline{R}_D$ | CP | J | K | $Q^n$ | $Q^{n+1}$ | 功能说明 |
|---|---|---|---|---|---|---|---|
| 0 | 1 | × | × | × | × | 1 | 异步置1 |
| 1 | 0 | × | × | × | × | 0 | 异步置0 |
| 1 | 1 | ↓ | 0 | 0 | 0 | 0 | 保持 |
| 1 | 1 | ↓ | 0 | 0 | 1 | 1 | 保持 |
| 1 | 1 | ↓ | 0 | 1 | 0 | 0 | 置0 |
| 1 | 1 | ↓ | 0 | 1 | 1 | 0 | 置0 |
| 1 | 1 | ↓ | 1 | 0 | 0 | 1 | 置1 |
| 1 | 1 | ↓ | 1 | 0 | 1 | 1 | 置1 |
| 1 | 1 | ↓ | 1 | 1 | 0 | 1 | 翻转 |
| 1 | 1 | ↓ | 1 | 1 | 1 | 0 | 翻转 |

注：×表示任意状态

2）触发器相互转换方法

触发器相互转换方法是利用已有触发器和待求触发器的特征方程相等的原则，求出转换逻辑函数，从而得到转换电路。

3．决策

（1）用 D 触发器（74LS74）构成 T 和 T′ 触发器，用示波器观察时钟输入端和 $Q$ 端的输出波形。

（2）用 JK 触发器（74LS112）构成 T 和 T′ 触发器，用示波器观察时钟输入端和 $Q$ 端的输出波形。

4．计划

（1）所需仪器仪表：万用表，示波器，数字电路实验箱；

（2）所需元器件：74LS74、74LS112、74LS86 芯片各 1 片。

5．实施

（1）用 D 触发器（74LS74）构成 T 触发器，画出转换电路图，连接电路，在 $CP$ 端输入频率为 1 kHz 的方波信号，在 $T$ 信号输入端分别接低电平和高电平，用示波器观察并记录 $CP$ 端及 $Q$ 端的波形，记入表 3-13 中。

（2）用 D 触发器（74LS74）构成 T′ 触发器，画出转换电路图，连接电路，在 $CP$ 端输入频率为 1 kHz 的方波信号，用示波器观察并记录 $CP$ 端及 $Q$ 端的波形，记入表 3-13 中。

（3）用 JK 触发器（74LS112）构成 T 触发器，画出转换电路图，连接电路，在 $CP$ 端输入频率为 1 kHz 的方波信号，在 $T$ 信号输入端分别接低电平和高电平，用示波器观察并记录 $CP$ 端及 $Q$ 端的波形，记入表 3-13 中。

（4）用 JK 触发器（74LS112）构成 T′ 触发器，画出转换电路图，连接电路，在 $CP$ 端输入频率为 1 kHz 的方波信号，用示波器观察并记录 $CP$ 端及 $Q$ 端的波形，记入表 3-13 中。

表 3-13

|  | 用 74LS74 实现 | 用 74LS112 实现 |
|---|---|---|
| T 触发器 | $T=0$ | $T=0$ |
|  | $CP$ 波形图；$Q$ 波形图 | $CP$ 波形图；$Q$ 波形图 |
|  | $T=1$ | $T=1$ |
|  | $CP$ 波形图；$Q$ 波形图 | $CP$ 波形图；$Q$ 波形图 |
| T′ 触发器 | $CP$ 波形图；$Q$ 波形图 | $CP$ 波形图；$Q$ 波形图 |

### 6. 检查

检查测试电路及测试结果的正确性，分析发生问题的原因并记录解决方案。

### 7. 评价

在完成上述电路连接及信号观察与检测的基础上，撰写实训报告，并在小组内进行自我评价、组员评价，最后由教师给出评价，三个评价相结合作为本次工作任务完成情况的综合评价。

## 3.2 时序逻辑电路

### 3.2.1 时序逻辑电路的结构与特点

时序逻辑电路的特点是：任一时刻的输出状态不仅与该时刻的输入变量的取值有关，而且还与以前的输入状态有关。

时序逻辑电路主要由组合逻辑电路和存储电路（触发器构成）两部分组成，而且存储电路必不可少，电路中存在反馈回路，存储电路的输出必须反馈到输入端，与输入信号一起共同决定组合电路的输出。其电路结构示意图如图 3-33 所示。

图 3-33 时序逻辑电路结构框图

在图 3-33 中，有 $i$ 个输入信号用 $X(x_1, x_2, \cdots, x_i)$ 表示，有 $j$ 个输出信号用 $Y(y_1, y_2, \cdots, y_j)$ 表示，$W(w_1, w_2, \cdots, w_k)$ 为存储电路的驱动输入信号，$Q(q_1, q_2, \cdots, q_l)$ 为存储电路的输出状态，它反馈到组合逻辑电路的输入端，与输入信号一起决定组合逻辑电路的输出状态。

时序电路的逻辑功能可用输出方程、状态方程和驱动方程等方程式表示。输出方程描述时序逻辑电路输出变量与输入变量及存储电路现态之间的逻辑关系；驱动方程描述的是存储电路的驱动信号和输入变量及存储电路现态之间的逻辑关系；状态方程描述的是存储电路的次态与驱动信号及存储电路现态之间的逻辑关系。

图 3-33 所示电路的输出方程、驱动方程和状态方程的通式可表示如下：

$$Y(t_n) = F[X(t_n), Q(t_n)]$$
$$W(t_n) = G[X(t_n), Q(t_n)]$$
$$Q(t_{n+1}) = H[W(t_n), Q(t_n)]$$

式中，$t_n$、$t_{n+1}$ 表示相邻的两个离散时间，$Q(t_n)$ 表示现态（电路状态转换前的状态），$Q(t_{n+1})$ 表示次态（电路状态转换后的状态），即现态 $Q^n$ 和次态 $Q^{n+1}$。

时序电路的逻辑功能还可以用状态转换真值表、状态转换图以及时序图来表示。这些都是描述时序电路逻辑功能的方法，它们之间可以相互转换。

时序逻辑电路按存储电路（即电路中的触发器）状态变化的特点可分为：同步时序电路和异步时序电路。同步时序电路中所有的触发器都受同一个时钟脉冲的控制从而同时发生状态变化。异步时序电路中各个触发器无统一的时钟脉冲，从而状态变化不同时发生，与单个触发器的时钟控制信号有关。

时序电路按电路输出方程的不同，又可分为米利（Mealy）型和穆尔（Moore）型。米利型电路的输出信号是该时刻存储电路的状态和输入变量的函数；穆尔型电路输出信号仅是该时刻存储电路状态的函数，与该时刻的输入变量无关。

### 3.2.2 时序电路的分析步骤

时序电路分析的目的是根据其逻辑电路图分析出该电路实现的逻辑功能，分析步骤一般按以下四个步骤进行。

#### 1．列写方程式

（1）时钟方程：各个触发器时钟信号的逻辑表达式，同步时序逻辑电路可不写。
（2）驱动方程：各个触发器输入端信号的逻辑表达式。
（3）状态方程：将驱动方程代入相应触发器的特性方程，求出时序逻辑电路的状态方程。
（4）输出方程：时序逻辑电路中各个输出信号的逻辑表达式。

#### 2．列状态转换真值表

将电路各触发器现态及输入信号的各种可能取值组合代入状态方程和输出方程中进行计算，求出相应的次态和输出，从而列出状态转换真值表。计算时，可设定一个现态值依次进行计算，但不能漏掉任何一种现态的取值组合，此外，要注意状态方程有效的时钟条件，凡不具备时钟条件者，方程式无效，触发器保持原来状态不变。

#### 3．画出状态转换图和时序图

状态转换图是指电路由现态转换到次态的示意图，各状态之间由箭头指明变化方向，箭头上方注明输入输出量并以"/"分开，"/"上方为输入，下方为输出。

时序图是在时钟脉冲 CP 作用下，各触发器状态变化的波形图。

#### 4．逻辑功能的说明

根据状态转换真值表或状态转换图来说明电路的逻辑功能。

**实例 3-5** 分析图 3-34 所示时序电路的逻辑功能。

**解** 第一步：写方程式如下。

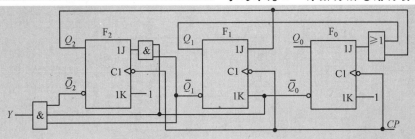

图 3-34 时序电路

(1) 时钟方程：$CP_2 = CP_1 = CP_0 = CP$

(2) 驱动方程：$\begin{cases} J_0 = Q_2^n + Q_1^n & K_0 = 1 \\ J_1 = Q_2^n & K_1 = \overline{Q_0^n} \\ J_2 = \overline{Q_0^n} \cdot \overline{Q_1^n} & K_2 = 1 \end{cases}$

(3) 状态方程：$\begin{cases} Q_0^{n+1} = J_0 \overline{Q_0^n} + \overline{K_0} Q_0^n = (Q_2^n + Q_1^n)\overline{Q_0^n} \\ Q_1^{n+1} = J_1 \overline{Q_1^n} + \overline{K_1} Q_1^n = \overline{Q_1^n} Q_2^n + Q_1^n Q_0^n \\ Q_2^{n+1} = J_2 \overline{Q_2^n} + \overline{K_2} Q_2^n = \overline{Q_2^n} \cdot \overline{Q_1^n} \cdot \overline{Q_0^n} \end{cases}$

(4) 输出方程：$Y = \overline{Q_2^n} \cdot \overline{Q_1^n} \cdot \overline{Q_0^n}$

第二步：列状态转换真值表。依次设定电路现态（一般从 $Q_2^n Q_1^n Q_0^n = 000$ 开始，一直到 $Q_2^n Q_1^n Q_0^n = 111$），代入状态方程和输出方程即可求出相应的次态和输出，结果如表 3-14 所示。

表 3-14 状态转换真值表

| 现态 | | | 次态 | | | 输出 |
|---|---|---|---|---|---|---|
| $Q_2^n$ | $Q_1^n$ | $Q_0^n$ | $Q_2^{n+1}$ | $Q_1^{n+1}$ | $Q_0^{n+1}$ | $Y$ |
| 0 | 0 | 0 | 1 | 0 | 0 | 1 |
| 0 | 0 | 1 | 0 | 0 | 0 | 0 |
| 0 | 1 | 0 | 0 | 0 | 1 | 0 |
| 0 | 1 | 1 | 0 | 0 | 0 | 0 |
| 1 | 0 | 0 | 0 | 1 | 1 | 0 |
| 1 | 0 | 1 | 0 | 1 | 0 | 0 |
| 1 | 1 | 0 | 0 | 0 | 1 | 0 |
| 1 | 1 | 1 | 0 | 1 | 0 | 0 |

第三步：画状态转换图和时序图。根据状态转换真值表，进行状态整理，从初态 000 开始，画出其次态和输出，而这个次态又作为下个 CP 脉冲到来前的现态，再画出其次态和对应输出，依次类推，直至画出所有的状态转换情况。状态转换图如图 3-35 所示。

该电路状态循环中有五个有效状态，状态 101、110、111 这三个状态不在循环中，称为无效状态，但从状态转换图中可看出无效状态在 CP 时钟作用下能进入有效状态的循环中，可见能自启动。

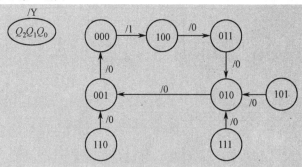

图 3-35 状态转换图

根据时序电路的状态转换，画出时序波形图如图 3-36 所示。

第四步：逻辑功能的说明。根据以上分析可以得出，如图 3-34 所示电路是一个能自启动的同步五进制减法计数器。关于计数器的概念将在后续内容中介绍。

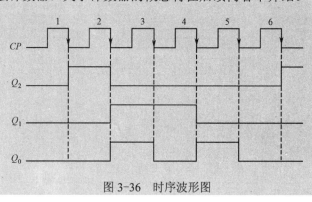

图 3-36 时序波形图

## 3.3 寄存器和移位寄存器

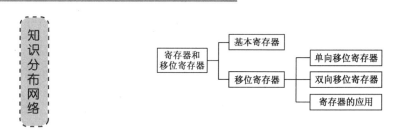

### 3.3.1 寄存器

寄存器是用来暂时存放数据、指令等数字信号的时序逻辑器件。它由具有存储功能的触发器构成，具有记忆功能，一个触发器能存储一位二值信息，$n$ 个触发器构成的寄存器能存储 $n$ 位二进制代码。

寄存器若按功能分类，可分为基本寄存器和移位寄存器；若按接收信息的方式来分，它有双拍工作方式和单拍工作方式。单拍工作方式就是时钟触发脉冲一到达，就存入新信息；双拍工作方式就是先将寄存器置 0，然后再存入新的信息。

由边沿 D 触发器组成的四位数据寄存器逻辑电路如图 3-37 所示。图中 $\overline{CR}$ 为异步清零端，$D_0 \sim D_3$ 为并行数据输入端，$CP$ 为时钟脉冲控制端，$Q_0 \sim Q_3$ 为并行数据输出端。

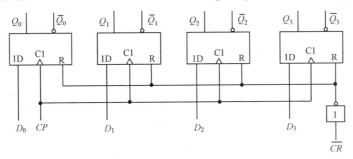

图 3-37　由边沿 D 触发器构成的四位数码寄存器

当 $\overline{CR} = 0$ 时，触发器输出端 $Q_3Q_2Q_1Q_0 = 0000$。

当 $\overline{CR} = 1$ 时，时钟脉冲 $CP$ 的上升沿到来时，$D_0 \sim D_3$ 被并行送到四个触发器中，这时 $Q_3Q_2Q_1Q_0 = D_3D_2D_1D_0$。

由于接收数据时所有触发器都是同时输入和读出的，称为并行输入、并行输出方式，常用的由四个 D 触发器组成的集成芯片有 74LS173、74LS175 和 74HC175。

### 3.3.2　移位寄存器

移位寄存器不但具有存储代码的功能，而且还具有移位功能。移位功能就是使寄存器里存储的代码在移位指令脉冲的作用下逐位左移或右移。移位寄存器不仅可以用于存储代码，还可以用于数据的串行-并行转换、数据的运算和数据的处理等。

按照移位情况的不同，移位寄存器可分为单向移位寄存器和双向移位寄存器两大类。

#### 1. 单向移位寄存器

图 3-38 所示为由四个边沿 D 触发器组成的四位左移位寄存器。

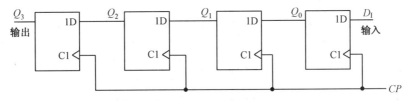

图 3-38　由边沿 D 触发器组成的左移位寄存器

设串行输入数据 $D_I = 1011$，在每次有效的移位脉冲 $CP$ 到来后，寄存器中的数据向左移动一位。经过四个有效移位脉冲后，1011 全部移入寄存器，再经过四个有效移位脉冲后，数据全部由 $Q_3$ 依次串行输出。设 1011 后的数据全为 0，其时序波形图如图 3-39 所示。

#### 2. 双向移位寄存器

图 3-40 所示为四位双向移位寄存器 74LS194 的逻辑符号图。$\overline{CR}$ 是异步清零端；$M_1$、$M_0$ 是工作方式控制端；$D_{SR}$、$D_{SL}$ 分别为右移和左移串行数据输入端；$D_0 \sim D_3$ 为并行数据输入端，$Q_0 \sim Q_3$ 为并行数据输出端，$CP$ 为时钟脉冲。

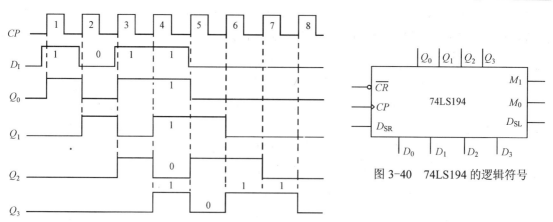

图 3-40　74LS194 的逻辑符号

图 3-39　单向左移寄存器时序波形图

74LS194 的功能表如表 3-15 所示，其具有如下功能：

（1）异步清零功能。当 $\overline{CR}$ = 0 时，不论 CP 脉冲是何状态，$Q_0^{n+1} Q_1^{n+1} Q_2^{n+1} Q_3^{n+1}$ = 0000。

表 3-15　74LS194 的功能

| 输入 | | | | | | | | | 输出 | | | | 说明 |
|---|---|---|---|---|---|---|---|---|---|---|---|---|---|
| $\overline{CR}$ | $M_1$ | $M_0$ | CP | $D_{SL}$ | $D_{SR}$ | $D_0$ | $D_1$ | $D_2$ | $D_3$ | $Q_0^{n+1}$ | $Q_1^{n+1}$ | $Q_2^{n+1}$ | $Q_3^{n+1}$ | |
| 0 | × | × | × | × | × | × | × | × | × | 0 | 0 | 0 | 0 | 清零 |
| 1 | × | × | 0 | × | × | × | × | × | × | 保　持 | | | | |
| 1 | 1 | 1 | ↑ | × | × | $d_0$ | $d_1$ | $d_2$ | $d_3$ | $d_0$ | $d_1$ | $d_2$ | $d_3$ | 并行置数 |
| 1 | 0 | 1 | ↑ | × | 1 | × | × | × | × | 1 | $Q_0^n$ | $Q_1^n$ | $Q_2^n$ | 右移输入1 |
| 1 | 0 | 1 | ↑ | × | 0 | × | × | × | × | 0 | $Q_0^n$ | $Q_1^n$ | $Q_2^n$ | 右移输入0 |
| 1 | 1 | 0 | ↑ | 1 | × | × | × | × | × | $Q_1^n$ | $Q_2^n$ | $Q_3^n$ | 1 | 左移输入1 |
| 1 | 1 | 0 | ↑ | 0 | × | × | × | × | × | $Q_1^n$ | $Q_2^n$ | $Q_3^n$ | 0 | 左移输入0 |
| 1 | 0 | 0 | × | × | × | × | × | × | × | 保　持 | | | | |

（2）保持功能。当 $\overline{CR}$ =1、CP = 0 或 $\overline{CR}$ =1、$M_1M_0$=00 时，双向移位寄存器保持原状态不变。

（3）同步并行置数功能。当 $\overline{CR}$ = 1、$M_1M_0$=11 时，在 CP 上升沿作用下，$Q_0^{n+1} Q_1^{n+1} Q_2^{n+1} Q_3^{n+1}$= $d_0 d_1 d_2 d_3$。

（4）右移串行送数功能，当 $\overline{CR}$ = 1、$M_1M_0$=01 时，寄存器执行右移功能，在 CP 上升沿作用下，把 $D_{SR}$ 中的数据依次送入寄存器中。

（5）左移串行送数功能，当 $\overline{CR}$ = 1、$M_1M_0$=10 时，寄存器执行左移功能，在 CP 上升沿作用下，把 $D_{SL}$ 中的数据依次送入寄存器中。

## 3. 寄存器的应用

用寄存器可存储数据，可进行数据的串行-并行转换、数据的运算和数据的处理等，移位寄存器还可构成环形和扭环计数器（下节内容介绍），以及序列脉冲（节拍脉冲）发生器。序列脉冲是指在每个循环周期内，在时间上按一定顺序排列的脉冲信号，也称顺序脉冲，实际应用中常需要序列脉冲控制某些部件按照规定顺序完成一系列操作和计算，如霓虹灯控制电路。图 3-41 所示为由 74LS194 构成的序列脉冲发生器。

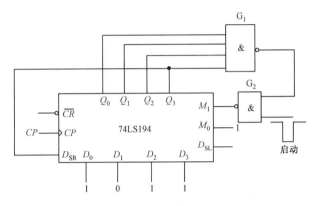

图 3-41　序列脉冲发生器

由图 3-41 可知，当启动信号输入负脉冲时，使 $G_2$ 输出为 1，$M_1=M_0=1$，寄存器执行并行置数功能，$Q_0^{n+1} Q_1^{n+1} Q_2^{n+1} Q_3^{n+1} = D_0 D_1 D_2 D_3 = 1011$。启动信号消除后，由于寄存器输出端 $Q_1$ 为 0，使 $G_1$ 输出为 1，$G_2$ 输入全 1，所以 $G_2$ 输出为 0，$M_1 M_0 = 01$，开始执行右移功能。由于在移位过程中，因为 $G_1$ 门输入端总有一个为 0，所以始终维持 $M_1 M_0 = 01$，不断循环右移。时序图如图 3-42 所示。

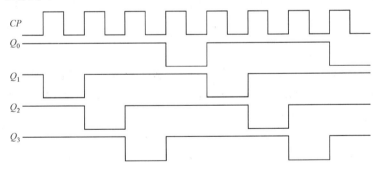

图 3-42　序列脉冲发生器的时序图

## 实训项目 7　霓虹灯控制电路的制作与调试

### 1. 目标

1）知识目标

（1）掌握时序逻辑电路的特点及功能描述方法；

（2）掌握时序逻辑电路的分析方法；

(3) 掌握寄存器的逻辑功能、真值表读解方法，以及引脚功能。

2) 能力目标

(1) 掌握中规模集成逻辑电路的功能分析方法及功能测试方法；

(2) 掌握中规模集成逻辑电路功能、引脚功能查询、真值表读解方法；

(3) 培养逻辑功能电路的制作与调试能力；

(4) 锻炼学习资料的查询能力。

3) 素质目标

(1) 养成严肃、认真的科学态度和良好的自主学习方法；

(2) 培养严谨的科学思维习惯和规范的操作意识；

(3) 养成独立分析问题和解决问题的能力，以及相互协作的团队精神；

(4) 能综合运用所学知识和技能，独立解决实训中遇到的实际问题；具有一定的归纳、总结能力；

(5) 具有一定的创新意识；具有一定的自学、表达、获取信息等方面的能力。

## 2．资讯

(1) 寄存器的逻辑功能。

(2) 中规模集成电路 74LS194 功能表读解、引脚排列及查询方法。

(3) 时序电路的分析方法。

## 3．决策

(1) 测试移位寄存器 74LS194 的功能。

(2) 用两片移位寄存器 74LS194 构成霓虹灯控制电路（八相序序列脉冲发生器），寄存器各输出端按固定时序轮流输出高电平，完成霓虹闪烁情景。画出电路原理图与实际电路连接图，连接电路后进行测试与验证。

## 4．计划

(1) 所需仪器仪表：万用表，示波器，数字电路实验箱，电烙铁，焊锡丝；

(2) 所需元器件：74LS00、74LS04、74LS20 芯片各 1 片，74LS194 芯片 2 片，300 Ω 电阻 8 个，LED 8 个，电路板一块，导线若干。

## 5．实施

1) 移位寄存器 74LS194 的功能测试与验证

画出测试电路，将控制使能端 $\overline{CR}$、$M_1$、$M_0$ 分别接低电平和高电平，$CP$ 端接单脉冲信号，并行数据输入端 $D_0 D_1 D_2 D_3$ 及串行数据输入端 $D_{SL}$、$D_{SR}$ 分别接低电平和高电平，输出端 $Q_0 Q_1 Q_2 Q_3$ 接逻辑电平指示灯，红灯表示输出高电平，绿灯表示输出低电平。用万用表测量输出电压，填入表 3-16 中得其功能表。

2) 简单霓虹灯控制电路设计

用移位寄存器 74LS194 构成霓虹灯控制电路（八相序序列脉冲发生器），寄存器各输出端按固定时序轮流输出高电平，完成霓虹闪烁情景。画出电路原理图与实际电路连接图，连接电路后按如下步骤进行测试与验证。图 3-43 所示为用 EWB 仿真测试的原理图。

# 学习单元 3 计数分频电路分析制作与调试

表 3-16 74LS194 的功能表

| $\overline{CR}$ | $M_1$ | $M_0$ | $CP$ | $D_{SL}$ | $D_{SR}$ | $D_0$ | $D_1$ | $D_2$ | $D_3$ | $Q_0^{n+1}$ | $Q_1^{n+1}$ | $Q_2^{n+1}$ | $Q_3^{n+1}$ | 说明 |
|---|---|---|---|---|---|---|---|---|---|---|---|---|---|---|
| 0 | × | × | × | × | × | × | × | × | × | | | | | |
| 1 | × | × | 0 | × | × | × | × | × | × | | | | | |
| 1 | 1 | 1 | ↑ | × | × | 1 | 0 | 1 | 0 | | | | | |
| 1 | 0 | 1 | ↑ | × | 1 | × | × | × | × | | | | | |
| 1 | 0 | 1 | ↑ | × | 0 | × | × | × | × | | | | | |
| 1 | 0 | 1 | ↑ | × | 1 | × | × | × | × | | | | | |
| 1 | 1 | 0 | ↑ | 1 | × | × | × | × | × | | | | | |
| 1 | 1 | 0 | ↑ | 0 | × | × | × | × | × | | | | | |
| 1 | 1 | 0 | ↑ | 1 | × | × | × | × | × | | | | | |
| 1 | 1 | 0 | ↑ | 1 | × | × | × | × | × | | | | | |
| 1 | 0 | 0 | × | × | × | × | × | × | × | | | | | |

注：×表示任意状态，即可接高电平又可接低电平

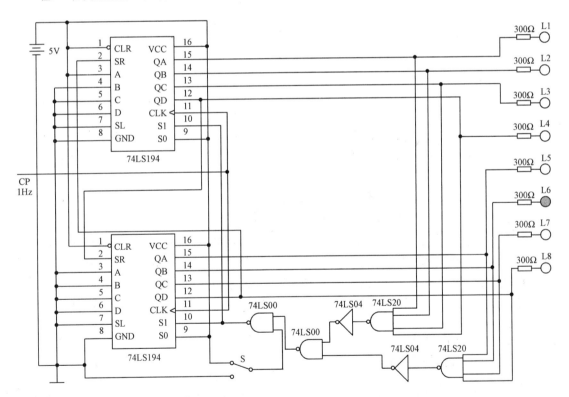

图 3-43 简单霓虹灯控制电路的 EWB 仿真测试原理图

（1）根据原理图领取元件材料。
（2）正确连接电路，注意布线的合理性、芯片缺口朝向，以及 LED 位置。
（3）调试电路，观察 LED 的显示情况。

### 6. 检查

检查电路的正确性，测试功能能否实现，检查测试结果是否正确，对出现的问题分析原因并记录解决方案。

### 7. 评价

在完成上述设计与制作过程的基础上，撰写实训报告，并在小组内进行自我评价、组员评价，最后由教师给出评价，三个评价相结合作为本次工作任务完成情况的综合评价。

## 3.4 计数器

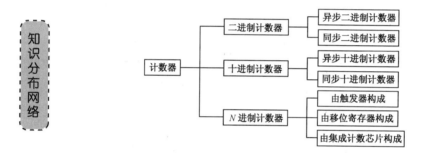

能累计输入脉冲个数的逻辑电路称为计数器。计数器是数字系统中的基本逻辑器件，除具有计数功能外，还可用于定时、分频、产生节拍脉冲序列及进行数字运算等。它是一种时序逻辑电路，由触发器和门电路组成。

计数器最多能累计的脉冲个数称为计数长度或计数容量，计数器的有效循环状态总数 $N$ 称为计数器的模，也称为计数器的循环长度，在逻辑符号中以"CTRDIV$m$"标注模的数值，$m$ 是十进制数，如十六进制计数器 $m=16$，则标注为"CTRDIV16"。

计数器的种类繁多，从不同的角度出发，有不同的分类方法。按计数器中触发器翻转的时序不同，可分为同步计数器和异步计数器。同步计数器中各触发器均采用同一个 $CP$ 脉冲触发，异步计数器中的触发器不共用同一个时钟；按计数变化规律可分为加法计数器、减法计数器和可逆（加、减法）计数器；按计数体制分类，可以分成二进制计数器（模为 $2^n$、$n$ 为触发器的个数）、十进制计数器（模为 10）和 $N$ 进制（任意进制）计数器。下面按计数体制分类进行详解。

### 3.4.1 二进制计数器

输出二进制代码来表示所累计脉冲个数的计数器称为二进制计数器，二进制计数器可分为异步二进制和同步二进制计数器；有二进制加法计数器、减法计数器和可逆计数器等。二进制计数器由触发器构成，一个触发器可构成一位二进制计数器，计数器的模为 2，最多能累计 1 个脉冲。$n$ 个触发器可构成 $n$ 位二进制计数器，输出 $n$ 位二进制代码，计数器的模为 $2^n$，最多能累计 $2^n-1$ 个脉冲。

## 1. 异步二进制计数器

### 1）加法计数器

以 3 位二进制加法计数器为例，设初态 $Q_2Q_1Q_0$ 为 000，得到 3 位二进制加法计数器的状态转换真值表，如表 3-17 所示。$Q_0$ 每来一个脉冲翻转一次，$Q_1$ 每来两个脉冲且当 $Q_0$ 从 1 跳到 0 时翻转一次，$Q_2$ 每来四个脉冲且当 $Q_1$ 从 1 跳到 0 时翻转一次。即每来一个计数脉冲，计数器的值加 1，逢 2 进 1，符合加法计数的规律。

表 3-17　3 位二进制加法计数器真值表

| 输入脉冲数 CP | 触发器状态 | | |
|---|---|---|---|
| | $Q_2^n$ | $Q_1^n$ | $Q_0^n$ |
| 0 | 0 | 0 | 0 |
| 1 | 0 | 0 | 1 |
| 2 | 0 | 1 | 0 |
| 3 | 0 | 1 | 1 |
| 4 | 1 | 0 | 0 |
| 5 | 1 | 0 | 1 |
| 6 | 1 | 1 | 0 |
| 7 | 1 | 1 | 1 |
| 8 | 0 | 0 | 0 |

要采用异步二进制加法计数器完成表 3-17 所示的功能，触发器不共用时钟信号，只要将每个触发器都接成 T′ 触发器，最低位触发器的时钟端接 CP 脉冲，相邻低位触发器的输出作为相邻高位触发器的时钟，如果触发器是下降沿触发，则低位 $Q$ 端输出作为相邻高位触发器的时钟信号，电路如图 3-44 所示，由 JK 触发器构成。如果触发器是上升沿触发，则低位 $\overline{Q}$ 端输出作为相邻高位触发器的时钟信号，同学们可自行画出由上升沿触发的其他触发器构成的 3 位异步二进制加法计数器的逻辑电路图。

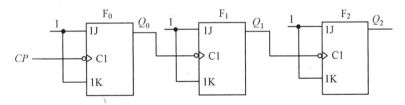

图 3-44　下降沿触发的 3 位异步二进制加法计数器

### 2）减法计数器

根据减法计数的规律，即每来一个计数脉冲，计数器的值减 1，借 1 当 2。以 3 位二进制减法计数器为例，设初态 $Q_2Q_1Q_0$ 为 000，得到 3 位二进制减法计数器的状态转换真值表，如表 3-18 所示。$Q_0$ 每来一个脉冲翻转一次，$Q_1$ 在其相邻低位 $Q_0$ 由 0→1（借位）时翻转一次，$Q_2$ 与 $Q_1$ 相似，在其相邻低位 $Q_1$ 由 0→1（借位）时产生借位翻转。

表 3-18　3 位二进制减法计数器真值表

| 输入脉冲数 | 触发器状态 | | |
|---|---|---|---|
| CP | $Q_2^n$ | $Q_1^n$ | $Q_0^n$ |
| 0 | 0 | 0 | 0 |
| 1 | 1 | 1 | 1 |
| 2 | 1 | 1 | 0 |
| 3 | 1 | 0 | 1 |
| 4 | 1 | 0 | 0 |
| 5 | 0 | 1 | 1 |
| 6 | 0 | 1 | 0 |
| 7 | 0 | 0 | 1 |
| 8 | 0 | 0 | 0 |

异步二进制减法计数器的结构和加法计数器的结构相似，都是将每个触发器都接成 T′ 触发器，最低位触发器的时钟端接 CP 脉冲，相邻高位触发器的时钟由相邻低位输出端 $Q$ 或 $\overline{Q}$ 接入。如果触发器是下降沿触发，则时钟信号来自相邻低位的 $\overline{Q}$ 端，电路如图 3-45 所示。如果触发器是上升沿触发，则时钟信号来自相邻低位触发器的 $Q$ 端，同学们可自行画出由上升沿触发的其他触发器构成的 3 位异步二进制减法计数器的逻辑电路图。

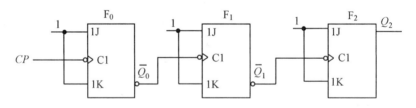

图 3-45　下降沿触发的 3 位异步二进制减法计数器

### 2．同步二进制计数器

同步计数器中的全部触发器的时钟信号来自同一触发脉冲，各个触发器的翻转和时钟脉冲同步，工作速度较快，工作频率较高。异步计数器的电路结构虽简单，但由于它的进位或借位信号是逐级传递的，因而使计数速度受到限制，级数越多延迟时间越长，甚至会造成逻辑错误，因此在高速数字系统中大都采用同步计数器。

1）加法计数器

以 3 位二进制加法计数器为例，同步二进制加法计数器的计数规律和异步二进制加法计数器的计数规律是一样的，状态转换真值表如表 3-17 所示。由于同步二进制计数器的触发器共用同一个计数脉冲，在相同的时钟脉冲条件下，各触发器状态是否翻转由各自的输入触发信号来决定，为实现表 3-17 所示功能，因此电路结构与异步计数器有所不同，同步二进制加法计数器最低位触发器接成 T′ 触发器，其余各级为 T 触发器，当用 JK 触发器实现时存在以下关系：

$$J_0 = K_0 = 1$$
$$J_1 = K_1 = Q_0^n$$
$$J_2 = K_2 = Q_1^n Q_0^n$$
$$J_{n-1} = K_{n-1} = Q_{n-2}^n Q_{n-3}^n \cdots Q_1^n Q_0^n$$

用 JK 触发器组成的 3 位同步二进制加法计数器电路如图 3-46 所示。

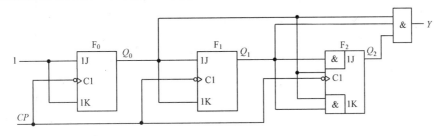

图 3-46　由 JK 触发器组成的 3 位同步二进制加法计数器

其中进位输出 $Y = Q_2^n Q_1^n Q_0^n$。图 3-46 所示电路的时序图如图 3-47 所示。

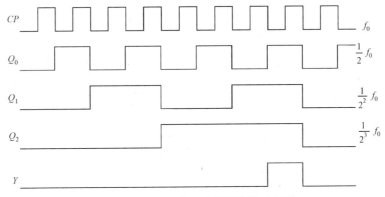

图 3-47　3 位同步二进制计数器时序图

由图 3-47 可以看出，如果 $CP$ 脉冲的频率为 $f_0$，那么 $Q_0$ 的频率为 $\frac{1}{2}f_0$，$Q_1$ 的频率为 $\frac{1}{2^2}f_0 = \frac{1}{4}f_0$，$Q_2$ 的频率为 $\frac{1}{2^3}f_0 = \frac{1}{8}f_0$。说明计数器具有分频作用，也叫分频器。$n$ 位二进制计数器最高位输出信号频率为 $CP$ 脉冲频率 $f_0$ 的 $\frac{1}{2^n}$，即 $2^n$ 分频。如 4 位二进制计数器最高位输出频率为 $\frac{1}{2^4}f_0 = \frac{1}{16}f_0$，即 16 分频输出。

3 位同步二进制加法计数器的状态转换真值表如表 3-19 所示。

2）减法计数器

以 3 位同步二进制减法计数器为例，同步二进制减法计数器的计数规律与前面介绍的异步二进制减法计数器的计数规律相同，状态转换真值表如表 3-18 所示。为实现表 3-18 所示功能，同步二进制减法计数器的电路结构与异步计数器有所不同，同步二进制减法计数器最低位触发器接成 T′ 触发器，其余各级为 T 触发器，如用 JK 触发器实现时，则各级输入触发信号为：

表 3-19　3 位同步二进制加法计数器的状态转换真值表

| 输入脉冲数 | 触发器状态 | | | 输出 $Y$ |
|---|---|---|---|---|
| | $Q_2^n$ | $Q_1^n$ | $Q_0^n$ | |
| 0 | 0 | 0 | 0 | 0 |
| 1 | 0 | 0 | 1 | 0 |
| 2 | 0 | 1 | 0 | 0 |
| 3 | 0 | 1 | 1 | 0 |
| 4 | 1 | 0 | 0 | 0 |
| 5 | 1 | 0 | 1 | 0 |
| 6 | 1 | 1 | 0 | 0 |
| 7 | 1 | 1 | 1 | 1 |
| 8 | 0 | 0 | 0 | 0 |

$$J_0 = K_0 = 1$$
$$J_1 = K_1 = \overline{Q_0^n}$$
$$J_2 = K_2 = \overline{Q_1^n} \, \overline{Q_0^n}$$
$$J_{n-1} = K_{n-1} = \overline{Q_{n-2}^n} \, \overline{Q_{n-3}^n} \cdots \overline{Q_1^n} \, \overline{Q_0^n}$$

如用 JK 触发器组成 3 位同步二进制减法计数器，则只要将图 3-46 所示的二进制加法计数器连接 $Q$ 端的改为连接 $\overline{Q}$ 端后，便成为同步二进制减法计数器了，同学们可自行画出由 JK 触发器构成的 3 位二进制减法计数器的逻辑电路图。

3）集成同步二进制计数器

目前市场上同步二进制计数器的产品种类很多，例如，带有直接清零功能的 74LS161 芯片，具有同步清零功能的 74LS163 芯片，具有可预置同步可逆的 74LS191 芯片等。下面以 74LS163 芯片为例讲解集成同步二进制计数器的功能和使用方法。图 3-48 为中规模集成的 4 位同步二进制加法计数器 74LS163 的逻辑符号。

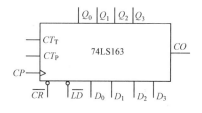

图 3-48　74LS163 的逻辑符号

图中 $\overline{CR}$ 为同步置 0 控制端，$\overline{LD}$ 为同步置数控制端，$CT_\mathrm{P}$ 和 $CT_\mathrm{T}$ 为计数控制端，$D_0 \sim D_3$ 为并行数据输入端，$Q_0 \sim Q_3$ 为输出端，$CO$ 为进位输出端。表 3-20 所示为 74LS163 的功能表。

表 3-20　74LS163 的功能表

| 输入 | | | | | | | | | 输出 | | | | 功能说明 |
|---|---|---|---|---|---|---|---|---|---|---|---|---|---|
| 清零 | 置数 | 使能 | | 时钟 | 并行输入 | | | | | | | | |
| $\overline{CR}$ | $\overline{LD}$ | $CT_\mathrm{P}$ | $CT_\mathrm{T}$ | $CP$ | $D_3$ | $D_2$ | $D_1$ | $D_0$ | $Q_3$ | $Q_2$ | $Q_1$ | $Q_0$ | |
| 0 | × | × | × | ↑ | × | × | × | × | 0 | 0 | 0 | 0 | 同步清零 |
| 1 | 0 | × | × | ↑ | $D_3$ | $D_2$ | $D_1$ | $D_0$ | $D_3$ | $D_2$ | $D_1$ | $D_0$ | 同步置数 |
| 1 | 1 | 1 | 1 | ↑ | × | × | × | × | 加法计数 | | | | 计数 |
| 1 | 1 | 0 | × | × | × | × | × | × | $Q_3$ | $Q_2$ | $Q_1$ | $Q_0$ | 保持 |
| 1 | 1 | × | 0 | × | × | × | × | × | $Q_3$ | $Q_2$ | $Q_1$ | $Q_0$ | 保持 |

由表 3-20 可知 74LS163 具有以下功能：

（1）同步清零功能。当 $\overline{CR}=0$ 且在 $CP$ 上升沿时，不管其他控制端信号如何，计数器清 0，即 $Q_3Q_2Q_1Q_0$=0000，具有最高优先级别。

（2）同步并行置数功能。当 $\overline{CR}=1$ 且 $\overline{LD}=0$ 时，不管其他控制端信号如何，在 $CP$ 上升沿作用下，并行输入的数据 $D_3 \sim D_0$ 被置入计数器，即 $Q_3Q_2Q_1Q_0=D_3D_2D_1D_0$。

（3）同步二进制加法计数功能。当 $\overline{CR}=\overline{LD}=1$ 且 $CT_T=CT_P=1$ 时，计数器在 $CP$ 脉冲上升沿触发下进行二进制加法计数。

（4）保持功能。当 $\overline{CR}=\overline{LD}=1$ 且 $CT_T$ 和 $CT_P$ 至少有一个为 0 时，计数器保持原来的状态不变。

（5）实现二进制计数的位扩展。进位输出信号 $CO=CT_T \cdot Q_3^n \cdot Q_2^n \cdot Q_1^n \cdot Q_0^n$。当计数到 $Q_3^nQ_2^nQ_1^nQ_0^n=1111$，且 $CT_T=1$ 时，$CO=1$，即 $CO$ 产生一个高电平，当再来一个脉冲上升沿（第 16 个脉冲），计数器的状态返回到 0000 时，$CO=0$，即 $CO$ 跳至低电平，故用 $CO$ 的高电平作为向高 4 位级联的进位信号，以构成 8 位以上二进制计数器。

如用 3 片 74LS163 构成的 12 位二进制计数器如图 3-49 所示，12 位计数器的状态总数即模为 $2^{12}$，可累计 $2^{12}-1$ 个脉冲，当第 $2^{12}$ 个脉冲到来时，计数器的值回零。图中从左至右依次为低、中、高位。因为是 16 个 $CP$ 脉冲产生一个 $CO$ 正脉冲，正好满足二进制计数规律，4 位二进制数向高位进位是"逢 16 进 1"，所以只要将低位芯片的进位输出 $CO$ 接到相邻高位的计数使能端 $CT_T$、$CT_P$ 即可。当低位芯片累计 15 个脉冲后，$Q_3^nQ_2^nQ_1^nQ_0^n=1111$，$CO=1$，使相邻高位（中间的）芯片的计数使能端 $CT_T$、$CT_P$ 为 1，在第 16 个脉冲到来前，中间芯片的 $CT_T$、$CT_P$ 为 1，满足计数功能的条件，则第 16 个脉冲到来后，中间芯片由 0000 变为 0001，而低位芯片由 1111 回 0000，低位芯片的 $CO=0$，中间芯片计数条件不满足，将保持 0001 状态不变，直到低位片的 $CO=1$，才又完成加 1 计数。

高位芯片只有在所有低位芯片都计到 1111 时，它的 $CT_T$、$CT_P$ 才为 1，完成加 1 计数，符合二进制计数规律。

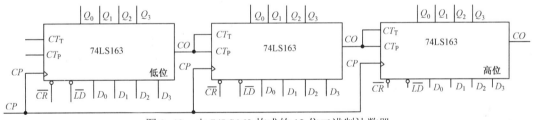

图 3-49 由 74LS163 构成的 12 位二进制计数器

与 74LS163 类似的二进制计数芯片还有 74LS161，74LS161 与 74LS163 唯一的区别是清零方式不同，74LS161 是异步清零方式，即只要当 $\overline{CR}=0$ 时，$Q_3Q_2Q_1Q_0$=0000，与时钟脉冲信号无关。其余功能都相同，引脚排列也相同。74LS161 的功能表如表 3-21 所示。

### 3.4.2 十进制计数器

十进制计数器输出十进制的编码（BCD 码）以表示累计的脉冲数，所以十进制计数器亦称为二-十进制计数器。十进制的编码方式很多，最常用的是 8421BCD 码。

## 数字电子技术及应用（第2版）

表 3-21　74LS161 的功能表

| 输入 | | | | | | | | | 输出 | | | | 功能说明 |
|---|---|---|---|---|---|---|---|---|---|---|---|---|---|
| 清零 | 置数 | 使能 | | 时钟 | 并行输入 | | | | | | | | |
| $\overline{CR}$ | $\overline{LD}$ | $CT_P$ | $CT_T$ | $CP$ | $D_3$ | $D_2$ | $D_1$ | $D_0$ | $Q_3$ | $Q_2$ | $Q_1$ | $Q_0$ | |
| 0 | × | × | × | × | × | × | × | × | 0 | 0 | 0 | 0 | 异步清零 |
| 1 | 0 | × | × | ↑ | $D_3$ | $D_2$ | $D_1$ | $D_0$ | $D_3$ | $D_2$ | $D_1$ | $D_0$ | 并行置数 |
| 1 | 1 | 1 | 1 | ↑ | × | × | × | × | 计数 | | | | 计数 |
| 1 | 1 | 0 | × | × | × | × | × | × | $Q_3$ | $Q_2$ | $Q_1$ | $Q_0$ | 保持 |
| 1 | 1 | × | 0 | × | × | × | × | × | $Q_3$ | $Q_2$ | $Q_1$ | $Q_0$ | 保持 |

**1. 异步十进制计数器**

1）异步十进制计数器的典型电路

图 3-50 是 8421BCD 码异步十进制加法计数器的典型电路，它是在四位异步二进制加法计数器的基础上加以修改而得到的。

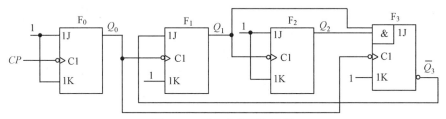

图 3-50　异步十进制加法器

8421BCD 码十进制加法计数器的状态转换表如表 3-22 所示。

表 3-22　8421BCD 码十进制加法计数器状态转换表

| CP | $Q_3^n$ | $Q_2^n$ | $Q_1^n$ | $Q_0^n$ | $Q_3^{n+1}$ | $Q_2^{n+1}$ | $Q_1^{n+1}$ | $Q_0^{n+1}$ |
|---|---|---|---|---|---|---|---|---|
| 1 | 0 | 0 | 0 | 0 | 0 | 0 | 0 | 1 |
| 2 | 0 | 0 | 0 | 1 | 0 | 0 | 1 | 0 |
| 3 | 0 | 0 | 1 | 0 | 0 | 0 | 1 | 1 |
| 4 | 0 | 0 | 1 | 1 | 0 | 1 | 0 | 0 |
| 5 | 0 | 1 | 0 | 0 | 0 | 1 | 0 | 1 |
| 6 | 0 | 1 | 0 | 1 | 0 | 1 | 1 | 0 |
| 7 | 0 | 1 | 1 | 0 | 0 | 1 | 1 | 1 |
| 8 | 0 | 1 | 1 | 1 | 1 | 0 | 0 | 0 |
| 9 | 1 | 0 | 0 | 0 | 1 | 0 | 0 | 1 |
| 10 | 1 | 0 | 0 | 1 | 0 | 0 | 0 | 0 |
| 1 | 1 | 0 | 1 | 0 | 1 | 0 | 1 | 1 |
| 2 | 1 | 0 | 1 | 1 | 1 | 0 | 0 | 0 |
| 1 | 1 | 1 | 0 | 0 | 1 | 1 | 0 | 1 |
| 2 | 1 | 1 | 0 | 1 | 1 | 0 | 0 | 0 |
| 1 | 1 | 1 | 1 | 0 | 1 | 1 | 1 | 1 |
| 2 | 1 | 1 | 1 | 1 | 0 | 0 | 0 | 0 |

十进制计数器的输出状态是由 4 位二进制的 16 个状态组合中去除 6 个状态构成的，它有 6

个无效状态,在分析该电路时,一定要分析它有没有自启动能力,即从无效状态自动回到有效状态循环的能力。由表 3-22 可见,该电路是有自启动能力的异步十进制加法计数器。该电路的状态转换图和时序图分别如图 3-51、图 3-52 所示。由图 3-52 可得出,十进制计数器最高位输出信号的频率是输入计数脉冲 $CP$ 频率 $f_0$ 的十分之一,所以十进制计数器又称为十分频电路。

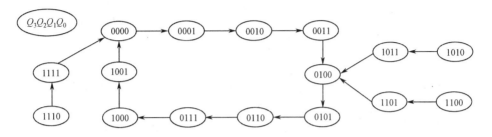

图 3-51  8421BCD 码十进制加法计数器状态转换图

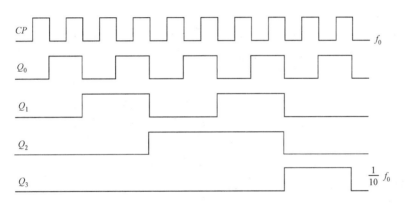

图 3-52  十进制加法计数器时序图

2)集成异步十进制加法计数器

按照图 3-50 所示的电路原理制成的集成异步十进制加法计数器有 74LS196、74LS190、74LS390 等,74LS196 是一种可预置的二-五-十进制异步加法计数器,具有清零、置数和计数功能。74LS196 的逻辑符号如图 3-53 所示,表 3-23 为其功能表。

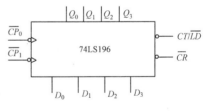

图 3-53  74LS196 的逻辑符号

表 3-23  74LS196 的功能表

| 输入 | | | | | | | | 输出 | | | | 说明 |
|---|---|---|---|---|---|---|---|---|---|---|---|---|
| $\overline{CR}$ | $CT/\overline{LD}$ | $\overline{CP_0}$ | $\overline{CP_1}$ | $D_0$ | $D_1$ | $D_2$ | $D_3$ | $Q_3$ | $Q_2$ | $Q_1$ | $Q_0$ | |
| 0 | × | × | × | × | × | × | × | 0 | 0 | 0 | 0 | 异步清零 |
| 1 | 0 | × | × | $d_0$ | $d_1$ | $d_2$ | $d_3$ | $d_3$ | $d_2$ | $d_1$ | $d_0$ | 异步置数 |
| 1 | 1 | ↓ | × | × | × | × | × | × | × | × | 二分频输出 | 一位二进制加法计数器 |
| 1 | 1 | × | ↓ | × | × | × | × | 五分频输出 | | | × | 五进制加法计数器 |

74LS196 的主要功能如下。

（1）异步清零功能

异步清零端 $\overline{CR}$ 低电平有效，当 $\overline{CR}=0$ 时，计数器清零，即 $Q_3Q_2Q_1Q_0$=0000，与时钟 $CP$ 状态无关。

（2）置数功能

当异步清零端 $\overline{CR}=1$，计数/置数控制端 $CT/\overline{LD}=0$ 时，计数器输出 $Q_3Q_2Q_1Q_0=d_3d_2d_1d_0$，与时钟 $CP$ 状态无关。

（3）计数功能

当异步清零端 $\overline{CR}=1$，计数/置数控制端 $CT/\overline{LD}=1$ 时，计数器在时钟脉冲作用下进行加法计数。

① 若计数脉冲由 $\overline{CP_0}$ 端输入，从 $Q_0$ 输出，则可构成一位二进制计数器；

② 若计数脉冲由 $\overline{CP_1}$ 端输入，以 $Q_3Q_2Q_1$ 输出，则可构成异步五进制加法计数器；

③ 若将 $Q_0$ 和 $\overline{CP_1}$ 相连接，计数脉冲从 $\overline{CP_0}$ 输入，输出为 $Q_3Q_2Q_1Q_0$，则可构成 8421BCD 码异步十进制加法计数器；

④ 若将 $Q_3$ 和 $\overline{CP_0}$ 相连接，计数脉冲从 $\overline{CP_1}$ 输入，输出为 $Q_0Q_3Q_2Q_1$（$Q_0$ 为高位），则可构成 5421BCD 码异步十进制加法计数器。5421BCD 码十进制加法计数器状态转换表如表 3-24 所示。

表 3-24　5421BCD 码十进制加法计数器状态转换表

| 计数 | $Q_0$ | $Q_3$ | $Q_2$ | $Q_1$ |
|---|---|---|---|---|
| 0 | 0 | 0 | 0 | 0 |
| 1 | 0 | 0 | 0 | 1 |
| 2 | 0 | 0 | 1 | 0 |
| 3 | 0 | 0 | 1 | 1 |
| 4 | 0 | 1 | 0 | 0 |
| 5 | 1 | 0 | 0 | 0 |
| 6 | 1 | 0 | 0 | 1 |
| 7 | 1 | 0 | 1 | 0 |
| 8 | 1 | 0 | 1 | 1 |
| 9 | 1 | 1 | 0 | 0 |

一片十进制计数器能完成 0～9 十进制计数，两片十进制计数器级联可构成百进制计数器，最大计数值为 99，即（10011001）$_{8421BCD}$，三片十进制计数器则可构成千进制计数器，用 74LS196 构成百进制计数器的级联电路如图 3-54 所示。先将每个芯片连接成 8421BCD 码十进制计数，根据十进制加法计数特点，当低位芯片计数到第 10 个脉冲时，$Q_3$ 由 1→0，产生下降沿，使高位芯片加 1 计数，符合"逢十进一"规律。所以只要将低位芯片的 $Q_3$ 作为相邻高位芯片的计数时钟 $\overline{CP_0}$ 即可。

## 学习单元 3  计数分频电路分析制作与调试

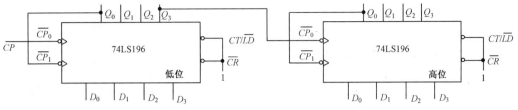

图 3-54  用两片 74196 构成的百进制加法计数器

### 2．同步十进制计数器

1）同步十进制加法计数器

如图 3-55 所示是同步十进制加法计数器逻辑电路图。其状态转换表如表 3-25 所示。该计数器是具有自启动能力的同步 8421BCD 码十进制加法计数器。

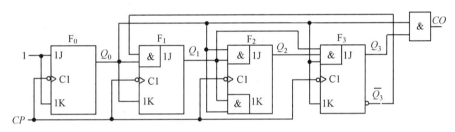

图 3-55  同步十进制加法计数器

表 3-25  同步十进制加法计数器状态转换表

| 现态 | | | | 次态 | | | | 输出 | 说明 |
|---|---|---|---|---|---|---|---|---|---|
| $Q_3^n$ | $Q_2^n$ | $Q_1^n$ | $Q_0^n$ | $Q_3^{n+1}$ | $Q_2^{n+1}$ | $Q_1^{n+1}$ | $Q_0^{n+1}$ | $CO$ | |
| 0 | 0 | 0 | 0 | 0 | 0 | 0 | 1 | 0 | |
| 0 | 0 | 0 | 1 | 0 | 0 | 1 | 0 | 0 | |
| 0 | 0 | 1 | 0 | 0 | 0 | 1 | 1 | 0 | |
| 0 | 0 | 1 | 1 | 0 | 1 | 0 | 0 | 0 | 计数 |
| 0 | 1 | 0 | 0 | 0 | 1 | 0 | 1 | 0 | 有效 |
| 0 | 1 | 0 | 1 | 0 | 1 | 1 | 0 | 0 | 循环 |
| 0 | 1 | 1 | 0 | 0 | 1 | 1 | 1 | 0 | |
| 0 | 1 | 1 | 1 | 1 | 0 | 0 | 0 | 0 | |
| 1 | 0 | 0 | 0 | 1 | 0 | 0 | 1 | 0 | |
| 1 | 0 | 0 | 1 | 0 | 0 | 0 | 0 | 1 | |
| 1 | 0 | 1 | 0 | 1 | 0 | 1 | 1 | 0 | |
| 1 | 0 | 1 | 1 | 0 | 1 | 0 | 0 | 1 | 无效 |
| 1 | 1 | 0 | 0 | 1 | 1 | 0 | 1 | 0 | 状态 |
| 1 | 1 | 0 | 1 | 0 | 1 | 0 | 0 | 1 | 能自 |
| 1 | 1 | 1 | 0 | 1 | 1 | 1 | 1 | 0 | 启动 |
| 1 | 1 | 1 | 1 | 0 | 0 | 0 | 0 | 1 | |

2）集成同步十进制可逆计数器

集成同步十进制计数器芯片有很多，现以 74LS192 为例介绍集成同步十进制可逆计数器的功能和使用方法。它是一个可预置的，既可加法计数又可作减法计数的同步十进制计数器。图 3-56 是 74LS192 的逻辑符号，其功能表如表 3-26 所示，现对其功能说明如下。

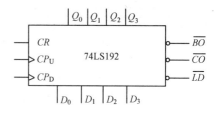

图 3-56  74LS192 可逆计数器的逻辑符号

表 3-26  74LS192 可逆计数器功能表

| 输入 | | | | | | | | 输出 | | | | 说明 |
|---|---|---|---|---|---|---|---|---|---|---|---|---|
| $CR$ | $\overline{LD}$ | $CP_U$ | $CP_D$ | $D_3$ | $D_2$ | $D_1$ | $D_0$ | $Q_3^{n+1}$ | $Q_2^{n+1}$ | $Q_1^{n+1}$ | $Q_0^{n+1}$ | |
| 1 | × | × | × | × | × | × | × | 0 | 0 | 0 | 0 | 异步清零 |
| 0 | 0 | × | × | $d_3$ | $d_2$ | $d_1$ | $d_0$ | $d_3$ | $d_2$ | $d_1$ | $d_0$ | 异步置数 |
| 0 | 1 | ↑ | 1 | × | × | × | × | 加法计数 | | | | |
| 0 | 1 | 1 | ↑ | × | × | × | × | 减法计数 | | | | |
| 0 | 1 | 1 | 1 | × | × | × | × | 保持 | | | | |

（1）异步清零。$CR$ 异步清零端，高电平有效。当 $CR=1$ 时计数器清零，不管其他控制端信号为何，与时钟 $CP$ 状态也无关。

（2）异步置数。$\overline{LD}$ 端为异步置数端，低电平有效。当 $CR=0$ 且 $\overline{LD}=0$ 时，$Q_3Q_2Q_1Q_0=d_3d_2d_1d_0$，与时钟 $CP$ 状态无关。

（3）加法计数。当 $CR=0$ 且 $\overline{LD}=1$，而减计数时钟端 $CP_D=1$，计数脉冲从加计数时钟端 $CP_U$ 输入时，进行加法计数，8421BCD 码输出。$\overline{CO}$ 是加位进位脉冲输出端，$\overline{CO}=\overline{CP_U Q_3^n Q_0^n}$，即在加计数到 1001 状态且 $CP_U=0$ 时，进位信号 $\overline{CO}=0$，产生一个负脉冲信号。

（4）减法计数。当 $CR=0$ 且 $\overline{LD}=1$，而加计数时钟端 $CP_U=1$，计数脉冲从减计数时钟端 $CP_D$ 输入时，进行减法计数。$\overline{BO}$ 是借位脉冲输出端，$\overline{BO}=\overline{CP_D \overline{Q_3^n}\, \overline{Q_2^n}\, \overline{Q_1^n}\, \overline{Q_0^n}}$，即在减法计数到 0000 状态且 $CP_D=0$ 时，借位信号 $\overline{BO}=0$，产生一个负脉冲信号。

（5）保持。当 $CR=0$，$\overline{LD}=1$ 且 $CP_U=CP_D=1$ 时，计数器处于保持状态。

用一片 74LS192 芯片可完成十进制计数，用两片 74LS192 级联可构成百进制可逆计数器，用三片 74LS192 级联则可构成千进制可逆计数器，依次类推。两片 74LS192 级联构成百进制可逆计数器的连接电路如图 3-57 所示。根据功能分析，只需将低位芯片的 $\overline{CO}$ 和 $\overline{BO}$ 分别接到高位片的 $CP_U$ 和 $CP_D$ 就可以了，因为当 $\overline{CO}=0$ 和 $\overline{BO}=0$ 时，再来一个 $CP$ 脉冲（第 10 个脉冲），$\overline{CO}$ 和 $\overline{BO}$ 由 0→1 将输出一个上升沿，使高位计数器进行加 1 或减 1 计数。正好满足"逢十进一，借一当十"的规律。

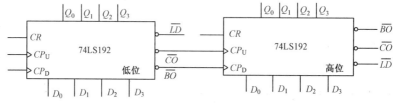

图 3-57  用两片 74LS192 构成百进制计数器

学习单元 3　计数分频电路分析制作与调试

### 3.4.3　N 进制计数器

$N$ 进制计数器的状态循环总数为 $N$，即模 $N \neq 2^n$，$n$ 为触发器的个数，也称为任意进制计数器。构成 $N$ 进制计数器的方法大致分为三种：第一种利用触发器直接构成，称为反馈阻塞法；第二种利用移位寄存器构成，称为串行反馈法；第三种利用集成计数芯片构成，有反馈清零法和反馈置数法。

**1. 由触发器构成 N 进制计数器**

由 $n$ 个触发器直接构成 $N$ 进制计数器的方法称为反馈阻塞法。根据计数器模的概念，$n$ 个触发器可构成最大模为 $2^n$ 的二进制计数器，但如果改变其连接方法，舍去部分状态，就可构成任意 $N$ 进制计数器，$N<2^n$。图 3-58 和 3-59 分别为同步三进制计数器和异步五进制计数器，读者可依照 3.2.2 节中时序逻辑电路的分析方法和步骤进行具体分析。

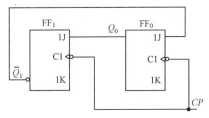

图 3-58　同步三进制计数器

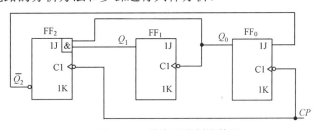

图 3-59　异步五进制计数器

**2. 用移位寄存器构成 N 进制计数器**

1）环形计数器

在 3.3.2 节中学习的移位寄存器（见图 3-38）中，将其最后一级输出送回到第一级的输入，即 $Q_3=D_0$ 便可构成环形计数器，其计数循环为"0001→0010→0100→1000"，可见，4 个触发器构成的环形计数器的状态循环总数是 4，输出四分频信号。一般的，若环形计数器含有 $n$ 个触发器，则其模是 $n$，该计数器是一个 $n$ 分频器，但图 3-38 所示首尾相接构成的电路是不能自启动的。

由移位寄存器组成的能自启动的四位环形计数器电路如图 3-60 所示。其转态转换图如图 3-61 所示。由状态转换图可知，电路有效循环状态为"0001→0010→0100→1000"，任何时刻触发器只有一个为 1，可以直接以各个触发器输出端的 1 状态表示电路的一个状态，不需要另外加译码电路。环形计数器的突出优点是电路简单；缺点是电路状态利用率低，$n$ 个触发器只构成 $n$ 进制计数器，有效状态为 $n$ 个，而电路总共有 $2^n$ 个状态，很不经济。

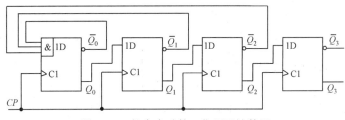

图 3-60　能自启动的 4 位环形计数器

2）扭环计数器

扭环计数器（又称约翰逊计数器），它是将移位寄存器中最后一级的反变量输出端与第一级的输入端相连接而构成，例如将图 3-38 中的 $\overline{Q_3} = D_0$。图 3-62 所示为能自启动的四位扭环计数器，其有效状态转换图如图 3-63 所示。

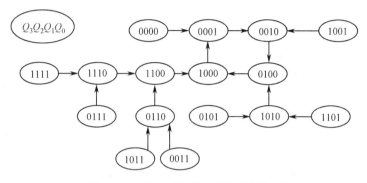

图 3-61　4 位环形计数器的状态转换图

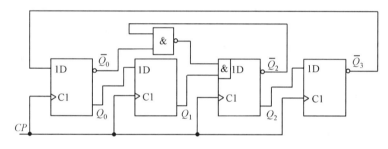

图 3-62　能自启动的 4 位扭环计数器

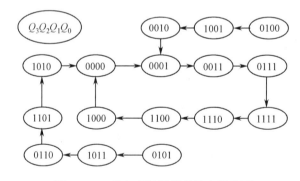

图 3-63　4 位扭环计数器的状态转换图

扭环计数器的状态利用率比环形计数器提高一倍，$N=2n$，但仍然有 $2^n-2n$ 个状态没有被利用。由状态转换图可知，扭环计数器的优点是每次状态变化只有一个触发器翻转，译码器不存在竞争冒险，电路结构比较简单；缺点是电路状态利用率不高，不过较环形计数器提高了一倍。

### 3．用集成计数芯片构成 $N$ 进制计数器

一般情况下，$N$ 进制计数器没有现成的集成化产品，实际应用中利用集成计数器的清零和置数功能，可以很方便地构成 $N$ 进制计数器。

## 学习单元3 计数分频电路分析制作与调试

### 1）反馈清零法

利用计数器的清零端的清零作用,用计数过程中的某一个中间状态来控制清零端,使计数器返回到零状态重新循环计数,这样可以由模大的计数器变为模较小的计数器,如4位二进制计数器,模为16,可利用它的清零端构成模小于16的计数器,如七进制、十三进制等。

**（1）清零端清零信号的选择**

清零端清零信号的选择和计数器的清零方式有关。构成 $N$ 进制计数器时,有效循环状态应从 $0\sim(N-1)$ 共 $N$ 个状态。清零方式不同时,清零信号所取的状态码 $N_a$ 也不同。

① 异步清零:因异步清零与时钟脉冲信号 $CP$ 状态无关,只要清零信号有效,立即清零,所以应在输入第 $N$ 个计数脉冲后,计数器输出的高电平通过控制电路产生一个清零信号加到异步清零端,使计数器立即清零,第 $N$ 个状态不在有效循环内,有效状态从 $0\sim(N-1)$ 共 $N$ 个状态。即清零信号所取的状态码 $N_a$（也叫反馈识别码,为十进制数)就取 $N$（也为十进制数,如35进制,35是十进制数),即 $N_a=N$;

② 同步清零:同步清零端为有效信号时,计数器并不立即清零,还需要输入一个计数脉冲 $CP$,计数器才能清零,因此应在输入第 $N-1$ 个计数脉冲 $CP$ 后,使清零信号为有效电平,在输入第 $N$ 个计数脉冲 $CP$ 时,计数器才被清零,有效状态从 $0\sim(N-1)$ 共 $N$ 个状态,构成 $N$ 进制计数器。所以清零信号所取的状态 $N_a$ 就取 $N-1$,即 $N_a=N-1$,清零识别码所取状态包含在计数循环内。

如果用二进制计数器构成 $N$ 进制计数器,则需将 $N_a$ 转换为二进制数,如果用十进制计数器构成 $N$ 进制计数器,则需将 $N_a$ 写成BCD码。

**（2）清零端清零信号的引入**

清零端清零信号的引入所需门电路与清零信号的有效电平有关,如果是高电平有效,就用与门;如果是低电平有效,就用与非门（非门）。将 $N_a$ 所对应的输出状态值中输出为1的输出端引出送入与门或与非门,与门或与非门输出信号就是清零信号。

**实例3-6** 试用74LS196构成八进制计数器。

**解** 74LS196为异步清零方式,所以 $N_a=N=(8)_{10}=(1000)_{8421BCD}$,根据74LS196的功能,要构成8421BCD码异步十进制加法计数器,首先将 $Q_0$ 和 $\overline{CP_1}$ 相连接,计数脉冲从 $\overline{CP_0}$ 输入,输出为 $Q_3Q_2Q_1Q_0$。由于清零端 $\overline{CR}$ 为低电平有效,所以 $\overline{CR}=\overline{Q_3}$,只需将 $Q_3$ 输出端取反后连接至异步清零端 $\overline{CR}$,这样当计数至1000时,异步清零端获得有效低电平信号,计数器立即清零重新计数,而在其他有效循环状态时 $\overline{CR}$ 都为高电平。连接电路如图3-64所示。

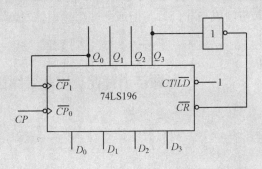

图3-64 74LS196构成的八进制计数器

**实例 3-7** 用两片 74LS163 构成 68 进制计数器。

**解**（1）首先将两片 74LS163 连接成 8 位二进制计数器。

（2）因为 74LS163 是同步清零方式，所以 $N_a=N-1=(68-1)_{10}=(67)_{10}=(01000011)_2$，所以当计数状态值为 01000011 时，使清零信号有效，用计数器输出状态值中的"1"控制清零端，即高位芯片的 $Q_2$（$Q_6$），个位芯片的 $Q_1Q_0$，则 $\overline{CR}=\overline{Q_6Q_1Q_0}$，因为 74LS163 是低电平清零，将 $Q_6Q_1Q_0$ 输出端送入与非门，与非门的输出连接 74LS163 的清零端。连接电路如图 3-65 所示。

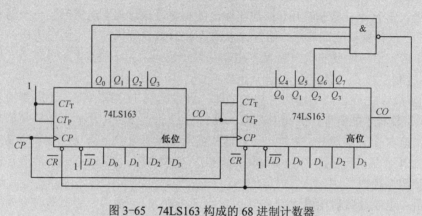

图 3-65　74LS163 构成的 68 进制计数器

2）反馈置数法

利用集成计数器的置数功能，可以截取从 $N_b$ 到 $N_a$ 之间的 $N$ 个有效状态，构成 $N$ 进制计数器，$N_b$ 为计数器所置数的状态码，$N_a$ 为计数器置数端控制信号所取的状态码。

（1）置数端置数控制信号的选择

置数端置数控制信号的选择和计数器的置数方式有关。如果该芯片是异步置数，构成 $N$ 进制计数器时，置数信号所取的状态码 $N_a=N_b+N$；如果该芯片是同步置数，构成 $N$ 进制计数器时，置数信号所取的状态码 $N_a=N_b+N-1$。如果用二进制计数器构成 $N$ 进制计数器，则需将 $N_a$ 转换为二进制数，如果用十进制计数器构成 $N$ 进制计数器，则需将 $N_a$ 写成 BCD 码。

（2）置数端置数控制信号的引入

置数端置数控制信号的引入所需门电路与置数控制信号的有效电平有关，如果是高电平有效，就用与门；如果是低电平有效，就用与非门（非门）。将 $N_a$ 所对应的输出状态值中输出为 1 的输出端引出送入与门或与非门，与门或与非门输出信号就是置数控制信号。

**实例 3-8** 试用 74LS161 构成十一进制计数器（反馈置数法和反馈清零法）。

**解**（1）采用反馈置数法：74LS161 设有同步置数控制端，$\overline{LD}$ 为低电平有效。置数数据端 $D_3D_2D_1D_0=0010$，即 $N_b=(0010)_2=(2)_{10}$，$N_a=N_b+N-1=2+11-1=12=(1100)_2$。则 $\overline{LD}=\overline{Q_3Q_2}$，用与非门。连接电路及状态转换图如图 3-66 所示。

（2）采用反馈清零法：74LS161 设有异步清零控制端，$\overline{CR}$ 为低电平有效，所以 $N_a=N=(11)_{10}=(1011)_2$，$\overline{CR}=\overline{Q_3Q_1Q_0}$，用与非门。1011 是暂态，存在的时间极短，不属于有效状态。连接电路及状态转换图如图 3-67 所示。

学习单元 3　计数分频电路分析制作与调试

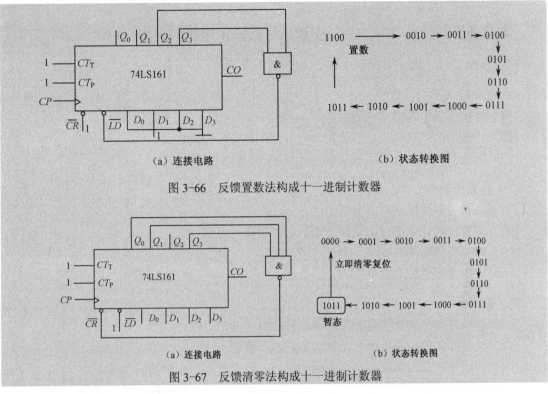

图 3-66　反馈置数法构成十一进制计数器

图 3-67　反馈清零法构成十一进制计数器

**实例 3-9**　图 3-68 所示是由两片 74LS163 构成的计数器，试分析输出端 $Y$ 的脉冲频率与 $CP$ 脉冲频率的比值是多少？

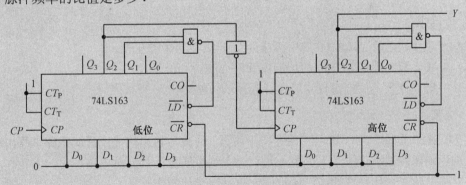

图 3-68　由 74LS163 构成的 $N$ 进制计数器

**解**（1）分别分析高、低位 74LS163 芯片的使能端连接，均能实现加法计数功能。

（2）图中两片 74LS163 均是采用反馈置数法。由于是同步置数，低位完成的是七进制计数，反馈识别码 $N_a$ 为 $(0110)_2$；高位完成的是八进制计数，反馈识别码 $N_a$ 为 $(0111)_2$。

（3）观察高、低位芯片的级联，低位的计数脉冲由外接 $CP$ 直接提供，而高位 $CP$ 只有当低位计数芯片 $Q_2$ 由 1 变为 0 时，才能得到一个脉冲上升沿使状态完成一次跳变，因此低位每计七个脉冲，高位计一个脉冲。

（4）高低位合起来观察，结论就是该计数器完成 $7×8=56$ 进制计数，输出端 $Y$ 的脉冲频率与 $CP$ 脉冲频率的比值为 1/56。

## 实训项目 8　0~59（0~23）加法计数显示电路的制作与调试

1．目标

1）知识目标

（1）时序逻辑电路的分析方法；

（2）计数器的逻辑功能、真值表读解方法，以及引脚功能；

（3）用集成计数芯片构建任意进制计数器的方法。

2）能力目标

（1）掌握时序逻辑电路的分析方法；

（2）掌握集成计数器引脚功能查询、功能表读解方法；

（3）培养功能电路的制作与调试能力；

（4）锻炼学习资料的查询能力。

3）素质目标

（1）养成严肃、认真的科学态度和良好的自主学习方法；

（2）培养严谨的科学思维习惯和规范的操作意识；

（3）养成独立分析问题和解决问题的能力，以及相互协作的团队精神；

（4）能综合运用所学知识和技能，独立解决实训中遇到的实际问题；具有一定的归纳、总结能力；

（5）具有一定的创新意识；具有一定的自学、表达、获取信息等方面的能力。

2．资讯

（1）集成计数芯片 74LS160 的引脚排列及引脚功能查询方法。

（2）集成计数芯片 74LS160 的功能表读解方法。

（3）用集成计数芯片构建任意进制计数器的方法。

3．决策

用 74LS160 设计、制作 60 及 24 进制计数器，计数器输出接显示译码电路，画出电路原理图并进行制作调试。可按二人分为一组，一人制作低位计数显示电路，另一人制作高位计数显示电路，两人合作完成 60 及 24 进制计数器的设计制作任务。

4．计划

（1）所需仪器仪表：万用表，示波器，数字电路实验箱，电烙铁，焊锡丝。

（2）所需元器件：74LS00、74LS160、74LS247 芯片各 1 片，300 Ω 电阻 7 个，共阳极 LED 数码管一个，电路板一块，导线若干。

5．实施

（1）采用反馈清零法，小组用 74LS160 设计 60 及 24 进制计数器，画出电路原理图。

（2）讨论电路原理图的正确性及可实现性，确定元器件，列出元器件清单，画出实际接线图。

（3）焊接并调试电路，并将计数结果通过译码显示电路显示出来。

## 6．检查

检查设计电路的正确性，对出现的问题分析原因并记录解决方案。

## 7．评价

在完成上述设计与制作过程后，撰写实训报告，并在小组内进行自我评价、组员评价，最后由教师给出评价，三个评价相结合作为本次工作任务完成情况的综合评价。

# 知识梳理与总结

1．触发器是构成时序逻辑电路的基本单元电路，它具有两个稳定状态：1状态和0状态。在适当的触发信号作用下，触发器的状态可发生翻转，可以从一个稳态转换到另一个稳态。触发信号撤消后，触发器翻转后的状态保持不变，即触发器具有记忆功能，可以存储一位二值信息。

2．触发器的输入信号分为三类。一是置位和复位信号，对触发器置1或置0，有同步和异步两种，前者受时钟信号控制，后者不受时钟信号的控制。二是时钟脉冲信号，决定触发器何时发生状态的改变。三是输入触发信号，在时钟脉冲的作用下控制触发器的状态。

3．触发器的逻辑功能是指触发器的次态和现态及输入信号之间在稳态下的逻辑关系，这种逻辑关系可以用特性表、特性方程、状态转换图、激励表和时序图给出。特性表和特性方程是分析时序电路的重要工具，当用触发器构成时序电路时，触发器的激励表是设计时序电路的重要工具。根据逻辑功能的不同特点，把触发器分为 RS、D、JK、T、T′ 等几种类型，其中 JK 触发器和 D 触发器用得最多。不同类型的触发器之间可以相互转换。

4．触发器的电路结构形式决定触发器的触发方式。

基本 RS 触发器没有时钟输入端，触发器的状态随 $R$ 和 $S$ 的电位变化而变化，是电平触发方式，基本 RS 触发器是触发器的基本单元。

同步触发器的触发方式是电平触发，在 $CP$ 脉冲的有效作用电平期间，触发器接收输入信号，状态发生变化，存在空翻现象。

主从式触发器没有空翻现象，其触发方式是主从触发，在 $CP=1$（或 $CP=0$）期间，主触发器接收输入信号，其状态发生相应的变化，从触发器状态保持不变，在 $CP$ 下降沿（或上升沿）到来时，从触发器按主触发器的状态翻转，要求 $CP=1$（或 $CP=0$）期间，输入信号保持不变，否则，会发生一次翻转的错误。因此，主从式触发器的抗干扰的能力差。

主从边沿型和边沿型触发器都属于边沿触发，没有空翻现象，触发器仅在 $CP$ 脉冲的有效沿到来时接收输入触发信号，触发器的状态翻转也发生在 $CP$ 脉冲的有效沿时刻，触发器的状态仅仅取决于 $CP$ 脉冲的有效沿到来之前瞬间的输入信号和触发器的现态。边沿型触发器的抗干扰能力最强。

5．时序逻辑电路由触发器和组合逻辑电路组成，电路中存在反馈，它任何时刻的输出不仅和此时刻的输入有关，而且还与电路原来的状态有关。

6．时序逻辑电路的分析步骤为：列时钟方程、驱动方程、输出方程及状态方程，再计算并列出状态转换表，画出状态转换图和时序图，从而判断电路的逻辑功能。

7．寄存器是用来暂时存放数据、指令等数字信号的时序逻辑器件。它由具有存储功能的触发器构成,具有记忆功能,一个触发器能存储一位二值信息,$n$ 个触发器构成的寄存器能存储 $n$ 位二进制代码。移位寄存器不但具有存储代码的功能,而且还具有移位功能。移位功能就是使寄存器里存储的代码在移位指令脉冲的作用下逐位左移或右移。

8. 计数器能累计输入脉冲的个数。按计数器中触发器翻转的时序异同,可分为同步计数器和异步计数器,按计数变化规律可分为加法计数器、减法计数器和可逆(加、减法)计数器;按计数体制分类,可以分成二进制计数器、十进制计数器和 $N$ 进制计数器。

9. 用集成计数芯片构成 $N$ 进制计数器的方法有反馈清零法和反馈置数法。用集成计数芯片构成 $N$ 进制计数器的关键是集成计数芯片的清零和置数方式。

# 自我检测题 3

一、填空题

3-1 触发器具有两个稳态,分别称为_____状态和_____状态,并能在适当信号下翻转,因此触发器也可全称为_____。

3-2 具有两个稳定状态,能够存储 1 位二值信息的基本单元称为_____。

3-3 若要存储 8 位二值信息需要_____个触发器。

3-4 对于基本 RS 触发器,当 $Q=1$、$\overline{Q}=0$ 时称触发器处于_____状态;当 $Q=0$、$\overline{Q}=1$ 时称触发器处于_____状态。

3-5 将触发器按逻辑功能可分为 RS、D、JK 和 T 触发器,其逻辑功能均可用特性方程来反映。RS 触发器的特性方程及约束条件为_____;D 触发器的特性方程为_____;JK 触发器的特性方程为_____;T 触发器的特性方程为_____。

3-6 按计数器中触发器翻转的时序不同分,计数器可分为_____计数器和_____计数器。按计数器计数变化的规律不同,可分为_____计数器、_____计数器和_____计数器。

3-7 一个七进制计数器也是一个_____分频器。

二、选择题

3-8 下列触发器中对输入信号没有约束条件的是_____。
A、基本 RS 触发器　B、主从 RS 触发器　C、JK 触发器　D、边沿 RS 触发器

3-9 下列电路中,不属于时序逻辑电路的是_____。
A、计数器　　　　B、触发器　　　　C、寄存器　　　　D、译码器

3-10 由三个 D 触发器构成的二进制计数器,其计数器的模为_____。
A、3　　　　　　B、6　　　　　　C、8　　　　　　D、16

三、判断题

3-11 如果构成计数器的触发器个数为 $n$ 个,则在时钟脉冲作用下有效循环状态个数为 $2^n$ 个。(　　)

3-12 $n$ 个触发器构成的环形计数器的模为 $2n$。(　　)

3-13 一个 $N$ 进制计数器也是一个 $N$ 分频器。(　　)

## 练习题 3

3-1 写出基本 RS 触发器、JK 触发器、D 触发器、T 触发器、T′ 触发器的特性表和特性方程。

3-2 若边沿 JK 触发器各输入端的波形如图 3-69 中所给出，试画出 $Q$ 端对应的波形。设触发器的初始状态为 0。

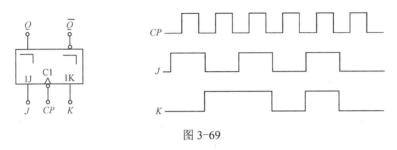

图 3-69

3-3 已知维持-阻塞 D 触发器的 $D$ 和 $CP$ 波形如图 3-70 中所给出，试画出 $Q$ 端对应的波形。设触发器的初始状态为 0。

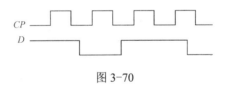

图 3-70

3-4 设图 3-71 中所示各触发器的初始状态都为 0，试画出在 $CP$ 脉冲作用下，各触发器输出端 $Q$ 的波形。

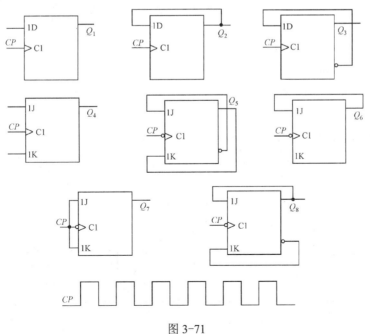

图 3-71

3-5 电路如图 3-72 所示，试分析电路的逻辑功能，写出它的驱动方程、状态方程，列出状态转换表，画出在 CP 脉冲作用下 $Q_0$、$Q_1$ 的波形。设各触发器的初始状态为 0。

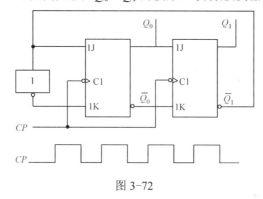

图 3-72

3-6 时序逻辑电路与组合逻辑电路的根本区别是什么？同步时序逻辑电路与异步时序电路的根本区别是什么？

3-7 试分析图 3-73 所示时序逻辑电路的逻辑功能。写出它的驱动方程、状态方程，列出状态转换表，并画出状态转换图和时序波形图。

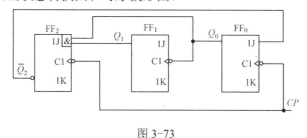

图 3-73

3-8 用 74LS161 由两种方法（反馈清零法和反馈置数法）构成下列计数器：

（1）七进制计数器；

（2）十二进制计数器。

3-9 试用 74LS192 构成下列计数器：

（1）六进制加法计数器；

（2）六十五进制加法计数器。

3-10 试用 74LS194 构成四位环形计数器和四位扭环计数器。

3-11 试分析图 3-74 所示计数器的分频比（即 Y 与 CP 的频率之比）。

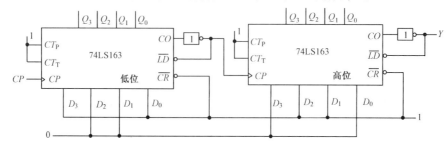

图 3-74

# 学习单元 4

# 振荡电路的制作与调试

## 教学导航

| 实训项目 9 | 1 Hz 秒脉冲信号发生器的分析与设计 |
|---|---|
| 实训项目 10 | 50 Hz 多谐振荡器的制作与调试 |
| 建议学时 | 1.5 天（9 学时） |
| 完成项目任务所需知识 | 1. 555 定时器电路的结构、工作原理、引脚功能；<br>2. 由 555 定时器构成多谐振荡器电路，多谐振荡器的功能特点、参数计算及应用； |
| 知识重点 | 555 定时器电路的结构、工作原理、引脚功能 |
| 知识难点 | 555 定时器应用电路的功能分析及参数计算 |
| 职业技能 | 能利用 555 定时器设计制作振荡电路，能进行参数计算并能使用万用表、示波器等仪器仪表进行调试：<br>1. 能用 555 定时器、电阻、滑动电阻器、电容等器件设计功能电路；<br>2. 能根据设计的电路原理图选用 IC 芯片，能列出材料清单并根据清单备齐所需元器件；<br>3. 能根据电路制作与调试需要，选用五金工具和焊接工具，制作短连线并能插接短连线，能对电子元器件引线浸锡；<br>4. 能根据设计的原理图进行合理的布线布局，使用焊接工具手工焊接实际电路（电路板），能正确焊接 IC 芯片引脚、电源和地线；<br>5. 能发现电路制作过程中出现的工艺质量问题，能编写实训报告；<br>6. 能团结小组成员，开展分工合作；具有成本意识、质量意识 |
| 推荐的教学方法 | 从项目任务出发，通过课堂听讲、教师引导、小组学习讨论、实际芯片功能查找、实际电路焊接、功能调试，即"教、学、做"一体，掌握完成任务所需知识点和相应的技能 |

在数字系统中,需要信号源产生脉冲信号。例如在时序电路中,需要作为时钟信号的矩形脉冲。获得脉冲波形的方法主要有两种:一种是利用各种形式的多谐振荡器直接产生符合要求的矩形脉冲;另一种是将一个已有的周期性信号通过脉冲整形电路变换成所需的矩形脉冲。本单元主要介绍由555定时器构成的多谐振荡器,以及由555定时器构成的整形电路——单稳态触发器和施密特触发器;简单对石英晶体振荡器电路作介绍。

## 4.1 555定时器

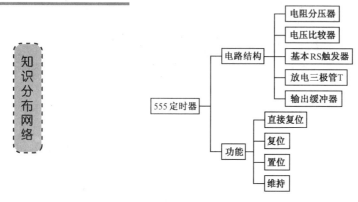

555定时器是一种电路结构简单、使用方便灵活、应用非常广泛的模拟与数字电路相结合的中规模集成电路,也称为时基电路。利用它可很方便地实现脉冲产生、延时、整形和定时电路,它广泛应用于脉冲波形的产生与变换、仪器与仪表电路、测量与控制电路、定时和报警以及家用电器与电子玩具等领域。

555定时器的电源电压范围较宽,例如TTL 555定时器为5~16 V,输出最大负载电流可达200 mA,可直接驱动微电机、指示灯及扬声器等;COMS 555定时器的电源电压为3~18 V,输出最大负载电流为4 mA。TTL单定时器型号最后3位数字为555,双定时器为556;CMOS单定时器型号的最后4位数字为7555,双定时器型号为7556。TTL和CMOS定时器的逻辑功能和外部引脚排列完全相同。

### 4.1.1 555定时器的电路结构

555定时器的逻辑电路如图4-1(a)所示,图(b)为逻辑符号及引脚图,1脚为接地端,8脚为电源端,2脚$\overline{TR}$为置位控制输入端(触发输入端),6脚$TH$为复位控制输入端(门限输入端),5脚$V_{CO}$为外加控制电压端,4脚$\overline{R}_D$为直接复位端,低电平有效,7脚$DIS$为放电端,3脚$u_o$为电压输出端。

555定时器由五部分组成,包括电阻分压器(由3个5 kΩ电阻构成)、电压比较器($C_1$和$C_2$)、基本RS触发器(由$G_1$和$G_2$两个与非门组成)、集电极开路的放电三极管VT和输出缓冲器($G_3$)组成。

由图可看出,当$V_{CO}$端悬空时,比较器$C_1$的基准电压$u_{1+} = \frac{2}{3}V_{CC}$,而比较器$C_2$的基准电压$u_{2-} = \frac{1}{3}V_{CC}$;而当$V_{CO}$端外接控制电压$u_{ic}$,则$u_{1+} = u_{ic}$, $u_{2-} = \frac{1}{2}u_{ic}$。当$V_{CO}$端不用时,一

## 学习单元 4  振荡电路的制作与调试

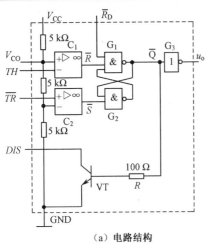
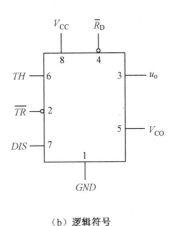

（a）电路结构　　　　　　　　　　　　（b）逻辑符号

图 4-1　集成 555 定时器

般对地外接一个 0.01 μF 的电容，以抑制干扰。

### 4.1.2　555 定时器的功能

**1．直接复位功能**

由图 4-1（a）可知，当直接复位输入端 $\overline{R}_D=0$ 时，不论其他输入端是何状态，$\overline{Q}=1$，放电三极管 VT 饱和导通，3 脚 $u_o$ 输出低电平 0。当 $\overline{R}_D=1$ 时，555 定时器才可实现其他功能。

**2．复位功能**

由图 4-1(a)可知，当 $V_{CO}$ 端无外加控制电压、6 脚复位控制输入端 $TH$ 的电压 $U_{TH}>\frac{2}{3}V_{CC}$、2 脚 $\overline{TR}$ 端的电压 $U_{\overline{TR}}>\frac{1}{3}V_{CC}$ 时，比较器 $C_1$ 反相端电压大于同相端电压即 $u_->u_+$，输出为低电平 0，$C_2$ 反相端电压小于同相端电压即 $u_-<u_+$，输出为高电平 1，则基本 RS 触发器 $\overline{R}=0$、$\overline{S}=1$，完成置 0 功能，$\overline{Q}=1$，VT 饱和导通，7 脚放电端对地形成低阻通道，$\overline{Q}=1$ 经反相缓冲器 $G_3$ 从 3 脚输出低电平 0。

**3．置位功能**

由图 4-1（a）可知，当 $V_{CO}$ 端无外加控制电压、2 脚置位控制输入端 $\overline{TR}$ 端的电压 $U_{\overline{TR}}<\frac{1}{3}V_{CC}$、6 脚 $TH$ 的电压 $U_{TH}<\frac{2}{3}V_{CC}$ 时，比较器 $C_1$ 反相端电压小于同相端电压即 $u_-<u_+$，输出为高电平 1，$C_2$ 反相端电压大于同相端电压即 $u_->u_+$，输出为低电平 0，则基本 RS 触发器 $\overline{R}=1$、$\overline{S}=0$，完成置 1 功能，$\overline{Q}=0$，VT 截止，$\overline{Q}=0$ 经 $G_3$ 从 3 脚输出高电平 1。

**4．维持功能**

当 6 脚 $U_{TH}<\frac{2}{3}V_{CC}$、2 脚 $U_{\overline{TR}}>\frac{1}{3}V_{CC}$ 时，比较器 $C_1$ 输出为 1，$C_2$ 输出也为 1，基本 RS 触发器 $\overline{R}=1$、$\overline{S}=1$，$\overline{Q}$ 状态保持不变，VT 和 $u_o$ 输出状态也保持不变。

综上所述，则555定时器的功能如表4-1所示。不允许$U_{TH} > \frac{2}{3}V_{CC}$且$U_{\overline{TR}} < \frac{1}{3}V_{CC}$，否则基本RS触发器失效。

表4-1　555定时器功能表

| $\overline{R}_D$ | $U_{TH}$ | $U_{\overline{TR}}$ | $u_o$ | 三极管VT |
|---|---|---|---|---|
| 0 | × | × | 0 | 导通 |
| 1 | $< \frac{2}{3}V_{CC}$ | $< \frac{1}{3}V_{CC}$ | 1 | 截止 |
| 1 | $> \frac{2}{3}V_{CC}$ | $> \frac{1}{3}V_{CC}$ | 0 | 导通 |
| 1 | $< \frac{2}{3}V_{CC}$ | $> \frac{1}{3}V_{CC}$ | 保持 | 保持 |

## 4.2　555定时器的应用电路

### 4.2.1　用555定时器构成单稳态触发器

单稳态触发器不同于学习单元3中介绍的触发器，学习单元3中所介绍的触发器都有两个稳定的状态，而单稳态触发器具有以下特点：

（1）电路只有一个稳定的状态，另一个状态是暂稳态，不加触发信号时，它始终处于稳态；

（2）在外加触发脉冲（上升沿或下降沿）作用下，电路才能由稳态进入暂稳态，暂稳态不能长久保持，经过一段时间后能自动返回原来的稳态；

（3）暂稳态持续的时间取决于电路本身的参数，与外加触发信号无关。

单稳态触发器被广泛用于脉冲整形（将脉宽不符合要求的脉冲变换成符合要求的矩形脉冲）、延时和定时控制等。

**1. 电路结构**

由555定时器构成的单稳态触发器如图4-2所示。输入触发信号$u_i$从2脚$\overline{TR}$加入，6脚$TH$端和7脚$DIS$放电端连接在一起，再与定时元件$R$、$C$相连接。

**2. 工作原理**

下面参照图4-3所示波形讨论单稳态触发器的工作原理。

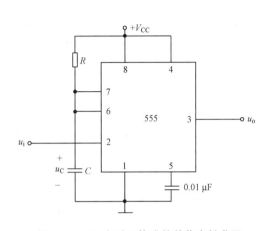

图 4-2 555 定时器构成的单稳态触发器

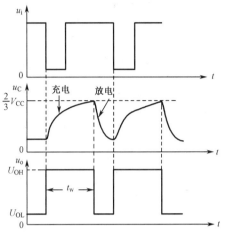

图 4-3 单稳态触发器的工作波形

1) 稳态

$u_i$ 为高电平（即 $u_i > \frac{1}{3}V_{CC}$），接通电源后，若输出 $u_o$ 为低电平 $U_{OL}$，则 $\overline{Q}=1$，放电三极管 VT 导通，电容 $C$ 经 7 脚快速放电，$u_C=0$，即 6 脚 $U_{TH} < \frac{2}{3}V_{CC}$，则 555 定时器维持低电平 $U_{OL}$ 状态不变；若接通电源后，555 定时器输出 $u_o$ 为高电平，$\overline{Q}=0$，放电三极管 VT 截止，电源 $V_{CC}$ 经电阻 $R$ 对电容 $C$ 进行充电，使电容 $C$ 上的电压 $u_C$ 逐渐上升，当上升到 $u_C = \frac{2}{3}V_{CC}$ 时，电压比较器 $C_1$ 和 $C_2$ 的输出分别为 0 和 1，基本 RS 触发器被置 0，$\overline{Q}=1$，输出 $u_o=U_{OL}$，同时，三极管 VT 导通，电容经三极管 VT 快速放电，使 $u_C=0$ V，则基本 RS 触发器 $\overline{R}=1$、$\overline{S}=1$，触发器保持 $\overline{Q}=1$ 状态不变，VT 导通，$u_o$ 输出低电平状态也保持不变。可见该电路稳态为低电平状态。

2) 触发由稳态进入暂稳态

当输入触发信号 $u_i$ 下降沿到来，$u_i$ 由高电平变为 $u_i < \frac{1}{3}V_{CC}$，则 2 脚电位小于 $\frac{1}{3}V_{CC}$，而 6 脚为 0 V，小于 $\frac{2}{3}V_{CC}$，电压比较器 $C_1$ 和 $C_2$ 的输出分别分别为 1 和 0，则基本 RS 触发器 $\overline{R}=1$、$\overline{S}=0$，触发器被置 1，$\overline{Q}=0$，输出由低电平翻转为高电平 $U_{OH}$，同时三极管 VT 截止，电源 $V_{CC}$ 经电阻 $R$ 对电容 $C$ 进行充电，电路进入暂稳态。

3) 自动回到稳态

随着对 $C$ 的充电，$u_C$ 逐渐增大，在 $u_C$ 上升到 $\frac{2}{3}V_{CC}$ 以前，$u_i$ 回到高电平（撤销触发信号），当 $u_C$ 上升到 $\frac{2}{3}V_{CC}$ 时，电压比较器 $C_1$ 和 $C_2$ 的输出分别为 0 和 1，基本 RS 触发器 $\overline{R}=0$、$\overline{S}=1$，$\overline{Q}=1$，输出由高电平翻转为低电平 $U_{OL}$，同时，三极管 VT 导通，电容 $C$ 经三极管 VT 迅速

放电，电路返回稳定状态。

**3．输出脉冲宽度的计算**

单稳态触发器暂稳态的维持时间 $t_w$ 就是电容上的电压由 0 按指数规律上升到 $\frac{2}{3}V_{CC}$ 的时间，根据一阶 RC 电路三要素法，电容两端的电压为：

$$u_C(t) = u_C(\infty) + [u_C(0_+) - u_C(\infty)]e^{-\frac{t}{\tau}}$$

其中，$u_C(0_+)$ 是电容的初始值，$u_C(0_+) = 0$，$u_C(\infty)$ 为电容的稳态值，$u_C(\infty) = V_{CC}$，$\tau$ 为充电时间常数，$\tau = RC$，$t = t_w$ 时，$u_C(t_w) = \frac{2}{3}V_{CC}$，则可算出：

$$t_w = RC \ln \frac{u_C(\infty) - u_C(0_+)}{u_C(\infty) - u_C(t_w)} = RC \ln \frac{V_{CC} - 0}{V_{CC} - \frac{2}{3}V_{CC}} = 1.1RC$$

$t_w$ 与外加信号没有任何关系，仅取决于电路本身定时元件的参数值。

**4．单稳态触发器的应用**

1）定时电路

由于单稳态触发器可产生一定宽度 $t_w$ 的矩形脉冲，利用这个脉冲可控制继电器、门电路等在 $t_w$ 时间内动作或不动作，即单稳态触发器可以构成定时电路，可以实现自动控制、定时开关等功能。如图 4-4 所示的定时电路，只有在开关 S 按下时，单稳态触发器输出脉宽为 $t_w$ 的单脉冲，在 $t_w$ 时间内，VT 导通，继电器 KA 线圈得电，控制相关电路工作。可调节电位器 $R_P$ 阻值的大小来改变定时时间。

2）脉冲展宽

当脉冲宽度较窄时，可利用单稳态触发器将其展宽，把它加在单稳态触发器的触发信号输入端，合理选择定时元件 R、C 的值，可获得脉宽符合要求的矩形脉冲。

单稳态触发器除可利用 555 定时器构成外，还可用与非门构成微分型、积分型单稳态触发器。

集成单稳态触发器可分为两类：一类是可重触发的（逻辑符号如图 4-5（a）所示，⌐⌐ 表示可重复触发，该电路在触发进入暂稳态期间如再次受到触发，则输出脉冲宽度在此前暂稳态时间的基础上再展宽 $t_w$），如 74LS122；另一类是不可重触发的（逻辑符号如图 4-5（b）所示，1⌐⌐ 表示非重复触发单稳态触发器，该电路在触发进入暂稳态期间如再次受到触发，对原暂稳态时间没有影响，输出脉冲宽度 $t_w$ 仍从第一次触发开始计算），如 74LS121。

### 4.2.2 用 555 定时器构成施密特触发器

施密特触发器是具有滞后电压传输特性的电路。其特点为：当输入信号由小到大变化达到或超过正向阈值电压 $U_{T+}$ 时，输出状态翻转，输出由高电平翻转为低电平（或由低电平翻转为高电平）；当输入信号由大到小变化达到或超过负向阈值电压 $U_{T-}$ 时，输出状态翻转，输出由低电平翻转为高电平（或由高电平翻转为低电平），即对于正向和负向增长的输入信号，电路的触发转换电平不同。

学习单元 4　振荡电路的制作与调试

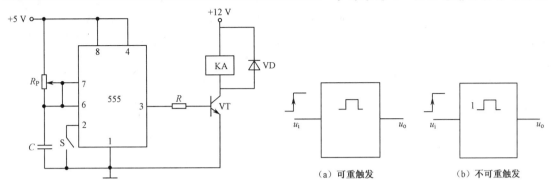

图 4-4　单稳态触发器用作定时电路　　　　图 4-5　单稳态触发器的逻辑符号

施密特触发器的电压传输特性及逻辑符号如图 4-6 所示。正向阈值电压 $U_{T+}$ 与负向阈值电压 $U_{T-}$ 之差称为回差电压 $\Delta U_T$，$\Delta U_T = U_{T+} - U_{T-}$，又称为门限宽度。

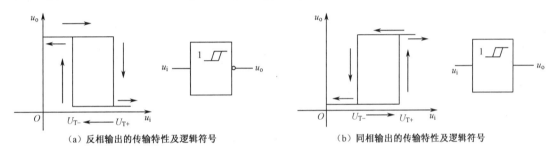

图 4-6　施密特触发器

### 1. 电路结构

由 555 定时器构成的施密特触发器如图 4-7 所示。将 555 定时器的 6 脚 $TH$ 端和 2 脚 $\overline{TR}$ 端连接在一起，作为外加触发信号 $u_i$ 输入端，从 3 脚输出信号 $u_{o1}$，也可在 7 脚外接上拉电阻 $R_P$ 到电源 $+V_{CC2}$，从 7 脚输出信号 $u_{o2}$。5 脚 $V_{CO}$ 端一般通过一个 0.01 μF 的电容接地，4 脚 $\overline{R_D}$ 端接高电平 $+V_{CC1}$。

### 2. 工作原理

设输入信号 $u_i$ 为如图 4-8 所示的三角波。

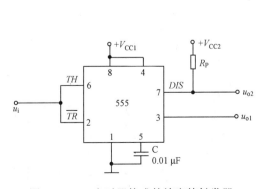

图 4-7　555 定时器构成的施密特触发器

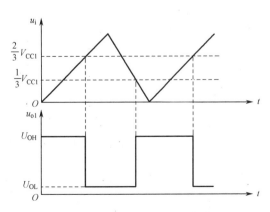

图 4-8　施密特触发器的工作波形

当输入 $u_i \leqslant \frac{1}{3}V_{CC1}$ 时，电压比较器 $C_1$ 和 $C_2$ 的输出分别为 1 和 0，基本 RS 触发器 $\bar{R}=1$、$\bar{S}=0$，被置 1，输出 $u_{o1}$ 为高电平 $U_{OH}$，而此时放电三极管 VT 是截止的，故 $u_{o2}=U_{OH}\approx V_{CC2}$。

当输入 $\frac{1}{3}V_{CC1} < u_i < \frac{2}{3}V_{CC1}$ 时，电压比较器 $C_1$ 和 $C_2$ 的输出都为 1，基本 RS 触发器保持原状态不变，输出保持 $u_{o1}=U_{OH}$ 不变。

当输入 $u_i \geqslant \frac{2}{3}V_{CC1}$ 时，电压比较器 $C_1$ 和 $C_2$ 的输出分别为 0 和 1，基本 RS 触发器 $\bar{R}=0$、$\bar{S}=1$，被置 0，输出 $u_{o1}$ 由高电平翻转为低电平 $U_{OL}$，此时，使电路状态发生翻转所对应的输入电压称作正向阈值电压，用 $U_{T+}$ 表示，$U_{T+}=\frac{2}{3}V_{CC1}$。同时，放电三极管 VT 导通，$u_{o2}=U_{OL}\approx 0$。

当输入 $u_i$ 由大于 $\frac{2}{3}V_{CC1}$ 下降到 $\frac{1}{3}V_{CC1} < u_i < \frac{2}{3}V_{CC1}$ 时，电压比较器 $C_1$ 和 $C_2$ 的输出又都为 1，基本 RS 触发器保持 0 状态不变，输出保持 $u_{o1}=U_{OL}$ 不变。

当输入 $u_i$ 下降到 $u_i \leqslant \frac{1}{3}V_{CC1}$ 时，电压比较器 $C_1$ 和 $C_2$ 的输出分别为 1 和 0，基本 RS 触发器被置 1，输出 $u_{o1}$ 由低电平翻转为高电平，$u_{o1}=U_{OH}$，此时，使电路状态发生翻转所对应的输入电压称作负向阈值电压，用 $U_{T-}$ 表示，$U_{T-}=\frac{1}{3}V_{CC1}$。

由以上分析可知，该施密特触发器的回差电压 $\Delta U_T$ 为：

$$\Delta U_T = U_{T+} - U_{T-} = \frac{2}{3}V_{CC1} - \frac{1}{3}V_{CC1} = \frac{1}{3}V_{CC1}$$

该施密特触发器的电压传输特性如图 4-9 所示。

如果 $V_{CO}$ 端外接直流电压 $U_{CO}$，则可改变电压比较器 $C_1$ 和 $C_2$ 的基准电压，从而改变 $U_{T+}$、$U_{T-}$ 和 $\Delta U_T$ 的值，$U_{T+}=U_{CO}$，$U_{T-}=\frac{1}{2}U_{CO}$，$\Delta U_T=\frac{1}{2}U_{CO}$。而 $u_{o2}$ 则可通过改变 $+V_{CC2}$ 的值来改变输出高电平的值。回差电压 $\Delta U_T$ 越大，电路的抗干扰能力越强。

**3．施密特触发器的应用**

施密特触发器的用途十分广泛，主要用于波形变换、整形及脉冲幅度的鉴别等。

1）波形变换

施密特触发器可以将三角波、正弦波及变化缓慢的非矩形波变换为上升沿和下降沿都很陡峭的矩形波，只要将需变换的波形送到施密特触发器的输入端，输出便是矩形波。图 4-8 就是将输入的三角波变换为输出矩形波的一个例子。

2）脉冲波形整形

施密特触发器可以将一个不规则的波形进行整形，得到一个良好的波形，如图 4-10 所示。

3）脉冲幅度鉴别

施密特触发器可用来将幅度较大的脉冲信号鉴别出来，将输入信号加到施密特触发器的输入端，当输入信号幅度大于 $U_{T+}$ 时，有信号输出，小于 $U_{T-}$ 时，无信号输出，如图 4-11 所示。

学习单元 4　振荡电路的制作与调试

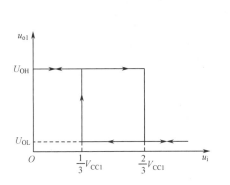

图 4-9　施密特触发器的电压传输特性

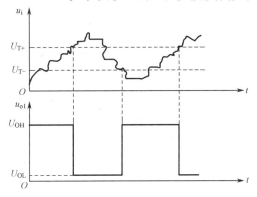

图 4-10　施密特触发器进行波形整形

施密特触发器除可利用 555 定时器构成外，还可用门电路构成，也可用集成运算放大器构成，典型的 TTL 集成施密特触发器有 74LS13（施密特触发双四输入与非门）、74LS14（施密特触发六反相器）、74LS132（施密特触发四 2 输入与非门）；典型的 CMOS 集成施密特触发器有 CC40106（施密特触发六反相器）。

### 4.2.3　用 555 定时器构成多谐振荡器

多谐振荡器是一种自激振荡电路，它无稳态，只有两个暂稳态，接通电源后，无需外加触发脉冲信号，电路便能在两个暂稳态之间相互翻转，产生矩形脉冲信号，因为矩形脉冲信号含有丰富的谐波成分，所以常将矩形脉冲产生电路称为多谐振荡器。

**1. 电路结构**

由 555 定时器构成的多谐振荡器如图 4-12 所示。将 2 脚和 6 脚相连接后对地接电容 $C$，对电源接电阻 $R_1$、$R_2$，7 脚放电端再与 $R_1$、$R_2$ 相连接，电源通过 $R_1$、$R_2$ 对 $C$ 充电，电容 $C$ 通过 $R_2$ 从 7 脚放电，3 脚输出矩形波。

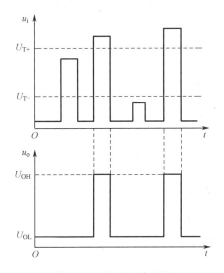

图 4-11　脉冲幅度鉴别

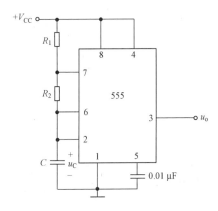

图 4-12　555 定时器构成的多谐振荡器

### 2. 工作原理

下面参照图 4-13 所示波形讨论多谐振荡器的工作原理。

设电容的初始电压为 0 V，接通电源后，因为电容 $C$ 两端的电压不能突变，$u_C=0$ V，即 555 定时器 2 脚、6 脚的电压为 0 V，根据 555 定时器的功能，3 脚输出高电平 $U_{OH}$，三极管 VT 截止，$V_{CC}$ 经电阻 $R_1$ 和 $R_2$ 对电容 $C$ 充电，电容 $C$ 两端的电压 $u_C$ 逐渐上升，当 $u_C$ 上升到 $\frac{2}{3}V_{CC}$ 时，电压比较器 $C_1$ 和 $C_2$ 的输出分别为 0 和 1，基本 RS 触发器被置 0，输出 $u_o$ 由高电平翻转为低电平 $U_{OL}$，同时三极管 VT

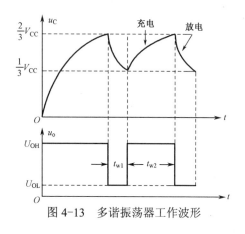

图 4-13 多谐振荡器工作波形

导通，7 脚对地形成低阻通道，电容 $C$ 经电阻 $R_2$ 和三极管 VT 对地放电，电容 $C$ 两端的电压 $u_C$ 逐渐下降，当 $u_C$ 下降到 $\frac{1}{3}V_{CC}$ 时，电压比较器 $C_1$ 和 $C_2$ 的输出又分别为 1 和 0，基本 RS 触发器又被置 1，输出 $u_o$ 由低电平翻转为高电平 $U_{OH}$，三极管 VT 又截止，$V_{CC}$ 又经电阻 $R_1$ 和 $R_2$ 对电容 $C$ 充电，当 $u_C$ 上升到 $\frac{2}{3}V_{CC}$ 时，输出 $u_o$ 由高电平翻转为低电平 $U_{OL}$。如此周而复始，形成自激振荡，$u_o$ 输出矩形波。

### 3. 振荡频率的计算

由图 4-13 可知，多谐振荡器的周期为 $T=t_{w1}+t_{w2}$，其中 $t_{w1}$ 就是电容上的电压由 $\frac{2}{3}V_{CC}$ 按指数规律下降到 $\frac{1}{3}V_{CC}$ 的时间（电容放电时间），$t_{w2}$ 就是电容上的电压由 $\frac{1}{3}V_{CC}$ 按指数规律上升到 $\frac{2}{3}V_{CC}$ 的时间（电容充电时间），根据一阶 RC 电路三要素法，电容两端的电压为：

$$u_C(t)=u_C(\infty)+[u_C(0_+)-u_C(\infty)]e^{-\frac{t}{\tau}}$$

对于 $t_{w1}$，$u_C(0_+)=\frac{2}{3}V_{CC}$，$u_C(\infty)=0$，放电时间常数 $\tau=R_2C$，$t=t_{w1}$ 时，$u_C(t_{w1})=\frac{1}{3}V_{CC}$，则可算出：

$$t_{w1}=R_2C\ln\frac{u_C(\infty)-u_C(0_+)}{u_C(\infty)-u_C(t_{w1})}=R_2C\ln\frac{0-\frac{2}{3}V_{CC}}{0-\frac{1}{3}V_{CC}}=0.7R_2C$$

对于 $t_{w2}$，$u_C(0_+)=\frac{1}{3}V_{CC}$，$u_C(\infty)=V_{CC}$，充电时间常数 $\tau=(R_1+R_2)C$，$t=t_{w2}$ 时，$u_C(t_{w2})=\frac{2}{3}V_{CC}$，则可算出：

$$t_{w2} = (R_1+R_2)C\ln\frac{u_C(\infty)-u_C(0_+)}{u_C(\infty)-u_C(t_{w2})} = (R_1+R_2)C\ln\frac{V_{CC}-\frac{1}{3}V_{CC}}{V_{CC}-\frac{2}{3}V_{CC}}$$

$$= 0.7(R_1+R_2)C$$

则周期为：
$$T = t_{w1}+t_{w2} = 0.7(R_1+2R_2)C$$

振荡频率为：
$$f = \frac{1}{T} = \frac{1}{0.7(R_1+2R_2)C}$$

占空比为：
$$q = \frac{t_{w2}}{T} = \frac{R_1+R_2}{R_1+2R_2}$$

改变 $R_1$、$R_2$ 和 $C$ 的值，可改变振荡频率，在改变占空比时，振荡频率也将改变，有时需要占空比可调但振荡频率保持不变的矩形波发生器，如图 4-14 所示。图中 $VD_1$、$VD_2$ 为导向二极管，将充放电回路隔开。改变电位器滑动臂的位置，充放电时间常数会发生改变，占空比会改变，但总周期 $T$ 不变，振荡频率不变。具体过程请读者自己分析。

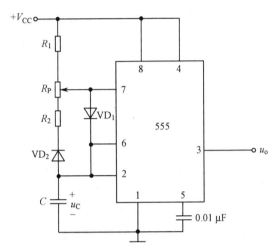

图 4-14 占空比可调振荡频率不变的多谐振荡器

## 4.3 石英晶体多谐振荡器

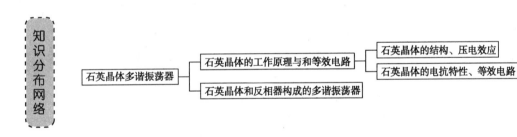

### 4.3.1 石英晶体的工作原理与等效电路

石英晶体谐振器，简称石英晶体。石英晶体的频率稳定性很高，常用于时钟产生电路。

**1．石英晶体的结构与工作原理**

石英晶体的化学成分是二氧化硅（$SiO_2$），属于六角晶系，如图 4-15 所示。将石英晶体按一定方向切割成很薄的石英晶片，可以是正方形、圆形、矩形，再将对应的两个表面抛光涂上敷银层，作为石英晶体的两极，最后加上封装就形成了石英晶体振荡器，如图 4-16 所示。石英晶片是一种常用的压电晶体，具有压电效应。而石英晶体之所以可以产生稳定的振荡波形主要是基于它的石英晶片的压电效应。

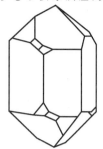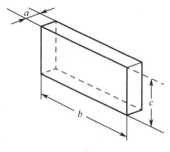

图 4-15 石英晶体结构图及石英晶体切片　　　　图 4-16 石英晶体结构及符号

压电效应,是指当晶片的两个基板受到一定方向的外力时,会在相应的两个表面上产生符号相反的电荷,产生电场;反之,在电场的作用下,晶片又会产生一定频率的机械变形。所以在晶片两边加上交变的电场,就会产生机械振动,同时机械振动又会产生交变电场。一般来讲,这个机械的振幅和交变电场的振幅都很小,但当外加电场的频率和晶片的固有频率相同时,就会产生共振,其振动幅度骤然增大,这种现象就称为压电谐振。

### 2. 石英晶体的等效电路、电抗特性、谐振频率

石英晶体的压电谐振现象可用如图 4-17 所示的电路模型来模拟等效。

其中 $C_0$ 是金属板和切片之间的静电电容、电感 $L$ 等效成机械振动的惯性,电容 $C$ 等效成机械振动的弹性,电阻 $R$ 模拟摩擦而产生的损耗,约为 100 Ω。石英晶片的 $L$ 很大,约几十到几百 mH,而 $C$ 很小,只有 0.002～0.1 pF,所以有很高的品质因数,高达 $10^4 \sim 5 \times 10^5$ 范围。

由图 4-17 可知,石英晶体有两个谐振频率:串联谐振频率和并联谐振频率。当 $R$、$L$、$C$ 发生串联谐振时,此时有 $\omega_s L = \dfrac{1}{\omega_s C}$,串联谐振频率 $f_s = \dfrac{1}{2\pi\sqrt{LC}}$,等效阻抗最小,近似为 $R$。当 $f < f_s$ 时,$C$ 和 $C_0$ 的容抗很大,电路呈容性。当 $f > f_s$ 时,$L$ 的感抗较大,此时 $R$、$L$、$C$ 呈感性。

当 $R$、$L$、$C$、$C_0$ 发生并联谐振时,此时阻抗最大。并联谐振频率为:

$$f_p = \dfrac{1}{2\pi\sqrt{L\dfrac{CC_0}{C+C_0}}}$$

$$= \dfrac{1}{2\pi\sqrt{LC}}\sqrt{1+\dfrac{C}{C_0}}$$

由于 $C \ll C_0$,$f_p$ 和 $f_s$ 谐振的频率很接近。

当频率大于 $f_p$ 时候,石英晶体又呈容性;$f_p$ 和 $f_s$ 越接近,呈现感性的频率就越窄。石英晶体的电抗特性如图 4-18 所示。

石英晶体的频率稳定度很高,$\Delta f / f$ 可以达到 $10^{-6} \sim 10^{-8}$,甚至可以达到 $10^{-11}$。最好的 $LC$ 谐振回路只能达到 $10^{-5}$,所以石英晶体产生的频率稳定度要比谐振回路高很多。

学习单元 4　振荡电路的制作与调试

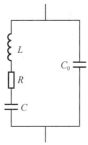

图 4-17　石英晶体等效电路模型

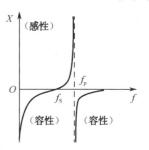

图 4-18　石英晶体的电抗特性

### 4.3.2　石英晶体和反相器构成的多谐振荡器

用石英晶体构成的多谐振荡器具有很高的频率稳定性。在实际应用中，常用反相器和石英晶体一起构成多谐振荡器。

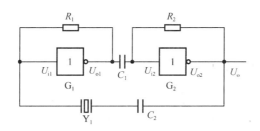

图 4-19　石英晶体多谐振荡器

图 4-19 为反相器和石英晶体构成的多谐振荡器。图中两个反相器经电容 $C_1$、$C_2$ 耦合形成正反馈回路。合理选择反馈电阻 $R_1$、$R_2$，使 $G_1$、$G_2$ 工作在电压传输特性的转折区，这时，两个反相器都工作在放大区。由石英晶体的频率特性可知，串联谐振时候，阻抗最小，此时的阻抗近似于 0。并联谐振时候，阻抗最大，此时阻抗近似为无穷。所以当振荡器处于串联谐振时，此时的正反馈最大，形成振荡，产生的振荡频率完全取决于石英晶体本身的串联谐振频率 $f_s$。

当电路工作时，$G_2$ 输出的噪声信号经过石英晶体后，选出频率为 $f_s$ 的正弦信号，并反馈到 $u_{i1}$，经过 $G_1$、$C_1$、$G_2$ 线性放大，由 $C_2$、$Y_1$ 反馈到 $u_{i1}$。多次放大后，$u_o$ 输出削顶失真信号，形成近似方波输出。振荡频率 $f_0$ 等于 $f_s$，石英晶体振荡器最高频率可达几十 MHz。

### 实训项目 9　1 Hz 秒脉冲信号发生器的分析与设计

用石英晶体振荡器来完成 1 Hz 秒脉冲信号发生器。石英晶体振荡器的振荡频率一般为兆级，要想得到 1 Hz 的信号，需要分频处理。该秒脉冲信号发生器由两部分组成，分别为由石英晶体构成的多谐振荡器和 74LS163、74LS90 构成的分频电路。

石英晶体多谐振荡器由反相器（74LS04 芯片）和石英晶体振荡器构成，如图 4-20 所示。74LS04 芯片为 6 集成非门（管脚图见附录 A）。$R_1$、$R_2$ 用于确定反相器的静态工作点，使得反相器工作在线性放大区。由两个反相器 $U_{1A}$、$U_{1B}$ 构成正反馈电路。当电路工作时，输出信号经过晶振 $Y_1$ 选频得到频率为 4.096 MHz 的正弦信号，经过两个反相器多次线性放大后，输出信号达到饱和，近似于方波信号输出。经 $U_{1C}$ 反相器反相输出 4.096 MHz 振荡信号，经 $U_{1C}$ 输出振荡信号，主要是为了提高振荡电路的带负载能力。

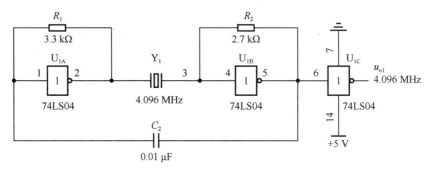

图 4-20　石英晶体振荡器产生 4.096 MHz 信号

分频电路由三片 74LS163 和三片 74LS90 构成。74LS163 是 4 位二进制计数器，三片 74LS163 构成了 $2^{12}$（=4096）分频电路，如图 4-21 所示，低位芯片每 16 个脉冲产生一个 $CO$ 的正信号。$CO$ 控制第二片 74LS163 工作，都是"逢 16 进 1"，满足计数器的二进制规律。74LS163 的功能表见表 3-20。4.096 MHz 振荡信号经三片 74LS163，由最高位芯片的 $Q_3$ 输出 1 kHz 信号（$\frac{1}{2^{12}} \times 4.096 \times 10^6 = 1 \times 10^3$）。74LS90 是一个二-五-十进制计数器，具有置 0、置 9 和加法计数功能，可实现二分频、五分频、十分频输出，功能表如表 4-2 所示，逻辑符号如图 4-23 所示。

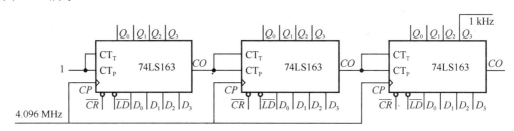

图 4-21　74LS163 实现 4096 分频

三片 74LS90 构成 $10^3$ 分频电路，每一片 74LS90 都构成十进制计数器实现十分频，如图 4-22 所示，1 kHz 的信号通过三片 74LS90 后得到 1 Hz 的秒脉冲信号。

该秒脉冲发生器的材料清单如表 4-3 所示，有条件的学校可以试着制作该信号发生器。

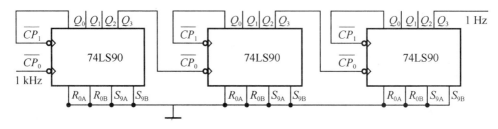

图 4-22　74LS90 实现 1000 分频

表 4-2　74LS90 的功能表

| 输入 | | | | | | 输出 | | | | 说明 |
|---|---|---|---|---|---|---|---|---|---|---|
| $R_{0A}$ | $R_{0B}$ | $S_{9A}$ | $S_{9B}$ | $\overline{CP_0}$ | $\overline{CP_1}$ | $Q_3$ | $Q_2$ | $Q_1$ | $Q_0$ | |
| 1 | 1 | 0 | × | × | × | 0 | 0 | 0 | 0 | 异步置0 |
| 1 | 1 | × | 0 | × | × | 0 | 0 | 0 | 0 | |
| 0 | × | 1 | 1 | × | × | 1 | 0 | 0 | 1 | 异步置9 |
| × | 0 | 1 | 1 | × | × | 1 | 0 | 0 | 1 | |
| 0 | × | 0 | × | ↓ | × | × | × | × | 二分频输出 | 一位二进制加计数 |
| × | 0 | × | 0 | | | | | | | |
| 0 | × | 0 | × | × | ↓ | 五分频输出 | | | × | 五进制计数器 |
| × | 0 | × | 0 | | | | | | | |

图 4-23　74LS90 的逻辑符号

表 4-3　秒脉冲信号发生器的元器件清单

| 元器件类型 | 型号规格 | 数量（个） |
|---|---|---|
| IC 芯片 | 74LS04 | 1 |
| | 74LS163 | 3 |
| | 74LS90 | 3 |
| 晶体振荡器 | 4.096 MHz | 1 |
| 电阻 | 3.3 kΩ | 1 |
| | 2.7 kΩ | 1 |
| 电容 | 103 | 1 |
| 电路板 | | 2 |
| 导线 | | 若干 |

多谐振荡器除可利用 555 定时器构成外，还可用门电路、集成运算放大器构成。555 定时器构成的多谐振荡器的频率稳定度较差，容易受到电源电压波动、温度变化、$RC$ 参数误差等因数的影响，只能在要求不高的场合使用。当需要频率稳定度很高的脉冲信号时，一般采用石英晶体多谐振荡器。

## 实训项目 10　50 Hz 多谐振荡器的制作与调试

### 1. 目标

1）知识目标

（1）555 定时器的结构、工作原理、引脚功能；

（2）由 555 定时器构成多谐振荡器，多谐振荡器的功能特点、参数计算；

（3）555 定时器的典型应用。

2）能力目标

（1）掌握 555 定时器的功能分析及功能测试方法；

(2)能应用555定时器设计功能电路;
(3)锻炼学习资料的查询能力。

3)素质目标

(1)养成严肃、认真的科学态度和良好的自主学习方法;
(2)培养严谨的科学思维习惯和规范的操作意识;
(3)养成独立分析问题和解决问题的能力,以及掌握协作的团队精神;
(4)能综合运用所学知识和技能,独立解决实训中遇到的实际问题;具有一定的归纳、总结能力;
(5)具有一定的创新意识;具有一定的自学、表达、获取信息等方面的能力。

## 2．资讯

(1)集成555定时器的功能、引脚排列。
(2)用555定时器构成多谐振荡器的电路结构特点,振荡输出波形及振荡频率的计算。

## 3．决策

由555定时器组成50 Hz多谐振荡器,画出电路原理图,列出元器件清单,确定实际电路连接图,焊接电路。注意元器件布局,检查焊点质量以及有无电源短路、连焊、虚焊、漏焊现象;通电调试。参考电路原理图如图4-24所示。

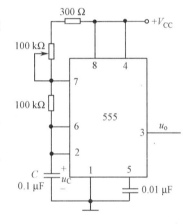

图4-24　参考电路原理图

## 4．计划

(1)所需仪器仪表:万用表,示波器,电烙铁、焊锡丝。
(2)所需元器件:555定时器芯片1片、300 Ω电阻、100 kΩ电阻、100 kΩ滑动电阻器、电容103、电容104各一个,电路板一块,导线若干。

## 5．实施

(1)由555定时器组成50 Hz多谐振荡器,画出原理图,确定实际电路连接图。
(2)根据元器件清单领取元器件。
(3)焊接电路,注意元器件布局,检查焊点质量等。
(4)调试电路。用示波器观测电容两端的电压波形及输出信号波形,调节滑动电阻器,测试频率范围(与理论计算值比较),并做好记录。频率最后调到50 Hz。

## 6．检查

检查有无电源短路、连焊、虚焊、漏焊现象,检验电路是否满足设计要求,对出现的问题分析原因并记录解决方案。

## 7．评价

在完成上述设计与制作调试过程后,撰写实训报告,并在小组内进行自我评价、组员评价,最后由教师给出评价,三个评价相结合作为本次工作任务完成情况的综合评价。

## 学习单元 4 振荡电路的制作与调试

### 知识梳理与总结

1. 555 定时器是一种电路结构简单、使用方便灵活、应用非常广泛的模拟与数字电路相结合的中规模集成电路，它具有较强的负载能力和较高的触发灵敏度，因而在自动控制、仪器仪表、家用电器等许多领域都有着广泛的应用。

2. 在 555 定时器外部连接少许阻容元器件可构成单稳态触发器、施密特触发器和多谐振荡器。

3. 单稳态触发器只有一个稳态，在输入触发信号作用下，由稳态进入暂稳态，经一段时间后，自动回到原来的稳态，输出单脉冲信号。单稳态触发器主要用于脉冲整形、定时、脉宽展宽等。

4. 施密特触发器有两个稳态，具有滞后电压传输特性，主要用于波形变换、整形及脉冲幅度鉴别等。

5. 多谐振荡器是一种自激振荡电路，它无稳态，只有两个暂稳态，接通电源后，无需外加触发脉冲信号，依靠电容的充放电，电路便能在两个暂稳态之间相互翻转，产生矩形脉冲信号。

6. 压电效应是指当晶片的两个基板受到一定方向的外力时，会在相应的两个表面上产生符号相反的电荷，产生电场。反之，在电场的作用下，晶片又会产生一定频率的机械变形。

7. 石英晶体具有压电效应，由于其 $Q$ 值很高，频率稳定度高，可以和一些简单的门电路一起构成多谐振荡器。石英晶体多谐振荡器的应用广泛，常用于彩电、计算机、通信系统中以产生稳定的时钟信号。

### 自我检测题 4

**一、填空题**

4-1 555 定时器根据内部器件类型可分为双极型和单极型，它们均有单或双定时器电路。双极型定时器的型号为_____和_____，电源电压使用范围为_____V；单极型定时器的型号为_____和_____，电源电压使用范围为_____V。

4-2 555 定时器最基本的应用有_____、_____和_____三种电路。

4-3 555 定时器构成的施密特触发器在 5 脚未加控制电压时，正向阈值电压 $U_{T+}$ 为_____V；负向阈值电压 $U_{T-}$ 为_____V；回差电压 $\Delta U_T$ 为_____V。

4-4 晶片的两个基板在电场的作用下，产生一定频率的_____。而受到一定方向的外力时，会在相应的两个表面上产生_____的电荷，产生电场，这个物理现象称为_____。

4-5 石英晶体有两个谐振频率，分别为_____和_____。

**二、选择与判断题**

4-6 用 555 定时器组成单稳态触发电路时，当控制电压输入端无外加电压时，则其输出脉宽 $t_W$=_____。

A、1.1 RC  B、0.7 RC  C、1.2 RC

4-7 用 555 定时器组成的单稳态触发器电路是利用输入信号的下降沿触发使电路输出单脉冲信号。（　　）

4-8 为了获得输出振荡频率稳定度高的多谐振荡器，一般选用_____组成的振荡器。

A、555 定时器  B、反相器和石英晶体  C、集成单稳态触发器

## 练习题 4

4-1 555 定时器由哪几个部分组成？

4-2 施密特触发器、单稳态触发器、多谐振荡器各有几个暂稳态，几个稳定状态？

4-3 由 555 定时器构成的施密特触发器在 5 脚加直流控制电压 $U_{CO}$ 时，回差电压为多少？

4-4 由 555 定时器构成的多谐振荡器如图 4-12 所示，已知，$R_1=R_2=5.1\ \text{k}\Omega$，$C=0.01\ \mu\text{F}$，$V_{CC}=+12\ \text{V}$，则电路的振荡频率是多少？

4-5 由 555 定时器构成的施密特触发器输入波形如图 4-25 所示，试对应画出输出波形。

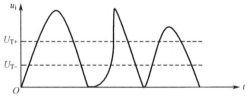

图 4-25

4-6 已知由 555 定时器构成的单稳态触发器中，$V_{CC}=12\ \text{V}$，$R=12\ \text{k}\Omega$，$C=0.1\ \mu\text{F}$，试计算脉冲宽度 $t_w$。

# 学习单元 5

## 半导体存储器

**教学导航**

| 实训项目 11 | 流水灯控制电路的设计、制作与调试 |
|---|---|
| 建议学时 | 2 天（12 学时） |
| 完成项目任务所需知识 | ROM、RAM 的存储原理、功能表读解、引脚功能 |
| 知识重点 | ROM、RAM 的功能表读解、引脚功能 |
| 知识难点 | ROM、RAM 的存储原理 |
| 职业技能 | 能了解大规模集成电路半导体存储器 ROM、RAM 的存储原理，能分析 ROM、RAM 构成电路的功能，能利用 ROM、RAM 构成功能电路，并使用万用表、示波器等仪器仪表进行调试：<br>1. 能用 555、计数器、ROM 和门电路设计功能电路，能用计数器构成 ROM 的地址电路，能用固化器将数据存入 $E^2PROM$；<br>2. 能根据设计的电路原理图选用 IC 芯片，列出材料清单并根据清单备齐所需元器件；<br>3. 能根据电路制作与调试需要选用五金工具和焊接工具，制作短连线并能插接短连线，能对电子元器件引线浸锡；<br>4. 能根据设计的原理图进行合理的布线布局，使用焊接工具手工焊接实际电路（电路板），能正确焊接 IC 芯片引脚、电源线和地线；<br>5. 能发现电路制作过程中出现的工艺质量问题，能编写实训报告；<br>6. 能团结小组成员，开展分工合作；具有成本意识、质量意识 |
| 推荐的教学方法 | 从项目任务出发，通过课堂听讲、教师引导、小组学习讨论、实际芯片功能查找、实际电路焊接、功能调试，即"教、学、做"一体，掌握完成任务所需知识点和相应的技能 |

存储器是数字系统中用于存储大量二进制信息的部件,可以存放各种程序、数据和资料。半导体存储器按照内部信息的存取方式不同分为只读存储器(ROM)和随机存取存储器(RAM)两大类。ROM 用于存放永久的、不变的数据,这种存储器在断电后数据不会丢失。ROM 主要由地址译码器、存储矩阵、输出缓冲器等部分组成,是大规模组合逻辑电路。RAM 用于存放一些临时性的数据或中间结果,这种存储器断电后,数据丢失。RAM 主要由地址译码器、存储矩阵、读/写控制电路等部分组成,是大规模的时序逻辑电路。

## 5.1 只读存储器(ROM)

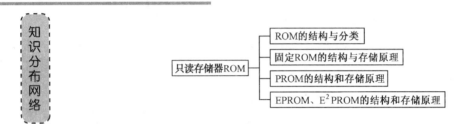

### 5.1.1 只读存储器的结构与分类

只读存储器用于存放固定信息,正常工作时,它只能按给定的地址读出信息,而不能写入信息。它的优点是集成度高,存储信息可靠,断电后存储的信息不会丢失;缺点是存储的信息一旦写入就不能随意更改。只读存储器存入二进制信息的过程称为对 ROM 进行编程。

ROM 的结构框图如图 5-1 所示,它主要由地址译码器、存储矩阵、输出缓冲器组成。地址译码器有 $n$ 条地址输入线($A_0 \sim A_{n-1}$),有 $2^n$ 条译码输出线($W_0 \sim W_{2^n-1}$),每一条译码输出线又称为字线;存储矩阵用于存储二进制信息,由存储单元组成,每个存储单元可存放一位二进制信息,通常一个二进制代码(称之为一个字)由 $m$ 位二进制数组成,字所包含的二进制数的位数称为字长,其中又把 8 位数的字称为一个字节。存放一个字长为 $m$ 的字需要 $m$ 个存储单元,这 $m$ 个存储单元为一个信息单元。

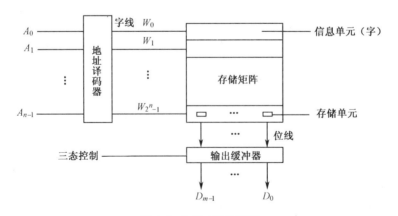

图 5-1 ROM 结构框图

为了读取不同信息单元中所存储的字信息,将各信息单元编上代码,称为地址码,简称地址。只要知道某信息单元的地址码,就能在存储器输出端读出该信息单元存放的字。即地址输入线输入相应的二进制地址码,经地址译码后其对应字线输出有效电平高电平(又称该字线被选中),选中对应的信息单元,就可读出该信息单元存放的信息。

存储矩阵由 $m$ 条输出线(又称为位线)经输出缓冲器输出($D_0 \sim D_{m-1}$),输出缓冲器通常由三态门组成。存储器的存储容量(即包含的存储单元的总数)为字线×位线=$2^n \times m$。例如,只读存储器有 10 条地址线,8 位数据输出,则该 ROM 的存储容量为 $2^{10} \times 8 = 8$ K 字位。

ROM 器件按制造工艺可分为:二极管、双极型晶体管和 MOS 型 ROM;按编程方式的不同,可分为掩膜编程的固定内容只读存储器和可编程二种,而可编程 ROM 又可分为一次可编程 ROM(PROM—Programmable ROM)、紫外线擦除电信号可编程只读存储器 EPROM(Erasable Programmable ROM)、电擦除电编程只读存储器 EEPROM($E^2$PROM)(Electrically Erasable Programmable ROM)。

掩膜编程的固定内容只读存储器(ROM)是在制造时把信息存放在此存储器中,使用时不再重新写入,需要时读出即可;它只能读取所存储信息,而不能改变已存放的内容,并且在断电后不丢失其中存储的内容,故又称固定只读存储器。其优点是可靠性高,集成度高,缺点是不能重写或改写。

PROM 所存的数据可由用户根据需要写入,但是只能写一次,此后只能读出,不能再写入。

EPROM 和 $E^2$PROM 分别可用紫外线照射和用电的方法擦除已写入的数据,然后用电的方法编程,可多次改写存储器的内容。这类 ROM 的应用范围很广泛。

## 5.1.2 固定只读存储器(ROM)

掩膜编程的固定内容只读存储器以二极管 ROM 为例介绍它的工作原理。二极管 ROM 的电路结构如图 5-2 所示,它由 2 线–4 线译码器(输出高电平有效)、存储矩阵和输出缓冲器组成。$W_0$、$W_1$、$W_2$、$W_3$ 是字线,存储矩阵由二极管或门电路组成,$D_0'$、$D_1'$、$D_2'$、$D_3'$ 是位线。

当地址码 $A_1A_0$=00 时,译码输出使字线 $W_0$ 为高电平,与其相连的二极管都导通,把高电平"1"送到位线上,于是 $D_3'$、$D_0'$ 端得到高电平"1",$W_0$ 和 $D_1'$、$D_2'$ 之间没有连接二极管,故 $D_1'$、$D_2'$ 端是低电平"0"。这样,在 $D_3'D_2'D_1'D_0'$ 端读到一个字 1001,它就是该矩阵第一行(信息单元)的字输出。在同一时刻,由于字线 $W_1$、$W_2$、$W_3$ 都是低电平,与它们相连接的二极管都不导通,所以不影响数据读出。

当地址码 $A_1A_0$=01 时,字线 $W_1$ 为高电平,在位线输出端 $D_3'D_2'D_1'D_0'$ 读到字 0111,地址译码器在任何时候只有一个输出端是有效的高电平,即只有一条字线是高电平,所以在 ROM 的输出端只会读到唯一对应的一个字。同理,当地址码 $A_1A_0$=10 时,读出的字是 1110,当地址码 $A_1A_0$=11 时,读出的字是 0101。

可见,字线和位线的每一个交叉处就是一个存储单元,交叉处连接有二极管(或 MOS 管、晶体管)的存储单元内存入 1,没有连接二极管(或 MOS 管、晶体管)的存储单元内存入 0。图 5-2(a)中存储矩阵可用图 5-2(b)所示的简化阵列图来表示,字线和位线交叉处的圆点"·"代表二极管(或 MOS 管、晶体管),表示存储 1,没有圆点的表示存储 0。

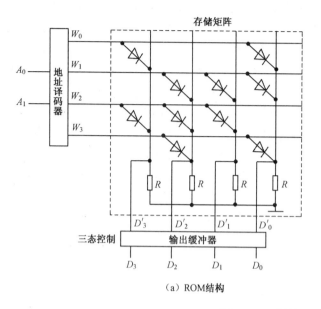
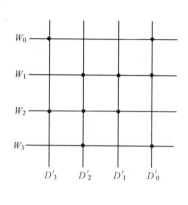

(a) ROM结构　　　　　　　　　　　　　(b) ROM阵列示意

图 5-2　二极管 ROM

### 5.1.3　可编程只读存储器（PROM）

PROM 产品在出厂时，所有的存储单元均为 1（或 0），用户可以根据需要将其中的某些单元写入数据 0（或写入 1），以实现对其"编程"的目的。PROM 只允许写入一次，所以也被称为"一次可编程只读存储器"（One Time Programming ROM，OTP-ROM）。

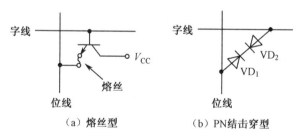

(a) 熔丝型　　　　　　　　　(b) PN结击穿型

图 5-3　PROM 的存储单元结构

PROM 是在固定 ROM 的基础上发展起来的，它和固定 ROM 不同的是每个存储单元都串接了熔丝，如图 5-3（a）所示，每个晶体管的发射极都经过熔丝与位线相连，在出厂时熔丝都是接通的，亦即存储的内容全为"1"，如果需要将某个存储单元的内容改写为"0"，只需给它加上比工作电流大得多的电流，使该单元的熔丝烧断，其发射极和位线断开，相当于存储了"0"。还有一种 PROM 的存储单元是由两个肖特基二极管反向串联而成，如图 5-3（b）所示，在出厂时，由于 $VD_1$、$VD_2$ 反向串联，字线与位线是断开的，相当于全部存储"0"，当需要将某个存储单元的内容改写为"1"时，只需加上高电压，使二极管 $VD_1$ 击穿短路，字线与位线通过 $VD_2$ 相连，相当于存储了"1"。由于熔丝烧断或二极管击穿后，便不可恢复，所以 PROM 只能由用户写入一次，一旦内容写入 PROM，就无法再改变了。

### 5.1.4 可擦写只读存储器

**1. 紫外线擦除电信号编程只读存储器（EPROM）**

EPROM 的特点是具有可擦除功能，即可将存储器存储的信息抹去，再写入新的信息。它的存储单元是一种特殊的浮栅 MOS 管，其作用相当于 PROM 中的熔丝，该产品出厂时浮栅上无电荷，相当于熔丝断开，即存储信息全为"0"，在专用编程器编程信号作用下，使浮栅中注入电荷，浮栅 MOS 管导通，相当于熔丝接通，存储信息"1"。如果用强紫外线照射浮栅，可消除浮栅中的电荷，达到抹去存储信息的目的。这一类芯片特别容易识别，其芯片表面有"石英窗口"，是供紫外线擦除存储信息用的。因此信息写入后，一定要用不透光的胶纸盖住"石英窗口"，以免存储的信息受到破坏。EPROM 的优点是存储的信息可以多次改写，但缺点是擦除需要使用紫外线照射一定的时间。

**2. 电擦除电编程只读存储器（EEPROM）**

EEPROM（$E^2$PROM）的存储结构和 EPROM 类似，只是它的浮栅上增加了一个隧道二极管，在编程信号的作用下，利用它可向浮栅注入电荷和消除电荷，即可直接用电信号写入，也可用电信号擦除。EEPROM 的存储单元可边擦除便改写，一次完成，速度比 EPROM 快很多，数据写入后，可保持 10 年以上。$E^2$PROM 的型号有 2816、2816A、2817、2817A，这些均为 2 K×8 位；2864 为 8 K×8 位，它们的擦写次数可达 $10^4$ 次以上。

图 5-4 所示为 2864A 型 $E^2$PROM 芯片的引脚排列图，共有 28 个引脚，$A_0 \sim A_{12}$ 为地址输入端（共 13 条地址线），$I/O_0 \sim I/O_7$ 为输入/输出端，$\overline{CE}$ 为片选控制输入，低电平有效，$\overline{WE}$ 为写控制输入，低电平有效，$\overline{OE}$ 为读出控制输入（输出允许），低电平有效。1 脚和 26 脚为空脚。其工作方式如表 5-1 所示。

表 5-1 2864A $E^2$PROM 工作方式

| 工作方式 | $\overline{CE}$ | $\overline{OE}$ | $\overline{WE}$ | $I/O_0 \sim I/O_7$ |
|---|---|---|---|---|
| 读出 | 0 | 0 | 1 | 输出 |
| 写入 | 0 | 1 | 0 | 输入 |
| 维持 | 1 | × | × | 高阻 |
| 数据查询 | 0 | 0 | 1 | 输出 |

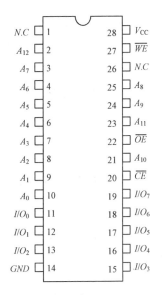

图 5-4 2864A $E^2$PROM 引脚排列

1）维持方式

当片选端 $\overline{CE}$ 为高电平时，2864A 进入低功耗维持方式，此时输出为高阻态，芯片所需功耗下降，为系统提供一种节能工作方式。

2）读出方式

当 $\overline{CE}=0$、输出允许 $\overline{OE}=0$、写输入控制 $\overline{WE}=1$，并有地址码输入时，从 $I/O_0 \sim I/O_7$ 读出该地址单元的数据。

3）写入方式

当 $\overline{CE}=0$、输出允许 $\overline{OE}=1$、写输入控制 $\overline{WE}=0$，在地址线上输入地址，从 $I/O_0 \sim I/O_7$ 输入要写入的数据，就可将数据写入地址码确定的存储单元。

4）数据查询

数据查询为一种软件技术，可用来检测一个写周期是否完成。在写周期中，写入到缓冲器的最后一个字节的最高位被自动取反，而当写周期完成时被自动还原，所以要检查写周期是否完成，系统可不断查询 $I/O_7$，并与写入数据的最后一个字节的最高位进行比较，当两者相等时，说明写周期完成。

## 5.2 随机存取存储器（RAM）

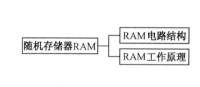

随机存取存储器 RAM 是目前应用量最大的一种存储器，是计算机的重要组成部分。RAM 可以在任意时刻、对任意选中的存储单元存入（写）信息或取出（读）信息，读写非常方便，RAM 的缺点是当存储器失去电源后，存储的信息代码全部丢失，不能保存，即具有易失性。RAM 存储单元的电路结构与 ROM 不同，电路比 ROM 复杂，集成度比 ROM 低，成本比 ROM 高。

RAM 根据存储单元电路工作原理的不同，可分为：静态 RAM（SRAM）、动态 RAM（DRAM）。

### 5.2.1 RAM 的结构

RAM 是由许许多多的基本寄存器组合起来构成的大规模集成电路。RAM 中的每个寄存器称为一个字，寄存器中的每一位称为一个存储单元。寄存器的个数（字数）与寄存器中存储单元个数（位数）的乘积，叫做 RAM 的**容量**。按照 RAM 中寄存器位数的不同，RAM 有多字 1 位和多字多位两种结构形式。在多字 1 位结构中，每个寄存器都只有 1 位，例如一个容量为 1024×1 位的 RAM，就是一个有 1024 个 1 位寄存器的 RAM。在多字多位结构中，每个寄存器都有多位，例如一个容量为 256×4 位的 RAM，就是一个有 256 个 4 位寄存器的 RAM。RAM 的基本结构框图如图 5-5 所示。

RAM 主要由地址译码器、存储矩阵和读/写控制电路组成。地址译码器用于决定访问哪个字单元，如图 5-6 所示，地址译码器由行地址译码器和列地址译码器组成。行、列地址译码器的输出即为行（又称字线）、列（又称位线）选择线，分别用 $X$、$Y$ 表示，由它们共同确定欲选择的地址单元。例如，256×8 RAM 存储矩阵中，256 个字需要 8 位地址码 $A_7 \sim A_0$。其中高 3 位 $A_7 \sim A_5$ 用于列地址译码输入，低 5 位 $A_4 \sim A_0$ 用于行地址译码输入。$A_7 \sim A_0$=00100010 时，

学习单元 5 半导体存储器

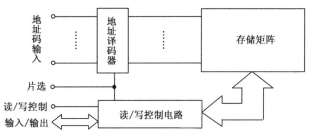

图 5-5 RAM 存储器结构框图

$Y_1=1$、$X_2=1$，选中 $X_2$ 和 $Y_1$ 交叉的字单元。读/写控制电路用于决定对被选中的单元是读还是写；片选端用于决定芯片是否工作；存储矩阵是由大量寄存器构成的矩阵，用来存储数字信息。

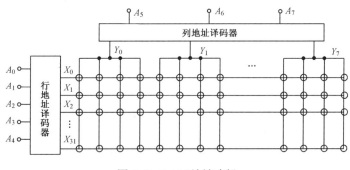

图 5-6 RAM 地址选择

### 5.2.2 存储单元

存储单元是 RAM 中最小的存储单位。它的基本作用是存储一位二进制信息。

#### 1. 静态存储单元

图 5-7 是六管静态存储单元电路。其中 MOS 管 $VT_1$、$VT_2$ 为驱动管，$VT_3$、$VT_4$ 为负载管，相当于两个电阻。由 $VT_1$、$VT_2$、$VT_3$、$VT_4$ 组成一个基本 RS 触发器，它能存储一位二进制信息。$VT_5$、$VT_6$ 为门控管，相当于两个开关，存储单元通过它们和数据位线相连。$VT_5$、$VT_6$ 的栅极连接到同一个字选择线上，以控制存储单元是否被选中。

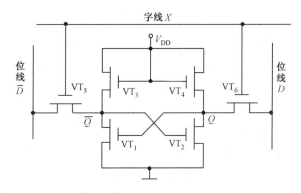

图 5-7 六管静态存储单元电路

在存储单元被选中时，字线 $X$ 为高电位，门控管 $VT_5$、$VT_6$ 导通，触发器与位线接通，即 $\bar{Q}$ 点与位线 $\bar{D}$ 相通，$Q$ 点与位线 $D$ 相通。此时可通过位线对该单元进行写入或读出操作。

（1）写入时，若要将"1"写入该存储单元，则需将 $\bar{D}$ 线加低电位，$D$ 线加高电位。$D$ 的高电位通过 $VT_6$ 加至 $Q$ 点，使 $VT_1$ 导通，$\bar{D}$ 的低电位通过 $VT_5$ 加至 $\bar{Q}$ 点，使 $VT_2$ 管截止，$Q=1$，$\bar{Q}=0$，"1"就被写入该存储单元。若要写入"0"，则在 $\bar{D}$ 线加高电位，$D$ 线加低电位，使 $VT_1$ 截止、$VT_2$ 导通，$Q=0$，$\bar{Q}=1$，"0"就被写入该存储单元。即位线的数据（电位的高、低）送到 $VT_1$、$VT_2$ 的栅极，强迫存储单元翻转到所需的状态，将数据写入了存储单元。

（2）读出时，因选中的存储单元上 $VT_5$、$VT_6$ 导通，若原存储信息为"1"，即 $VT_1$ 导通、$VT_2$ 截止，则 $Q$ 点的高电位送 $D$ 线，而 $\bar{Q}$ 的低电位送 $\bar{D}$ 线，经读出放大器放大后，输出信息"1"。若原存储信息为"0"，则 $\bar{D}$ 线为高电位，$D$ 线为低电位，经读出放大器后输出为"0"。

当字线为低电位时，门控管 $VT_5$、$VT_6$ 截止，存储单元与位线断开，只要不断电，存储单元的状态保持不变。

### 2．动态存储单元

1）四管动态存储单位

静态存储单元的主要缺点是静态功耗大，集成度受到限制，为了提高集成度，将图 5-7 所示六管静态存储单元中的 $VT_3$、$VT_4$ 去掉，便形成了如图 5-8 所示的四管动态存储单元。动态存储单元是利用 MOS 管的栅极输入电阻很高、漏电流很小、栅极电容的电荷存储效应存储信息的。

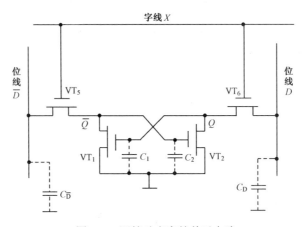

图 5-8　四管动态存储单元电路

四管动态存储单元利用 $VT_1$ 和 $VT_2$ 管的栅极与衬底间的电容 $C_1$、$C_2$ 上所存电荷的状态来存储二进制信息。当 $C_1$ 充电至高电位时，$C_2$ 上没有电荷，则 $VT_1$ 导通，$VT_2$ 截止，此时，$\bar{Q}=0$，$Q=1$。即存储单元处于"1"状态，存储了"1"信息。反之，$C_2$ 充电到高电位，$C_1$ 上没有电荷，则 $VT_2$ 导通，$VT_1$ 截止，存储单元处于"0"状态，存储了"0"信息。

（1）写入时，$X$ 线为高电位，$VT_5$、$VT_6$ 管导通，这时 $Q$ 点和 $\bar{Q}$ 点分别与两条位线连通。若要写"0"，则在 $D$ 线上加低电位，$\bar{D}$ 线上加高电位。这样，$\bar{D}$ 线上的高电位通过 $VT_5$ 对 $C_2$ 充电，使 $\bar{Q}$ 点成为高电平，而 $C_1$ 经 $VT_6$ 向 $D$ 线放电，使 $Q$ 点变为低电位，于是，实现了写"0"操作。需要写"1"时，只要使 $X$ 线为高电位，同时 $D$ 线上加高电位，$\bar{D}$ 线上加低电位即可。当字线的状态恢复到低电位时,写入的状态被记忆。

(2)读出时,首先加预充脉冲,电源 $V_{DD}$ 经预充管向位线上的分布电容 $C_D$、$C_{\bar{D}}$ 充电,使位线 $\bar{D}$ 和 $D$ 都充电到 $V_{DD}$ 值,预充结束之后,位线 $\bar{D}$ 和 $D$ 与电源 $V_{DD}$ 断开,因 $C_D$、$C_{\bar{D}}$ 没有放电回路,位线 $\bar{D}$ 和 $D$ 的高电位可维持一定的时间。当字线 $X$ 加高电位信号,$VT_5$、$VT_6$ 管导通,存储单元被选中。假定该存储单元原存储信息为"1",即 $Q=1$ 而 $\bar{Q}=0$,此时 $VT_1$ 导通,$VT_2$ 截止,则 $C_{\bar{D}}$ 经 $VT_5$、$VT_1$ 到地放电,$\bar{D}$ 线变为低电位;而 $C_D$ 没有放电通道,位线 $D$ 仍为高电位;若该存储单元原存储信息为"0",即 $Q=0$ 而 $\bar{Q}=1$,此时 $VT_1$ 截止,$VT_2$ 导通,则 $C_D$ 经 $VT_6$ 和 $VT_2$ 到地放电,$D$ 线变为低电位;而 $C_{\bar{D}}$ 没有放电通道,位线 $\bar{D}$ 仍为高电位。可见位线 $D$ 和 $\bar{D}$ 线上的电位分别与原存储信息的电位状态一致,也就是说把存储单元存储的数据读到了两条位线上。

在这种存储单元中,信息是以电荷形式存储在 $VT_1$ 或 $VT_2$ 管的栅极电容上。由于电容存在漏电流,电容上的电荷将慢慢释放,存储的信息不能长期保存(一般为 ms 级),因此必须定时地给电容充电,以补充泄漏掉的电荷,这一过程称为刷新(或再生)。只要使字线 $X$、位线 $\bar{D}$ 和 $D$ 均加上高电位,$\bar{D}$ 和 $D$ 上的高电位将分别通过 $VT_5$ 和 $VT_6$ 管对 $C_2$ 或 $C_1$ 充电,使其恢复到原来的电位。读出操作时,$C_D$、$C_{\bar{D}}$ 可通过 $VT_5$、$VT_6$ 管对 $C_1$ 或 $C_2$ 充电,因此读出过程也是刷新过程,需要刷新的存储单元,是在一种动态过程中存储信息的,故称为动态存储单元。

2)单管 MOS 存储单元

为了进一步提高集成度,可以只用一只 MOS 管和一个电容来实现一位二进制信息的存储,这就是单管 MOS 存储单元,如图 5-9 所示。

写入数据时,字线 $X$ 为高电位,VT 管导通,位线 $D$ 上的信息通过 VT 写入电容 $C$。读出时,$X$ 线为高电位,VT 导通,电容 $C$ 向位线上的 $C_D$ 提供电荷,$C$ 和 $C_D$ 上的电荷重新分配,根据 $C$ 上存储信息的不同,电荷分配后,$C_D$ 上的电位降增大或减小,这个微小的电位变化经读出放大器放大后输出。值得注意的是,由于 $C_D$ 的容量比 $C$ 的容量大很多,单管动态存储单元在每次读出操作后需回写信息和对电路进行刷新,以维持电容 $C$ 上所存储的信息。

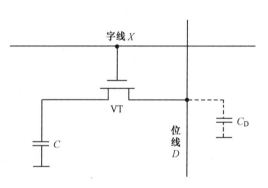

图 5-9 单管动态存储单元电路

单管 MOS 动态存储单元的电路简单,占用芯片面积小,功耗低,所以大容量的存储器都采用单管存储器。

## 实训项目 11  流水灯控制电路的设计、制作与调试

### 1. 目标

1)知识目标

(1)ROM、RAM 的结构、工作原理及应用;

（2）由555定时器构成多谐振荡器，多谐振荡器的功能特点、参数计算；

（3）计数分频电路的设计。

2）能力目标

（1）掌握ROM、RAM的功能分析及功能测试方法；

（2）能应用555定时器设计功能电路；

（3）能应用计数器设计功能电路；

（4）能应用ROM设计功能电路；

（5）锻炼学习资料的查询能力。

3）素质目标

（1）养成严肃、认真的科学态度和良好的自主学习方法；

（2）培养严谨的科学思维习惯和规范的操作意识；

（3）养成独立分析问题和解决问题的能力，以及相互协作的团队精神；

（4）能综合运用所学知识和技能，独立解决实训中遇到的实际问题；具有一定的归纳、总结能力；

（5）具有一定的创新意识；具有一定的自学、表达、获取信息等方面的能力。

## 2. 资讯

（1）集成555定时器的功能、引脚排列。

（2）用555定时器构成的多谐振荡器电路结构特点，振荡输出波形及振荡频率的计算。

（3）74LS04、74LS161、74LS90的引脚功能、引脚排列、功能表读解。

（4）$E^2PROM$ 2864A的引脚功能、引脚排列、功能表读解。

（5）LED的工作原理。

## 3. 决策

（1）由555定时器构成50 Hz多谐振荡器，用74LS90构成50分频电路，产生秒脉冲信号，作为流水灯控制电路的时钟信号。画出电路原理图，确定实际电路连接图。

（2）由3片74LS161构成12位二进制计数器，为$E^2PROM$ 2864A提供地址。画出电路原理图，确定实际电路连接图。

（3）将使LED灯亮、灭的数据存入$E^2PROM$ 2864A。（用固化器固化）

（4）$E^2PROM$ 2864A的数据输出，经2片74LS04倒相后驱动8个LED灯显示。画出电路原理图，确定实际电路连接图。

（5）将时钟电路、地址电路、$E^2PROM$ 2864A的存储电路及输出显示电路连接起来，构成流水灯控制电路。

## 4. 计划

（1）所需仪器仪表：万用表，示波器，电烙铁、焊锡丝。

（2）所需元器件：所需元器件清单如表5-2所示。

表 5-2 流水灯控制电路的元器件清单

| 元器件类型 | 型号规格 | 数量（个） |
|---|---|---|
| IC 芯片 | 555 | 1 |
| | 74LS04 | 2 |
| | 74LS161 | 3 |
| | 74LS90 | 2 |
| | $E^2$PROM 2864A | 1 |
| 电阻 | 300 Ω | 9 |
| | 100 kΩ | 1 |
| 电位器 | 100 kΩ | 1 |
| 电容 | 103 | 1 |
| | 104 | 1 |
| LED | LED | 8 |
| 电路板 | | 3 |
| 导线 | | 若干 |

5．实施

（1）由 555 定时器构成 50 Hz 多谐振荡器，用 74LS90 构成 50 分频电路，产生秒脉冲信号，作为流水灯控制电路的时钟信号。画出电路原理图（参考电路如图 5-10 所示），确定实际线路连接图。

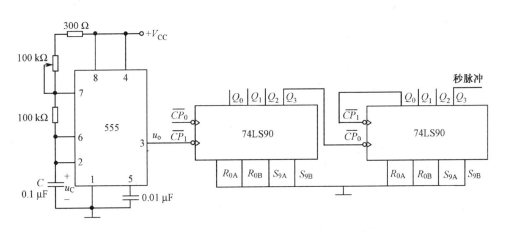

图 5-10 流水灯控制电路的时钟电路

（2）由 3 片 74LS161 构成 12 位二进制计数器，为 $E^2$PROM 2864A 提供地址。画出电路原理图（参考电路如图 5-11 所示），确定实际线路连接图。

（3）将使 LED 灯亮、灭的数据存入 $E^2$PROM 2864A。（用固化器固化）

（4）$E^2$PROM 2864A 的数据输出，经 2 片 74LS04 倒相后驱动 8 个 LED 灯显示。画出电路原理图（参考电路如图 5-12 所示），确定实际线路连接图。

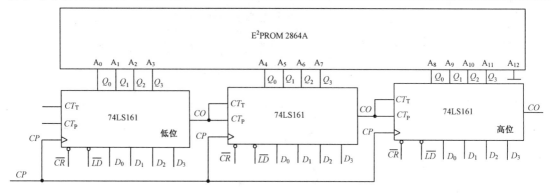

图 5-11 流水灯控制电路的地址电路

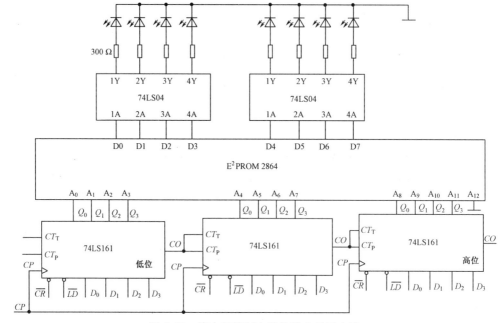

图 5-12 流水灯控制电路的输出显示电路

（5）将时钟电路、地址电路、$E^2PROM\ 2864A$ 的存储电路及输出显示电路连接起来，构成流水灯控制电路。画出总电路原理图，并连接线路，最后进行调试。

（6）根据元器件清单领取元器件。

（7）焊接电路，注意元器件布局，检查焊点质量等。

（8）调试电路。用示波器观测电容两端的电压波形及输出信号波形，调节滑动电阻器，测试频率范围（与理论计算值比较），并做好记录，观察 LED 的亮灭情况。

### 6. 检查

检查有无电源短路、连焊、虚焊、漏焊现象，检验电路是否满足设计要求，对出现的问题分析原因并记录解决方案。

### 7. 评价

在完成上述设计、制作与调试过程后，撰写实训报告，并在小组内进行自我评价、组员

评价,最后由教师给出评价,三个评价相结合作为本次工作任务完成情况的综合评价。

## 知识梳理与总结

1. 存储器是数字系统中用于存储大量二进制信息的部件,可以存放各种程序、数据和资料。半导体存储器有只读存储器(ROM)和随机存取存储器(RAM)两大类。

2. 只读存储器 ROM 用于存放永久的、不变的数据,这种存储器在断电后数据不会丢失。ROM 主要由地址译码器、存储矩阵、输出缓冲器等部分组成,是大规模组合逻辑电路。工作时,只能根据地址读出数据。ROM 可以分为四种:掩膜 ROM、PROM、EPROM、$E^2PROM$。

3. 随机存取存储器 RAM 用于存放一些临时性的数据或中间结果,这种存储器断电后,数据丢失。它主要由地址译码器、存储矩阵、读/写控制电路等部分组成,是大规模的时序逻辑电路。RAM 可以随时读出数据或改写存储的数据,并且读、写周期很短。它分为静态 RAM、动态 RAM。

4. 静态 RAM 的存储单元为触发器,工作时不需要刷新,但存储容量不大。动态 RAM 的存储单元是利用 MOS 管的栅极输入电阻很高、漏电流很小、栅极电容的电荷存储效应存储信息的。由于栅极电容存在漏电,因此工作时需要定时进行刷新。动态 RAM 电路简单,功耗低,集成度高,存储容量大。

## 自我检测题 5

### 一、填空题

5-1 半导体存储器有_____和_____两大类。

5-2 ROM 主要由_____、_____和_____组成。

5-3 存储器的存储容量用_____和_____乘积表示。

5-4 ROM 正常工作时只能_____存储信息,而不能_____存储信息。

5-5 RAM 断电后存储的信息会_____。

### 二、选择与判断题

5-6 存储容量是 1024 字×8 位的 ROM 地址码有( )。
　　A、6　　　　　B、8　　　　　C、10

5-7 通过照射紫外线擦除存储信息的 ROM 是( )。
　　A、PROM　　B、$E^2PROM$　　C、EPROM　　D、掩膜 ROM

5-8 动态存储单元是靠电容的电荷存储效应存储信息的。( )

5-9 静态 RAM 工作时必须定时刷新。( )

## 练习题 5

5-1 ROM 和 RAM 的区别是什么?它们各适用于什么场合?

5-2 ROM 的基本结构是怎样的,通常可以用什么表示 ROM 的容量?

5-3 静态 RAM 和动态 RAM 有哪些区别?

# 综合项目　数字钟的设计、制作与调试

**温馨提示**：本综合实训项目由学生以学习小组为主，教师引导，通过学习讨论将数字电路的基本理论和基本方法进行总结梳理，完成数字钟的制作和调试。

## 1. 数字钟电路基础

目前各种多功能数字钟专用集成电路产品很多，我们只是制作用集成计数器、译码器、555 定时器等构成的最基础的数字钟电路，目的是通过数字钟电路的制作，将数字电路的基本知识贯穿起来，进一步巩固所学的数字电路的基本理论、基本分析和设计方法，能够熟练地查找学习资料和运用集成芯片。

数字钟电路由秒脉冲信号发生器、60 秒计数显示电路、60 分计数显示电路、24 小时计数显示电路，以及分、时校正电路五部分组成。

1）秒脉冲信号发生器的制作与调试

秒脉冲信号发生器由 555 定时器构成的多谐振荡器和分频电路组成。由 555 定时器构成 50 Hz 多谐振荡器，用 74LS90 构成 50 分频电路，产生秒脉冲信号。也可采用实训项目 9 中完成的秒脉冲信号发生器。

555 定时器内部是模拟-数字混合的中规模集成电路，只要外接少量的阻容元器件就可构成单稳态触发器、多谐振荡器和施密特触发器，555 定时器的电路结构简单，使用方便灵活，用途十分广泛。555 定时器的电源电压范围宽，双极型 555 定时器的电源电压可取 5~16 V，输出最大负载电流可达 200 mA，可直接驱动微电机、指示灯及扬声器等。单极型 555 定时器的电源电压可取 3~18 V，输出最大负载电流为 4 mA。

74LS90 由一个一位二进制计数器和一个五进制计数器两部分组成，是一种具有置零、置 9 功能的二-五-十进制计数器。图 6-1 所示为 74LS90 的逻辑符号，表 6-1 为其功能表。

图 6-1　74LS90 的逻辑符号

表 6-1　74LS90 的功能表

| 输　　入 | | | | | | 输　　出 | | | | 说明 |
|---|---|---|---|---|---|---|---|---|---|---|
| $R_{0A}$ | $R_{0B}$ | $S_{9A}$ | $S_{9B}$ | $\overline{CP_0}$ | $\overline{CP_1}$ | $Q_3$ | $Q_2$ | $Q_1$ | $Q_0$ | |
| 1 | 1 | 0 | × | × | × | 0 | 0 | 0 | 0 | 异步置 0 |
| 1 | 1 | × | 0 | × | × | 0 | 0 | 0 | 0 | |
| 0 | × | 1 | 1 | × | × | 1 | 0 | 0 | 1 | 异步置 9 |
| × | 0 | 1 | 1 | × | × | 1 | 0 | 0 | 1 | |
| 0 | × | 0 | × | ↓ | × | × | × | × | 二分频输出 | 一位二进制加法计数器 |
| × | 0 | × | 0 | | | | | | | |
| 0 | × | 0 | × | × | ↓ | 五分频输出 | | | × | 五进制计数器 |
| × | 0 | × | 0 | | | | | | | |

秒脉冲信号发生器原理图如图 6-2 所示，列出元器件清单，确定实际线路连接图，焊接电路，注意元器件布局、焊点质量，检查有无电源短路、连焊、虚焊、漏焊现象；通电调试。

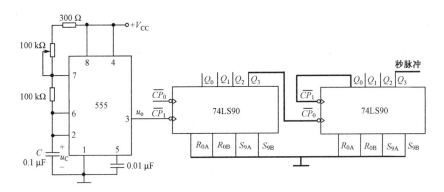

图 6-2　秒脉冲信号发生器原理图

2）秒、分、时计数显示电路的制作与调试

秒、分计数显示电路各由两片十进制计数器 74LS160 构成 60 进制计数器，时计数显示电路由两片十进制计数器 74LS160 构成 24 进制计数器，六片 74LS247 和六个共阳极数码管构成译码显示电路。

（1）集成同步十进制计数器

74LS160 是集成同步十进制计数器，图 6-3 为 74LS160 的逻辑符号。

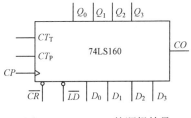

图 6-3　74LS160 的逻辑符号

图中 $\overline{LD}$ 为同步置数控制端，$\overline{CR}$ 为异步置 0 控制端，$CT_T$ 和 $CT_P$ 为计数控制端，$D_0 \sim D_3$ 为并行数据输入端，$Q_0 \sim Q_3$ 为输出端，$CO$ 为进位输出端。表 6-2 所示为 74LS160 的功能表。

表 6-2　74LS160 的功能表

| 输入 | | | | | | | | | 输出 | | | | 功能说明 |
|---|---|---|---|---|---|---|---|---|---|---|---|---|---|
| $\overline{CR}$ | $\overline{LD}$ | $CT_P$ | $CT_T$ | $CP$ | $D_3$ | $D_2$ | $D_1$ | $D_0$ | $Q_3$ | $Q_2$ | $Q_1$ | $Q_0$ | |
| 0 | × | × | × | × | × | × | × | × | 0 | 0 | 0 | 0 | 异步清零 |
| 1 | 0 | × | × | ↑ | $D_3$ | $D_2$ | $D_1$ | $D_0$ | $D_3$ | $D_2$ | $D_1$ | $D_0$ | 并行置数 |
| 1 | 1 | 1 | 1 | ↑ | × | × | × | × | 计数 | | | | 计数 |
| 1 | 1 | 0 | × | × | × | × | × | × | $Q_3$ | $Q_2$ | $Q_1$ | $Q_0$ | 保持 |
| 1 | 1 | × | 0 | × | × | × | × | × | $Q_3$ | $Q_2$ | $Q_1$ | $Q_0$ | 保持 |

由表 6-2 可知 74LS160 具有以下功能。

① 异步清零功能：当 $\overline{CR}=0$ 时，计数器清零，即 $Q_3Q_2Q_1Q_0=0000$，与时钟端的状态无关。

② 同步并行置数功能：当 $\overline{CR}=1$、$\overline{LD}=0$ 时，在 CP 脉冲上升沿，并行输入的数据 $D_3 \sim D_0$ 被置入计数器，即 $Q_3Q_2Q_1Q_0= D_3D_2D_1D_0$。

③ 同步十进制（8421BCD 码）加法计数功能：当 $\overline{CR}=\overline{LD}=1$、$CT_T= CT_P=1$ 时，计数器在 CP 脉冲作用下进行十进制加法计数。

④ 保持功能：当 $\overline{CR}=\overline{LD}=1$、$CT_T \cdot CT_P=0$ 时，计数器保持原来的状态不变。

⑤ 进位输出信号 $CO$ 实现十进制计数的位扩展。

（2）共阳极数码管显示译码器

74LS247 是驱动共阳极数码管的显示译码器。图 6-4 为 74LS247 的逻辑符号及引脚排列图。

① $\overline{LT}$ 为灯测试端，低电平有效；当 $\overline{LT}=0$ 且 $\overline{BI}=1$，输出 $\overline{Y}_a$、$\overline{Y}_b$、$\overline{Y}_c$、$\overline{Y}_d$、$\overline{Y}_e$、$\overline{Y}_f$、$\overline{Y}_g$ 均为低电平，显示字型"8"，以测试码段有无损坏。

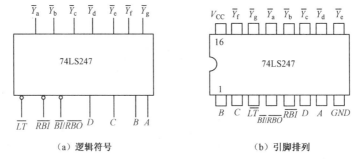

图 6-4 74LS247 显示译码器

② $\overline{BI}$ 为消隐输入端，低电平有效。当 $\overline{BI}=0$ 时，无论输入代码 $DCBA$ 及其他输入端是什么状态，输出 $\overline{Y}_a$、$\overline{Y}_b$、$\overline{Y}_c$、$\overline{Y}_d$、$\overline{Y}_e$、$\overline{Y}_f$、$\overline{Y}_g$ 均为高电平，不显示字型。$\overline{BI}$ 和 $\overline{RBO}$ 共用一个引线端。

③ $\overline{RBI}$ 为灭零输入端，低电平有效。当 $\overline{LT}=1$、$\overline{BI}=1$、$\overline{RBI}=0$ 且对应输入代码 $DCBA=0000$ 时，字型 0 不显示，$\overline{Y}_a$、$\overline{Y}_b$、$\overline{Y}_c$、$\overline{Y}_d$、$\overline{Y}_e$、$\overline{Y}_f$、$\overline{Y}_g$ 均为高电平。而 $DCBA$ 不是 0000 时，输出正常显示。

④ $\overline{RBO}$ 为灭零输出端，当 $\overline{LT}=1$、$\overline{BI}=1$、$\overline{RBI}=0$ 且对应输入代码 $DCBA=0000$ 时，字型 0 不显示，此时 $\overline{RBO}=0$。可用 $\overline{RBO}$ 级联到相邻位的 $\overline{RBI}$ 端，实现对相邻位的灭零控制。

⑤ $D$、$C$、$B$、$A$ 为 8421BCD 码输入端，$\overline{Y}_a$、$\overline{Y}_b$、$\overline{Y}_c$、$\overline{Y}_d$、$\overline{Y}_e$、$\overline{Y}_f$、$\overline{Y}_g$ 为七段译码输出。8421 译码输出功能表如表 6-3 所示。

表 6-3 七段译码器逻辑功能真值表

| 输 | | | 入 | 输 | | | 出 | | | | 显示 |
|---|---|---|---|---|---|---|---|---|---|---|---|
| $D$ | $C$ | $B$ | $A$ | $\overline{Y}_a$ | $\overline{Y}_b$ | $\overline{Y}_c$ | $\overline{Y}_d$ | $\overline{Y}_e$ | $\overline{Y}_f$ | $\overline{Y}_g$ | 字形 |
| 0 | 0 | 0 | 0 | 0 | 0 | 0 | 0 | 0 | 0 | 1 | 0 |
| 0 | 0 | 0 | 1 | 1 | 0 | 0 | 1 | 1 | 1 | 1 | 1 |
| 0 | 0 | 1 | 0 | 0 | 0 | 1 | 0 | 0 | 1 | 0 | 2 |
| 0 | 0 | 1 | 1 | 0 | 0 | 0 | 0 | 1 | 1 | 0 | 3 |
| 0 | 1 | 0 | 0 | 1 | 0 | 0 | 1 | 1 | 0 | 0 | 4 |
| 0 | 1 | 0 | 1 | 0 | 1 | 0 | 0 | 1 | 0 | 0 | 5 |
| 0 | 1 | 1 | 0 | 1 | 1 | 0 | 0 | 0 | 0 | 0 | 6 |
| 0 | 1 | 1 | 1 | 0 | 0 | 0 | 1 | 1 | 1 | 1 | 7 |
| 1 | 0 | 0 | 0 | 0 | 0 | 0 | 0 | 0 | 0 | 0 | 8 |
| 1 | 0 | 0 | 1 | 0 | 0 | 0 | 1 | 1 | 0 | 0 | 9 |

（3）LED 数码管

LED 数码显示器是一种七段显示器，它由七个发光二极管封装而成，如图 6-5 所示，七段的不同组合能显示出十个阿拉伯数字。

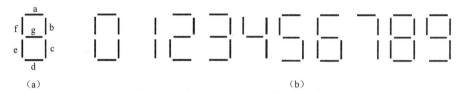

图 6-5　七段 LED 显示器的显示规律

LED 显示器有两种形式：共阴极和共阳极。两种接法的电路结构如图 6-6 所示。

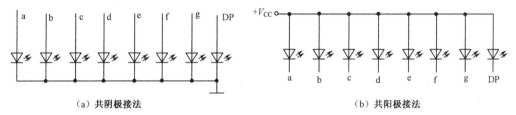

图 6-6　七段 LED 的两种形式

采用共阴极 LED 器件时，应将高电平接至显示器各段的阳极；采用共阳极 LED 器件时，应将低电平接至显示器各段的阴极。

秒、分计数显示电路原理图相同，如图 6-7 所示，时计数显示电路原理图如图 6-8 所示。

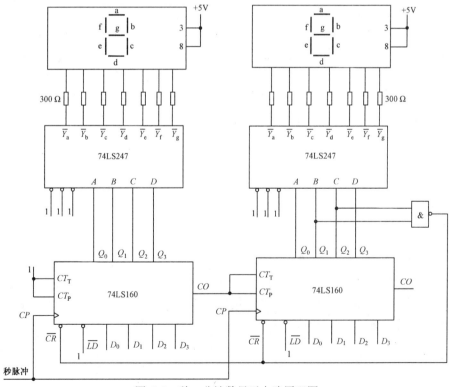

图 6-7　秒、分计数显示电路原理图

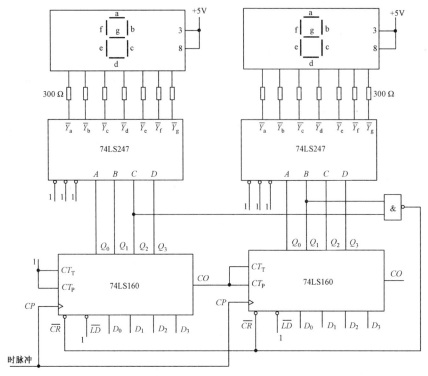

图 6-8　时计数显示电路原理图

3）分、时校正电路

利用门电路的控制作用构成分、时校正电路。分时间校正电路如图 6-9 所示，时时间校正电路如图 6-10 所示。时间校正的原理相同，即数字钟正常工作时，校正电路不起作用，开关 $S_m$、$S_h$ 接地，秒脉冲被封锁。当需要进行时间校正时，开关 $S_m$、$S_h$ 接+5 V，秒脉冲信号被送入分、时计数器的时钟端，分、时计数脉冲不再是分脉冲和时脉冲，而是秒脉冲，即 1 秒就使时时间加 1，或使分时间加 1，也就是说，1 秒就是 1 小时或 1 分钟。

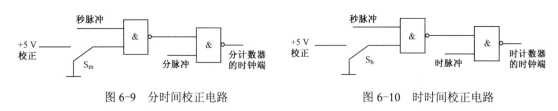

图 6-9　分时间校正电路　　　　　　图 6-10　时时间校正电路

## 2．实训步骤

将秒脉冲信号发生器，秒、分、时计数显示电路，以及分、时校正电路连接起来，构成数字钟电路，画出总电路原理图，确定实际接线图。重点关注分脉冲的产生和时脉冲的产生，即如何使 60 秒进 1 分钟，60 分钟进 1 小时，调试电路，完成整个设计制作任务。

1）目标

（1）知识目标

① 555 时基电路的功能；

② 由555时基电路构成多谐振荡器，多谐振荡器的功能特点、参数计算、应用；
③ 计数分频电路的功能；
④ 译码、显示电路的逻辑功能、LED的结构与工作原理；
⑤ 集成门电路的逻辑功能。

（2）能力目标
① 能应用555定时器设计功能电路；
② 能应用计数器设计功能电路；
③ 能应用译码器设计功能电路
④ 能应用门电路设计控制电路；
⑤ 锻炼学习资料的查询能力。

（3）素质目标
① 养成严肃、认真的科学态度和良好的自主学习方法；
② 培养严谨的科学思维习惯和规范的操作意识；
③ 养成独立分析问题和解决问题的能力，以及相互协作的团队精神；
④ 能综合运用所学知识和技能，独立解决实训中遇到的实际问题；具有一定的归纳、总结能力；
⑤具有一定的创新意识；具有一定的自学、表达、获取信息等方面的能力。

2）资讯
（1）集成555定时器的功能、引脚排列。
（2）用555定时器构成多谐振荡器的电路结构特点，振荡输出波形及振荡频率的计算。
（3）74LS00、74LS160、74LS90、74LS247的引脚功能、引脚排列、功能表读解。
（4）共阳极数码管的引脚功能、引脚排列。

3）决策
（1）由555定时器构成50 Hz多谐振荡器，用74LS90构成50分频电路，产生秒脉冲信号，作为数字钟电路的秒脉冲信号。画出电路原理图，确定实际电路连接图。
（2）由两片十进制计数器74LS160构成60进制计数器，作为秒、分计数显示电路；两片74LS247和两个共阳极数码管构成译码显示电路。画出电路原理图，确定实际电路连接图。
（3）由两片十进制计数器74LS160构成24进制计数器，作为时计数显示电路；由两片74LS247和两个共阳极数码管构成译码显示电路。画出电路原理图，确定实际电路连接图。
（4）利用74LS00与非门电路的控制作用构成分、时校正电路。画出电路原理图，确定实际电路连接图。
（5）将秒脉冲信号发生器，秒、分、时计数显示电路，以及分、时校正电路连接起来，构成数字钟电路，画出总电路原理图，确定实际接线图。

4）计划
（1）仪器仪表：万用表，示波器，电烙铁、焊锡丝。

（2）元器件：所需元器件清单，如表6-4所示。

**表6-4 数字钟电路的元器件清单**

| 元器件类型 | 型号规格 | 数量（个） |
|---|---|---|
| IC 芯片 | 555 | 1 |
| | 74LS00 | 3 |
| | 74LS160 | 6 |
| | 74LS90 | 2 |
| | 74LS247 | 6 |
| 电阻 | 300 Ω | 43 |
| | 100 kΩ | 1 |
| 滑动电阻器 | 100 kΩ | 1 |
| 电容 | 103 | 1 |
| | 104 | 1 |
| 数码管 | 共阳极 | 6 |
| 电路板 | | 7 |
| 导线 | | 若干 |
| 开关按钮 | | 2 |

5）实施

（1）由 555 定时器构成 50 Hz 多谐振荡器，用 74LS90 构成 50 分频电路，产生秒脉冲信号，作为数字钟电路的秒脉冲信号。画出电路原理图，确定实际线路连接图。

（2）由两片十进制计数器 74LS160 构成 60 进制计数器，两片 74LS247 和两个共阳极数码管构成译码显示电路。画出电路原理图，确定实际线路连接图。

（3）由两片十进制计数器 74LS160 构成 24 进制计数器，两片 74LS247 和两个共阳极数码管构成译码显示电路。画出电路原理图，确定实际线路连接图。

（4）利用 74LS00 与非门电路的控制作用构成分、时校正电路。画出电路原理图，确定实际线路连接图。

（5）将秒脉冲信号发生器，秒、分、时计数显示电路，以及分、时校正电路连接起来，构成数字钟电路，画出总电路原理图，确定实际接线图。

（6）根据元器件清单领取元器件。

（7）焊接电路，注意元器件布局，检查焊点质量等。

（8）调试电路。用示波器观测电容两端的电压波形及输出信号波形，调节滑动电阻器，测试频率范围（与理论计算值比较），并做好记录、观察数码管的显示情况。

6）检查

检查有无电源短路、连焊、虚焊、漏焊现象，检验电路是否满足设计要求，对出现的问题分析原因并记录解决方案。

7）评价

在完成上述设计、制作与调试过程后，撰写实训报告，并在小组内进行自我评价、组员评价，最后由教师给出评价，三个评价相结合作为本次工作任务完成情况的综合评价。

# 附录A 电阻的色环标志法

色环标志法是用不同颜色的色环在电阻的表面标称阻值和允许偏差的方法。

## 1．四环标志法

普通电阻用四条色环表示标称阻值和允许偏差，其中前三条表示阻值，后一条表示偏差，如图A-1所示。

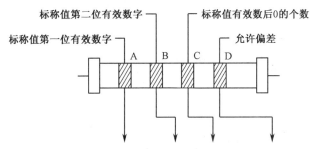

| 颜色 | 第一有效数 | 第二有效数 | 倍率 | 允许偏差 |
|---|---|---|---|---|
| 黑 | 0 | 0 | $10^0$ | |
| 棕 | 1 | 1 | $10^1$ | |
| 红 | 2 | 2 | $10^2$ | |
| 橙 | 3 | 3 | $10^3$ | |
| 黄 | 4 | 4 | $10^4$ | |
| 绿 | 5 | 5 | $10^5$ | |
| 蓝 | 6 | 6 | $10^6$ | |
| 紫 | 7 | 7 | $10^7$ | |
| 灰 | 8 | 8 | $10^8$ | |
| 白 | 9 | 9 | $10^9$ | $+50\%$ $-20\%$ |
| 金 | | | $10^{-1}$ | $\pm 5\%$ |
| 银 | | | $10^{-2}$ | $\pm 10\%$ |
| 无色 | | | | $\pm 20\%$ |

图A-1 两位有效数字的阻值色环标志法

## 2．五环标志法

精密电阻用五条色环来表示标称阻值和允许偏差，如图A-2所示。

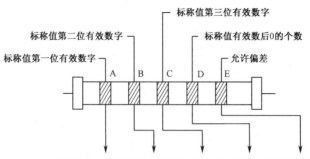

| 颜色 | 第一有效数 | 第二有效数 | 第三有效数 | 倍率 | 允许偏差 |
|---|---|---|---|---|---|
| 黑 | 0 | 0 | 0 | $10^0$ | |
| 棕 | 1 | 1 | 1 | $10^1$ | ±1% |
| 红 | 2 | 2 | 2 | $10^2$ | ±2% |
| 橙 | 3 | 3 | 3 | $10^3$ | |
| 黄 | 4 | 4 | 4 | $10^4$ | |
| 绿 | 5 | 5 | 5 | $10^5$ | ±0.5% |
| 蓝 | 6 | 6 | 6 | $10^6$ | ±0.25% |
| 紫 | 7 | 7 | 7 | $10^7$ | ±0.1% |
| 灰 | 8 | 8 | 8 | $10^8$ | |
| 白 | 9 | 9 | 9 | $10^9$ | |
| 金 | | | | $10^{-1}$ | |
| 银 | | | | $10^{-2}$ | |

图 A-2　三位有效数字的阻值色环标志法

## 3．示例

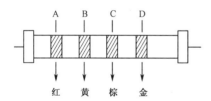

色环为：　A—红色；B—黄色
　　　　　C—棕色；D—金色

该电阻标称值为：$24 \times 10^1 = 240 \ \Omega$
精度为：±5%

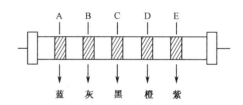

色环为：　A—蓝色；B—灰色；C—黑色
　　　　　D—橙色；E—紫色

该电阻标称值为：$680 \times 10^3 = 680 \ \mathrm{k}\Omega$
精度为：±0.1%

# 附录 B　常用数字集成电路汇编

## 1. 74LS 系列 TTL 电路引脚排列（顶视）

1）74LS00

　　四 2 输入正与非门

　　$Y = \overline{AB}$

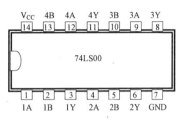

2）74LS04

　　六反相器

　　$Y = \overline{A}$

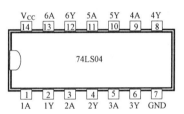

3）74LS08

　　四 2 输入与门

　　$Y = AB$

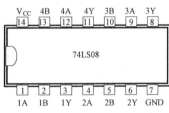

4）74LS10

　　三 3 输入正与非门

　　$Y = \overline{ABC}$

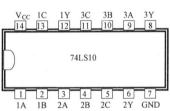

5）74LS20

　　双 4 输入正与非门

　　$Y = \overline{ABCD}$

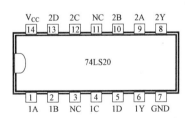

6）74LS27

　　三 3 输入正或非门

　　$Y = \overline{A+B+C}$

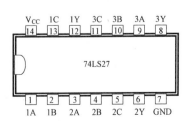

7）74LS54

四路（2-3-3-2）输入与或非门

$Y = \overline{AB + CDE + FGH + IJ}$

8）74LS86

四2输入异或门

$Y = A \oplus B$

9）74LS74

双正沿触发 D 触发器

10）74LS175

四正沿触发 D 触发器

11）74LS90

二-五-十进制异步加法计数器

12）74LS112

双负沿触发 JK 触发器

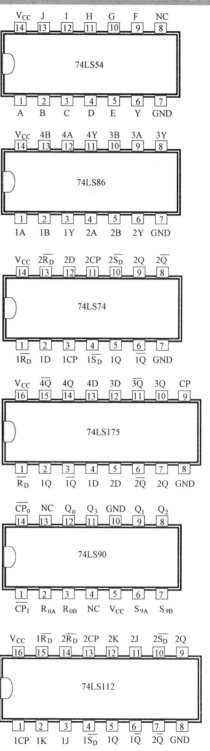

附录 B　常用数字集成电路汇编

13）74LS138

　　3 线-8 线译码器

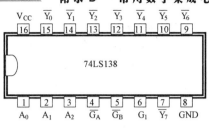

14）74LS139

　　双 2 线-4 线译码器

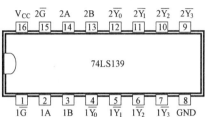

15）74LS147

　　10 线-4 线优先编码器

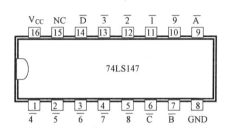

16）74LS154

　　4 线-16 线译码器

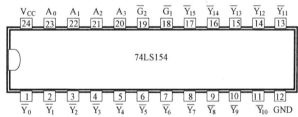

17）74LS151

　　8 选 1 数据选择器

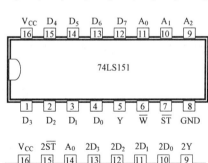

18）74LS153

　　双 4 选 1 数据选择器

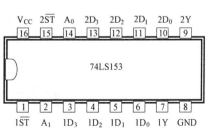

19）74LS160

　　同步十进制计数器

　　74LS161/ 74LS163

　　同步四位二进制计数器

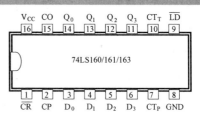

20）74LS192

　　同步可逆双时钟 BCD 计数器

　　74LS193

　　四位二进制同步可逆计数器

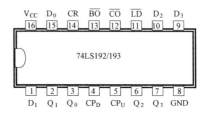

21）74LS194

　　4 位双向通用移位寄存器

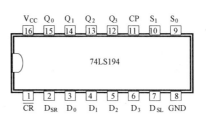

22）74LS248

　　BCD 七段显示译码器

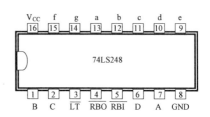

## 2. CMOS 及其他集成电路外引线排列（顶视）

1）CD4511

　　BCD 七段显示译码器

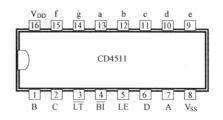

2）CC4514

　　4 线-16 线译码器

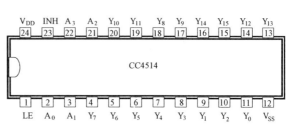

3）CC4518
　双同步十进制计数器

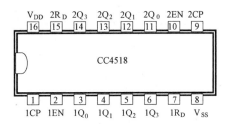

4）TS548
　共阴 LED 数码管

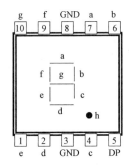

5）NE555 定时器

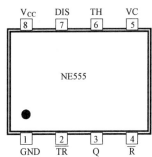

# 附录C 常用逻辑门逻辑符号对照表

目前我国许多地方还在采用的门电路逻辑符号（国标符号），是源于 ANSI/IEEE-1984 版的 IEC 国际标准制定的，为了让多数人了解 IEEE-1991 版的国际标准逻辑符号，现将常用逻辑门逻辑符号对照列于表 C-1 中。1991 版门电路逻辑符号的特点是采用不同形状的图形来表示门电路的逻辑功能。

表 C-1

| 标准逻辑符号 | 与门 | 与非门 | 或门 | 或非门 |
|---|---|---|---|---|
| IEEE-1984 版 | A、B —[&]— L | A、B —[&]o— L | A、B —[≥1]— L | A、B —[≥1]o— L |
| IEEE-1991 版 | A、B —D— L | A、B —Do— L | A、B —)— L | A、B —)o— L |

| 标准逻辑符号 | 非门 | 异或门 | 同或门 | 三态输出的非门 |
|---|---|---|---|---|
| IEEE-1984 版 | A —[1]o— L | A、B —[=1]— L | A、B —[=1]o— L | A、$\overline{EN}$ —[1▽]o— L |
| IEEE-1991 版 | A —▷o— L | A、B —)— L | A、B —)o— L | A、$\overline{EN}$ —▷— L |

# 附录 D　实训项目工作报告

班级：　　　　　　　　姓名：　　　　　　　　日期：

| 学习单元 | | 实训项目 | |
| --- | --- | --- | --- |
| | | 子任务 | |
| 目标 | 知识目标： | | |
| | 能力目标： | | |
| 具体任务 | | | |
| 资讯 | | | |
| 决策 | | | |
| 计划 | | | |
| 实施 | | | |
| 检查 | | | |
| 评价内容和方法 | 自评： | | |
| | 互评： | | |
| | 教师评价： | | |

199

# 参 考 文 献

[1] 刘宝琴，数字电路与系统[M]，北京：清华大学出版社，2002
[2] 王毓银，脉冲与数字电路[M]，第 2 版，北京：高等教育出版社，1992
[3] 阎石，数字电子技术基础[M]，第 5 版，北京：高等教育出版社，2006
[4] 周良权　方向乔，数学电子技术基础[M]，第 3 版，北京：高等教育出版社，2008
[5] 候大年，数学电子技术[M]，北京：电子工业出版社，2001
[6] 林春方，数学电子技术[M]，合肥：安徽大学出版社，2006
[7] 杨志忠，数字电子技术基础[M]，北京：高等教育出版社，2005
[8] 刘常澍，数学电子技术[M]，天津：天津大学出版社，2001
[9] 康华光，电子技术基础（数字部分）[M]，第 4 版，北京：高等教育出版社，2000
[10] 高吉祥　朱荣辉，数字电子技术[M]，北京：电子工业出版社，2003
[11] 王新贤，通用集成电路速查手册[M]，济南：山东科学技术出版社，2002